普通高等教育土建类专业信息化系列教材

工程项目管理

（第二版）

主　编　尚　梅　史玉芳

副主编　李　琴　陈晓婕　董　瑞

西安电子科技大学出版社

内 容 简 介

本书结合工程项目管理实践,从工程项目生命周期及主要职能领域两个视角阐述工程项目管理的理论及方法。一方面,以时间为关注点,阐述从工程项目前期策划与决策阶段的管理、勘察设计阶段的管理、招投标及合同管理、施工过程中的项目管理直至质量验收及竣工验收阶段的管理理论及方法;另一方面,以工程项目主要知识领域为关注点,阐述工程项目组织管理、进度管理、成本管理、质量管理、风险管理、职业健康安全与环境管理及信息管理的理论及方法。本书在传授理论知识的同时,关注学生实践能力的提升,在介绍相关知识点时大多链接了实际案例。

本书可以作为土木工程、工程管理及其他建设相关专业本科生及专科生的教材,也可以供相关领域人员自学和参考。

图书在版编目(CIP)数据

工程项目管理/尚梅,史玉芳主编. —2 版. —西安:西安电子科技大学出版社,2020.12
(2025.7 重印)
ISBN 978 - 7 - 5606 - 5665 - 6

Ⅰ. ①工… Ⅱ. ①尚… ②史… Ⅲ. ①工程项目管理 Ⅳ. ①F284

中国版本图书馆 CIP 数据核字(2020)第 217236 号

责任编辑 阎 彬 刘小莉
出版发行 西安电子科技大学出版社(西安市太白南路 2 号)
电 话 (029)88202421 88201467 邮 编 710071
网 址 www.xduph.com 电子邮箱 xdupfxb001@163.com
经 销 新华书店
印刷单位 西安日报社印务中心
版 次 2020 年 12 月第 2 版 2025 年 7 月第 4 次印刷
开 本 787 毫米×1092 毫米 1/16 印张 18
字 数 426 千字
定 价 42.00 元
ISBN 978 - 7 - 5606 - 5665 - 6
XDUP 5967002 - 4

＊＊＊如有印装问题可调换＊＊＊

前　　言

　　工程项目管理是研究工程项目建设全过程的客观规律、管理理论和管理方法的一门新兴学科，是管理科学、工程技术、工程经济、建设法规等众多学科理论与知识的集成。其研究目的是使工程项目在功能、费用、进度、质量、安全、环境及其他方面均取得最佳效果，尽快发挥投资效益，实现项目综合效益最大化。

　　本书立足于工程项目建设整个生命周期及主要职能领域两个视角，一方面从工程项目主要过程管理视角，阐述工程项目生命周期内从工程项目前期策划与决策阶段的管理、勘察设计阶段的管理、工程项目招投标及合同管理、施工过程中的项目管理到竣工验收及后评价阶段的管理理论与方法。另一方面，从工程项目主要知识领域视角，阐述工程项目组织管理、进度管理、费用管理、质量管理、风险管理、职业健康安全与环境管理及信息管理的理论与方法。

　　本书内容丰富、结构严谨、简明实用，主要特点体现在以下方面：

　　(1) 在工程项目管理理论和方法方面，充分借鉴了国内外最新研究成果和实践经验。

　　(2) 在工程项目管理实践应用方面，结合我国国情，从建设单位、咨询监理单位、设计单位、施工单位等不同角度，系统论述了建设项目管理、设计项目管理、施工项目管理的具体业务内容。

　　(3) 全书力求概念准确、层次清楚、语言简明、详略得当、重点突出，注重实用性和可操作性。

　　(4) 为了使理论学习与工程项目管理执业资格考试结合起来，本书充分吸取了全国建造师、全国监理工程师、全国造价工程师等执业资格考试的相关知识和内容，为学生日后参加职业资格考试奠定基础。

　　(5) 为便于读者掌握和巩固所学知识，全书列举了大量例题和案例，每章均附有复习题。同时，为了提升教学的趣味性及学生的实践能力，本书在相关知识点处设有有关实践方面的链接。

　　本书的第一至六章及第八章由西安科技大学尚梅编写，绪论及第七章由西安科技大学史玉芳编写，第九章由陕西工业职业技术学院陈晓婕编写，第十章由西安科技大学高新学院李琴编写，第十一章由商洛学院董瑞编写。

　　在本书的编写过程中，西安科技大学张风斌、耿皓晨、陈德桂、王蓉蓉、徐紫瑞、胡靖毅、兰欣颐、龚琳、李晨、齐一帆、龚梦婷、邓娅妮、尹洁等参与了编写、校核、绘图等大量工作，在此表示衷心的感谢。

　　由于作者水平所限，书中疏漏和不足之处在所难免，恳请读者批评指正。

作　者

2020 年 9 月

目　　录

上　　篇

下　　篇

绪　论

第一节　项目与工程项目

一、项目的概念及特征

（一）项目的定义

"项目"一词广泛地应用于社会经济和文化生活的各个方面。人们经常用"项目"来表示一类事物。"项目"的定义有很多，许多管理专家和标准化组织都试图用简单通俗的语言对项目进行抽象性的概括和描述，其中最典型的有以下几种：

（1）国际标准《质量管理——项目管理质量指南（ISO 10006）》定义项目为"由一组有起止时间的、相互协调的受控活动所组成的特定过程，该过程要达到符合规定要求的目标，包括时间、成本和资源的约束条件"。

但是，这个定义还不能将项目与人们常见的一些连续的生产同样产品或重复提供同一服务的过程（如生产作业过程、制造业务和会计业务等）区别开。

（2）美国项目管理协会（Project Management Institute，PMI）认为"项目是为提供某种独特产品、服务或成果所做的临时性努力"。

（3）德国国家标准 DIN 69901 将项目定义为"项目是指在总体上符合如下条件的具有唯一性的任务（计划）：具有预定的目标；具有时间、财务、人力和其他限制条件；具有专门的组织"。

（4）中国项目管理研究委员会（Project Management Research Committee，China），在2001 年正式提出的《中国项目管理知识体系》中，对项目的定义是"项目是创造独特产品、服务或其他成果的一次性努力"。

综上所述，可以发现，有关项目定义的表述形式虽有所不同，但其本质内容基本相同，区别仅在于对具体特征的认识。项目包括许多内容，可以是建设一项工程，如建造一栋大楼、一座饭店、一座工厂，也可以是完成某项科研课题，或研制一台设备，甚至可以是写一篇论文。这些都是一个项目，都有一定的时间、质量要求，也都是一次性任务。

（二）项目的特征

项目作为被管理的对象，具有以下主要特征。

1. 项目的单件性或一次性

项目的单件性或一次性是项目的最主要特征。所谓单件性或一次性，是指就任务本身和最终成果而言，没有与这项任务完全相同的另一项任务。例如，一项新产品的开发，不同于其他工业产品的批量性，也不同于其他生产过程的重复性。只有认识项目的一次性，才能有针对性地根据项目的特殊情况和要求进行科学的、有效的管理。

2. 项目具有一定的约束条件

凡是项目，都有一定的约束条件，项目只有满足一定的约束条件才能获得成功。因此，约束条件是完成项目目标的前提。一般情况下，项目的约束条件为限定的质量、限定的时间和限定的投资，通常称之为项目的三大目标。对一个项目而言，这些目标应是具体的、可检查的，实现目标的措施也应该是明确的、可操作的。因此，科学、合理地确定项目的条件，对保证项目的完成十分重要。

3. 项目具有生命周期

项目的单件性和项目过程的一次性决定了每个项目都具有生命周期。任何项目都有其产生时间、发展时间和结束时间，在不同阶段都有特定的任务、程序和工作内容。掌握项目的生命周期，就可以有效地对项目实施科学的管理和控制。成功的项目管理是对项目全过程的管理和控制，是对项目整个生命周期的管理。

只有同时具备上述三项特征的任务才称得上是项目。

（三）项目与日常工作的区别

项目与日常工作的区别可用表 0-1 简明扼要地说明。

表 0-1　项目与日常工作的区别

	项　目	日常工作
目的	特殊的	常规的
责任人	项目经理	部门经理
组织结构	项目组织	职能部门
时间	有限的	相对无限的，有限的
特性	独特性的	普遍性的
持续性	一次性的	重复性的，一次性的
资源要求	多变性的	稳定性的
管理环境	不确定性的	相对确定性的
考核指标	以目标为导向	效率和有效性
参与人	较多，无法确定的	有限，知晓的

二、工程项目的概念及特征

（一）工程项目的概念

工程项目是指为达到预期的目标，投入一定量的资本，在一定的约束条件下，经过一定的程序从而形成固定资产的一次性活动。工程项目是最常见、最典型的项目类型，它属于投资项目中最重要的一类，是一种既有投资行为又有建设行为的项目的决策与实施活动。一般讲，投资与建设是分不开的，投资是项目建设的起点，没有投资就不可能进行建设，而没有建设行为，投资的目的也无法实现。所以，建设过程实质上是投资的决策和实施过程，是投资目的的实现过程，是把投入的货币转化为实物资产的经济活动过程。

当然，投资的内涵要比建设的内涵宽泛得多。在某些情况下，投资与建设是可以分开的，即有投资行为而不一定有建设行为，不需要通过建设就可以实现投资的目的，但本书主要研究的是既有投资行为又有建设行为的项目的决策与实施活动。

（二）工程项目的特征

工程项目一般具有如下特征。

1. 目标的明确性

任何工程项目都具有明确的建设目标，包括宏观目标和微观目标。政府有关部门主要审核项目的宏观经济效果、社会效果和环境效果。企业则较多重视项目的盈利能力等微观财务目标。

2. 条件的约束性

工程项目实现其建设目标，要受到如下多方面条件的制约：

（1）时间约束，即工程要有合理的工期时限；

（2）资源约束，即工程要在一定的人力、财力、物力条件下来完成建设任务；

（3）质量约束，即工程要达到预期的生产能力、技术水平、产品等级的要求；

（4）空间约束，即工程要在一定的施工空间范围内通过科学合理的方法来组织完成。

3. 实施的不可逆性

通常工程项目的建设地点是一次性确定的，建成后不可移动。设计的单一性，施工的单件性，使得它不同于一般商品的批量生产，一旦建成，要想改变非常困难。

4. 影响的长期性

工程项目一般建设周期长，投资回收期长，工程寿命周期长，工程质量好坏影响面大，作用时间长。

5. 投资的风险性

由于工程项目建设是一次性的，建设过程中各种不确定因素很多，因此，投资的风险性很大。

6. 管理的复杂性

工程项目的内部结构存在许多结合部，是项目管理的薄弱环节，这使得参加建设的各单位之间的沟通、协调困难重重，同时也是工程实施中容易出现事故和质量问题的地方。

三、工程项目的分类

工程项目种类繁多，可按照不同的标准、从不同的角度对其进行分类。

1. 按照建设性质划分

（1）新建项目：原来没有、现在开始建设的项目，或对原有的规模较小的项目扩大建设规模，且其新增固定资产价值超过原有固定资产价值 3 倍以上的建设项目。

（2）扩建项目：为了扩大原有主要产品的生产能力或增加经济效益，在原有固定资产基础上，增建一些车间、生产线或分厂的项目。

（3）改建项目：为了改进产品质量或改进产品方向，对原有固定资产进行整体性技术改造的项目。此外，为提高综合生产能力，增加一些附属辅助车间或非生产性工程，也属于改建项目。

(4)恢复项目：对因重大自然灾害或战争而遭受破坏的固定资产，按原来规模重新建设或在重建的同时进行扩建的项目。

(5)迁建项目：因调整生产力布局或为满足环境保护的需要，将原有单位迁至异地重建的项目，不论其是否维持原来规模，均称为迁建项目。

2. 按照项目投资规模划分

按工程项目总规模和投资多少的不同，基本建设项目可分为大型项目、中型项目、小型项目三类；更新改造项目分为限额以上和限额以下两类。不同等级标准的建设项目，国家规定的划分标准、审批机关和报建程序也不同。

3. 按照项目建设过程划分

(1)筹建项目：在计划年度内，只做准备，还未开工的项目。

(2)在建项目：正在施工中的项目。

(3)投产项目：全部竣工并已投产或交付使用的项目。

(4)收尾项目：以前年度已经全部建成投产，但尚有少量不影响正常生产或使用的辅助工程或非生产性工程，在本年度内继续施工的项目。

4. 按照项目的用途划分

(1)生产性建设项目：直接用于物质生产或满足物质生产需要的建设项目，包括工业、农业、林业、水利、气象、交通运输、邮电通信、商业和物资供应设施建设、地质资源勘探建设等。

(2)非生产性建设项目：用于人们物质和文化生活需要的建设项目，包括住宅建设、文教卫生建设、公用事业设施建设、科学实验研究以及其他非生产性建设项目。

5. 按照项目的资金来源划分

(1)政府投资项目：政府直接投资兴建和政府注入了资本金的投资项目。

(2)企业投资项目：企业直接投资兴建的项目，包括企业使用政府补助、转贷、贴息投资建设的项目。

四、工程项目的生命周期与基本建设程序

(一)工程项目的生命周期

工程项目全生命周期管理是指将项目的策划决策、实施、建成交付及运营各阶段集成为一个完整的项目全寿命周期管理系统，对工程项目全过程统一管理，使其在功能上满足需求，在经济上可行，达到业主和投资人的投资收益目标。

一般工程项目的生命周期可以划分为项目定义/决策阶段、项目设计/计划阶段、项目实施/控制阶段和项目完工/交付阶段。如图 0-1 所示为一般工程项目生命周期示意图。

由图 0-1 可见，工程项目包括四个主要阶段，每个阶段都有自己独特的任务和成果，这是一个典型的工程项目生命周期的描述方法，它不但给出了工程项目阶段的划分和时限，还给出了各阶段的任务和成果。当然，工程项目的生命周期也可以划分成更多阶段。另外，不同专业应用领域的项目生命周期会有很大的不同，因此其描述方法也会不同。

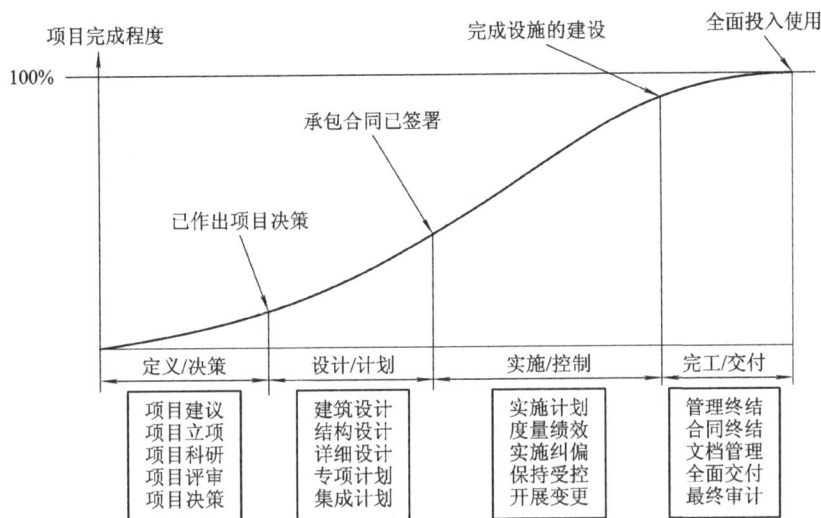

图 0-1　一般工程项目生命周期示意图

（二）工程项目的基本建设程序

建设程序是指项目在建设过程中，各项工作必须遵循的先后顺序。建设程序是对基本建设工作的科学总结，是项目建设过程中所固有的客观规律的集中体现。工程项目的基本建设程序如图 0-2 所示。

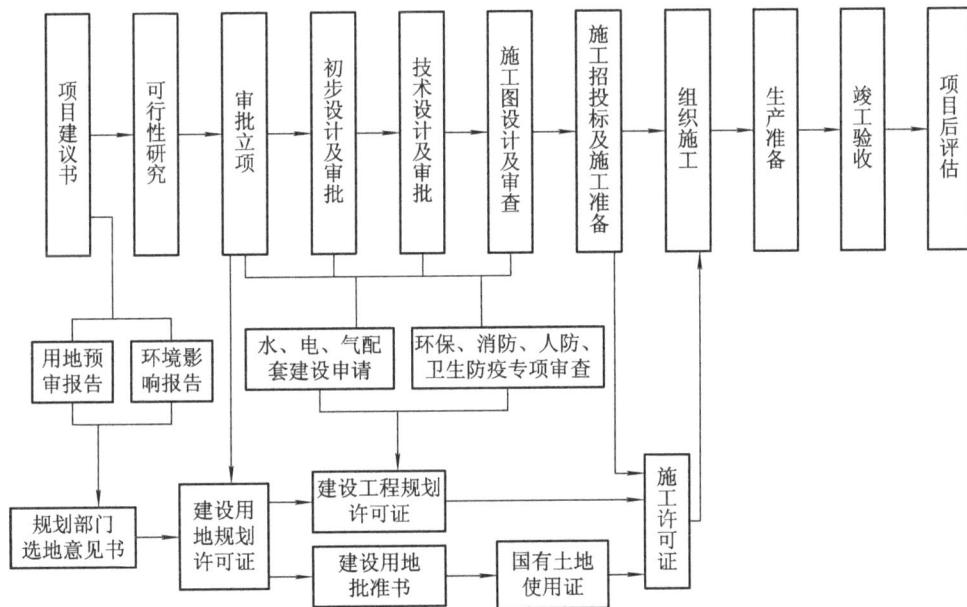

图 0-2　工程项目基本建设程序

工程项目的基本建设程序主要包括可行性研究、设计、施工招投标及施工准备、施工、竣工验收、项目后评估等阶段。

（1）可行性研究阶段。该阶段包括项目建议书、可行性研究及审批立项三个子阶段，该阶段判断工程项目的生命力；对建设规模、产品方案、建设地点、主要技术工艺、工程项目的经济效益和社会效益等进行研究和初步评价。

（2）设计阶段。该阶段包括初步设计及审批、技术设计及审批、施工图设计及审查三个子阶段。该阶段对后期施工过程的展开有很大影响。

（3）施工招投标及施工准备阶段。该阶段是建设单位遴选施工单位及施工单位进场准备的关键阶段。

（4）施工阶段（包括组织施工和生产准备）。该阶段是建设项目寿命周期内持续时间最长、费用投入最高的阶段。

（5）竣工验收阶段。该阶段是从建设阶段转入运营阶段的关键，对于施工单位的顺利退出及建设单位的顺利运营至关重要。

（6）项目后评估阶段。该阶段应合理选取指标，科学建立模型，选择不同的评估时点进行动态评估，实现对工程项目的跟踪管理。

第二节　项目管理概述

一、项目管理的概念和特点

（一）项目管理的概念

项目管理是指项目管理主体在有限的资源约束条件下，为实现其目的，运用现代管理理论与方法，对项目活动进行系统化管理的过程。

有限的约束条件是制订项目目标的依据，也是对项目进行控制的依据。项目管理的目的，就是保证项目目标的实现。项目管理的对象是项目，由于项目具有单件性和一次性的特点，要求项目管理具有针对性、系统性、程序性和科学性。只有用系统工程的观点、理论和方法对项目进行管理，才能保证项目的顺利完成。

对于项目管理这个概念需作如下说明：

（1）项目管理是一种管理思想和管理模式。

（2）项目管理的根本目的是满足或超越项目有关各方对项目的要求与期望。

（3）项目管理需要运用各种知识、技能、方法和工具去开展管理活动。

项目管理是具有实用价值的管理技术和艺术，很多使用传统方法无法实现的目标，采用项目管理就能奏效。如今，项目管理已经日趋成熟，并被视为一种现代社会解决"一次性和复杂性问题"的有效工具，表现出了强大的生命力。美国学者 David Cleland 曾断言：在应对全球化的市场变动中，项目管理同战略管理将起到关键性作用。随着社会的发展，顾客需求多元化，市场竞争白热化，无论是政府还是企业或其他各类组织，都必须树立项目管理的意识观念，给予项目管理应有的、足够的关注和重视。

（二）项目管理的特点

项目管理具有以下特点：

（1）每个项目都具有特定的管理程序和管理步骤。

项目的一次性、单件性决定了每个项目都有其特定的目标，项目管理的内容和方法是针对项目目标而定的。同样，项目的目标不同，其管理程序和步骤也不同。

（2）项目管理是以项目经理为中心的管理。

项目管理具有较大的责任和风险，涉及人力、技术等多方面因素，为了更好地计划、组织、指挥、协调和控制项目，必须实施以项目经理为中心的管理模式，并且在项目实施过程中授予项目经理较大的权力，使其能及时处理出现的各种问题。

（3）应用现代管理方法和技术手段进行项目管理。

现代项目大多数是属于先进科学的产物或者是一项涉及多学科的系统工程，要使项目圆满地完成，就必须综合运用现代化管理方法和科学技术，如决策技术、网络计划技术、价值工程、系统工程、目标管理、看板管理等。

（4）在项目管理过程中实施动态控制。

为了保证项目目标的实现，在项目实施过程中采用动态控制的方法，阶段性地检查实际值与计划目标值的差异，采取措施纠正偏差，制定新的计划目标值，使项目的实施结果逐步向最终目标逼近。

项目管理已经国际化，国际上项目管理除了以上四个特点外，还具有以下一些特征：

（1）具有工程设计、采购、施工和项目管理全功能，业务范围涵盖工程项目建设的全过程；

（2）具有与设计、采购、施工等全功能相适应的组织机构，一般都设有项目控制部、采购部、设计部、施工管理部、试运行(开车)部等组织机构；

（3）具有先进的项目管理技术和很高的项目管理水平；

（4）拥有先进的工艺技术和工程技术；

（5）具有扎实的基础工作；

（6）重视职工素质及培训；

（7）具有国际范围的销售网和采购网；

（8）具有高水平的信息管理技术和计算机应用技术等。

二、项目管理和企业管理的联系与区别

1. 项目管理和企业管理的联系

项目管理和企业管理相互依存、相互作用，成功的项目管理是企业管理发展的基础，企业管理水平的高低又决定了项目的成功与否，项目管理是企业管理的组成部分。

同时，项目管理和企业管理都是管理学科的组成部分，在管理思想、管理方法等方面都具有共性。

2. 项目管理和企业管理的区别

（1）从对象上看，项目管理的对象是项目，即一次性的活动；企业管理的对象是企业，即一种持续稳定的经济实体。

（2）从目标上看，企业管理是以持续稳定的利润增长为目标；项目管理则是以项目成果和项目约束条件为目标。

（3）从特点和运行规律上看，项目管理是一次性和多变性的活动，其管理的基础是项目寿命周期和项目活动的内在规律，其管理的特殊性在于管理的灵活适应性；而企业管理是一种持续性的稳定活动，其管理的基础是现代企业制度和企业经营活动的内在规律，其管理的特殊性在于生产活动的规范化。

（4）从内容上看，项目管理活动局限于一个具体项目从诞生到完成的全过程，主要包括项目立项、规划设计、执行、总结评估等活动，是一种任务型的管理；企业管理是职能管理与作业管理的综合，主要包括企业综合性管理、专业化管理和作业管理，本质上是一种实体型管理。

（5）从管理手段上看，项目管理的手段主要是以单次性任务为基础的管理技术，如分析论证技术、规划控制技术等；而企业管理的手段十分广泛，包括许多综合性的管理技术，如财务会计技术、企业战略技术等。

（6）从管理的直接责任主体看，项目管理是以项目经理作为项目全过程的全权负责人，是一种相对集中的个人负责制；而企业管理是以企业领导班子作为全权负责人，企业经理一般只是主要的执行代理人，是一种有约束条件的个人负责制。

三、现代项目管理知识体系及其内容

（一）项目管理知识体系

经过几十年的实践、探索和研究，人们在实践中通过探索项目管理的共性内容，逐步建立起了项目管理知识体系。

项目管理知识体系首先是由美国项目管理学会（PMI）提出的，1987 年 PMI 公布了第一个项目管理知识体系（Project Management Body of Knowledge，PMBOK），1996 年及 2000 年又分别进行了修订。在这个体系中，项目管理的知识被划分为 9 个领域，分别是范围管理、时间管理、费用管理、质量管理、人力资源管理、沟通管理、风险管理、采购管理和集成管理。

国际项目管理协会（IPMA）在项目管理知识体系方面也作出了卓有成效的工作，IPMA从 1987 年就着手进行项目管理能力基准的开发，在 1997 年推出了 ICB，即 IPMA Competence Baseline。在这个能力基准中，IPMA 把个人能力划分为 42 个要素，包含 28 个核心要素和 14 个附加要素，还有关于个人素质的 8 大特征及总体印象的 10 个方面。

基于以上两方面的发展，建立适合我国国情的"中国项目管理知识体系"（Chinese Project Management Body of Knowledge，C-PMBOK），形成我国项目管理学科和专业的基础，已成为我国项目管理学科和专业发展的当务之急。1993 年，中国项目管理研究委员会（PMRC）发起并组织实施了中国项目管理知识体系的研究工作，于 2001 年 5 月推出了中国的项目管理知识体系文件——《中国项目管理知识体系》。

中国项目管理知识体系的内容主要是以项目生命周期为基本线索展开的，从项目及项目管理的概念入手，按照项目管理经历的 4 个阶段（概念阶段、规划阶段、实施阶段和收尾阶段），分别阐述了每一阶段的主要工作及其相应的知识内容，同时介绍了项目管理过程中的共性知识和方法工具。

项目管理涉及多方面的内容，这些内容可以按照不同的线索进行组织，常见的组织形式主要有 2 个层次、4 个阶段、5 个过程、9 个领域、42 个要素及多个主体，详情如下：

（1）2 个层次：企业层次的项目管理和项目层次的项目管理。

（2）4 个阶段：从项目的生命周期角度看，项目管理经历了 4 个阶段，分别为概念阶段、规划阶段、实施阶段、收尾阶段。

（3）5 个过程：从项目管理的基本过程看，可分为 5 个过程，分别为启动过程、计划过程、执行过程、控制过程、结束过程。

（4）9 个领域：从项目管理的职能领域看，可分为 9 个领域，分别为范围管理、时间管理、费用管理、质量管理、人力资源管理、风险管理、沟通管理、采购管理、集成管理。

（5）42 个要素：从项目管理的知识要素看，包含 42 个要素，分别为项目与项目管理、项目管理的运行、通过项目进行管理、系统方法与综合、项目背景、项目阶段与生命周期、项目开发与评估、项目目标与策略、项目成功与失败的标准、项目启动、项目收尾、项目的结构、内容和范围、时间进度、资源、项目费用和财务、状态与变化、项目风险、效果衡量、项目控制、信息与文档和报告、项目组织、协作（团队工作）、领导、沟通、冲突与危机、采购与合同、项目质量、项目信息学、标准与规则、问题解决、会谈与磋商、固定的组织、业务过程、人力开发、组织学习、变化管理、行销与产品管理、系统管理、安全健康与环境、法律方面、财务与会计等。

（二）项目管理的九大知识领域

按照 PMI 提出的现代项目管理知识体系（PMBOK）的划分方法，现代项目管理知识体系主要包括 5 个标准化的过程和 9 个知识领域，分别从不同的专项管理或要素管理描述了现代项目管理所需要的知识、方法、工具和技能。5 个标准化的过程包括启动、计划、实施、控制和收尾，9 个知识领域分别是范围管理、时间管理、成本管理、质量管理、采购管理、人力资源管理、沟通管理、风险管理、集成管理，如表 0 - 2 所示。

表 0 - 2　现代项目管理知识体系（PMBOK）

	启动	计划	实施	控制	收尾
范围管理		范围计划、范围定义、制作 WBS		范围确认、范围控制	
时间管理		活动定义、活动排序、活动资源估算、活动历时估算、进度安排		进度控制	
成本管理		成本估算、成本预算		成本控制	
质量管理		质量计划	质量保证	质量控制	
采购管理		采购计划、发包计划	询价 供应商选择	合同管理	合同终止
人力资源管理		人力资源计划	团队发展 团队建设	团队管理	
沟通管理		沟通计划	信息发布	绩效报告、干系人管理	
风险管理		风险计划、风险识别、定性风险分析、定量风险分析、风险应对计划		风险监控	
集成管理	制订项目章程、制订项目初步范围说明书	制订项目管理计划	指导与管理项目实施	控制项目活动集成变更	项目收尾

项目管理知识体系中各个部分的内容分别介绍如下。

1. 范围管理

项目范围管理是在项目管理中所开展的计划和界定一个项目或项目阶段所需完成的工作，是在项目实施过程中所开展的控制和变更项目范围的管理工作。开展项目范围管理的根本目的有两个：其一是要在项目开始之初很好地界定一个项目的范围；其二是在项目实施过程中能够很好地控制项目的范围，最终通过项目范围管理确保一个项目的成功。项目范围管理的主要对象有两个：其一是项目产出物范围的管理；其二是项目工作范围的管理。项目范围管理工作的主要内容包括项目起始的界定、项目范围的规划、项目范围的界定、项目范围的确认、项目范围变更的控制及项目范围实施的监督与控制等。

2. 时间管理

项目时间管理是在项目管理中为确保项目按既定的时间得以完成而开展的一项项目专项管理工作。项目时间管理既包括对项目时点性指标的管理（即进度管理，Schedule Management），也包括对项目时期性指标的管理（即工期管理，Duration Management）。开展项目时间管理的根本目的是要通过做好项目进度的计划与安排和项目工期的监督与控制等管理工作，确保项目在时间管理方面的成功。项目时间管理的主要内容包括项目活动的分解与界定、项目各项活动的排序、项目活动的时间估算、项目时间计划的编制、项目时间计划的监督与控制以及项目时间的变更控制等。

3. 成本管理

项目成本管理是在项目管理中为确保项目在成本和价值方面的成功而开展的一项项目专项管理工作。现代项目管理理论认为，项目成本管理应该既包括对项目花费的管理（Expenditure Management），也包括对项目价值的管理（Value Management）。因为根据价值工程关于 $V=F/C$（项目价值＝项目功能/项目成本）的原理，项目成本管理应该涉及 V（项目价值）和 C（项目成本）两方面管理，它是一种关于项目价值最大化的专项管理。所以开展项目成本管理的根本目的是科学正确地确定项目成本和价值，及时有效地控制项目的成本与价值，从而在成本和价值上确保项目的成功。项目成本管理的主要内容包括项目资源规划、项目成本估算、项目成本预算、项目成本监控和项目成本变更与索赔等工作。

4. 质量管理

项目质量管理是在项目管理中为确保项目产出物的品质和项目工作的质量所开展的一项项目专项管理工作。现代项目管理理论认为，项目质量管理就是一种关于项目产出物的具体功能好坏方面的管理（Product Functions Management）。因为根据价值工程关于 $V=F/C$ 的原理，项目质量管理就是对于项目 F（功能）方面的管理。项目质量管理既包括在既定项目成本的情况下如何实现项目功能最大化的问题，又包括如何通过增加少量项目成本而实现项目功能大大增加的问题，以及如何在项目功能不变的情况下降低项目成本的问题。由于项目的一次性和独特性等特性，在开展项目质量管理中，人们必须通过对项目工作质量的管理实现对项目产出物质量的有效管理。项目质量管理的主要内容包括项目产出物和项目工作质量的计划与确定，项目工作和产出物质量的保障，项目工作和产出物质量的控制以及项目产出物质量的变更控制等。

5. 采购管理

项目采购管理又被称为项目资源获得的管理（Procurement Management），这是在项目管理中为确保能够从项目组织外部寻求和获得项目所需各种商品与劳务的项目专项管理工作。开展项目采购管理的根本目的是要对项目所需的物质资源和劳务资源的获得与使用进行有效的管理，从而在资源的供应和使用方面确保整个项目的成功。因此项目采购管理主要从项目资源买主的角度出发，是关于项目采购中所涉及的资源寻求、供应者选择、合同订立、合同履约等方面的管理工作。项目采购管理的主要内容包括项目采购计划的制订、项目采购工作计划的制订、项目所需资源的寻求、项目资源供应来源的确定、项目采购合同的订立、项目采购合同的履行、项目合同终结等。

6. 人力资源管理

项目人力资源管理是在项目管理中为更有效地利用项目所涉及的人力资源而开展的一项项目专项管理工作。开展项目人力资源管理的根本目的是要对项目所需的人力资源进行科学的计划和有效的管理，以确保整个项目的成功。按照人本管理的思想，"人存事兴，人亡事废"，任何项目都需要开展项目人力资源方面的管理。项目人力资源的管理主要是对为项目贡献自己的聪明才智和真知灼见的人才的管理，而不是对项目劳务（Service）和项目劳动力（Labor）的管理。项目人力资源管理的主要内容包括项目人力资源的规划、项目人力资源的获得与配备、项目团队的组织、项目团队建设以及项目人力资源的开发等。

7. 沟通管理

以前项目沟通管理也被称为项目信息管理，这是在项目管理中为确保及时有效地生成、收集、储存、处理和使用项目信息，以及合理地进行项目相关利益主体之间的沟通而开展的一项项目专项管理工作。项目沟通管理既包括对项目信息的管理，也包括对项目相关利益主体之间的沟通管理，而且这种沟通不仅有信息的沟通，还有相互之间感情和思想的沟通。开展项目沟通管理的根本目的包括两个：其一是要更好地获得和使用项目的各种决策所需的信息以作出正确的项目决策；其二是为了更好地实现项目相关利益者之间的沟通，从而能够确保项目的成功。项目沟通管理的主要内容包括项目信息需求的确定、项目沟通的计划、项目信息的加工与处理、项目信息的使用、项目信息报告等。

8. 风险管理

项目风险管理是在项目管理中对项目的不确定性以及由此而可能造成的项目损失与机遇的一项项目专项管理。这是一项为确保项目成功而开展的识别项目风险、度量项目风险和应对项目风险的项目专项管理工作。开展项目风险管理的根本目的是要对项目所面临的各种不确定性和由此引发的项目风险进行识别、控制和管理，它既包括对项目的各种不确定性的环境与条件的被动管理，也包括对由项目不确定性条件和环境所带来的项目损失和机遇的主动管理。这是一种在项目存在不确定性条件和环境时，为了努力降低项目损失和抓住项目机遇而开展的项目专项管理。项目风险管理的主要内容包括项目风险管理规划、项目风险识别、项目风险的定性分析、项目风险的定量分析、项目风险的对策设计和项目风险的应对与控制等。

9. 集成管理

项目集成管理是在项目管理中为确保各种项目工作能够很好地协调与配合而开展的一项整体性、综合性和集成性的项目管理工作。项目集成管理与一般的项目系统管理有所不同，它是一种基于项目各个要素的严格配置关系的项目系统管理。它既包括对项目质量、范围、成本、时间等各种项目要素的集成管理，也包括对项目采购、项目沟通、项目风险和项目人力资源等项目工作的集成管理。开展项目集成管理的目的是要通过综合、协调与集成去管理好项目各方面的工作，以确保整个项目的全面成功，而不仅仅是项目的某个阶段或某个方面的成功。项目集成管理工作的主要内容包括项目集成计划的编制、项目集成计划的实施和项目总体变更的管理与控制等。

四、项目管理协会及其资质认证

1. 项目管理协会简介

（1）国际项目管理协会（International Project Management Association，IPMA），创建于 1965 年。

（2）美国项目管理协会（PMI），创建于 1969 年。其突出的贡献为项目管理知识体系，简称 PMBOK。

（3）中国项目管理研究委员会（PMRC），该委员会正式成立于 1991 年 6 月。

2. 项目管理专业资质认证简介

（1）国际项目管理协会 IPMA 的项目管理专业资质认证体系称为 IPMP（International Project Management Professional）。IPMA 的项目管理专业资质认证标准为 ICB（International Competence Baseline），IPMP 认证有以下四个级别：

- Level A：高级项目经理，承担多个大型复杂项目管理。
- Level B：项目经理，承担大型复杂项目管理。
- Level C：项目管理专家，承担一般项目管理。
- Level D：项目管理专业人员，承担专业项目管理。

（2）美国项目管理学会 PMI 的项目管理专业资质认证称为 PMP（Project Management Professional）。PMI 的资格认证制度从 1984 年开始，目前已经有一万多人通过认证，成为项目管理专业人员。PMP 证书体系只有一个级别，PMP 的考核标准是 PMBOK。

（3）中国项目管理专业资质认证标准（C-NCB）。IPMA 已授权中国项目管理研究委员会 PMRC 在中国进行 IPMP 的认证工作，PMRC 建立了国际项目管理专业资质认证中国标准（C-NCB），认证程序有申请、笔试、面试等。

第三节 工程项目管理概述

一、工程项目管理的概念及特点

工程项目是一种固定资产的投资活动，它涉及从项目构思、项目策划、项目设计、项目实施、交付使用到项目终止的全过程。工程项目管理是以工程项目为对象，在有限的资源约束条件下，为了最优地实现工程项目目标和达到规定的工程质量标准，根据工程项目建设的内在规律性，运用现代管理理论与方法，对工程项目从策划决策到竣工交付使用全过程进行计划、组织、协调和控制等系统化管理的过程。

工程项目管理的参与者众多，对象复杂，但目标明确，必须在正确理论指导下开展管理工作。概括起来，工程项目管理具有如下特点：

（1）工程项目管理的对象具有复杂性。

工程项目投资规模一般较大，建设周期长，阶段多，管理的对象是工程项目发展的全过程，包括项目的可行性研究、设计、施工、投入使用等过程；同时，各阶段的工作内容也非常复杂。

（2）工程项目管理的主体是多方面的。

一般来说，在工程项目发展周期的全过程中，参加项目管理的主体是多方的。除业主为项目的顺利实现而实施必要的项目管理外，设计单位、施工单位、监理单位、从事项目材料设备供应的供应商等也根据合同从各自的立场出发对项目进行管理。另外，政府有关部门也对项目的建设进行必要的监督管理。

（3）工程项目管理的核心是目标管理。

工程项目管理的基本目标就是有效利用有限资源，在确保工程质量的前提下，用尽可能少的费用和尽可能快的速度建成项目，实现项目的预定功能。因此，工程项目管理目标可概括为质量、进度、成本三大目标，它们是实现项目功能目标的基础和保证。项目的三大目标管理是一个从总体到具体、从概念到实施、从简单到详细的过程。项目的三大目标必须分解落实到具体的各个阶段和各个项目单元上，形成目标控制系统，这样才能保证总目标的实现。所以，工程项目管理的核心内容是工程项目的目标管理。

（4）工程项目管理具有科学性。

工程项目管理以系统理论作为理论基础，应用现代化的管理手段和方法来指导管理活动的进行。工程项目管理对象的复杂性决定了项目管理必须从系统整体出发，研究系统内部各子系统、各要素之间的关系，以及系统与环境之间的关系，因此系统理论已成为现代项目管理的思想和理论基础。依据现代组织理论建立项目的管理组织，能够合理确定组织功能和目标，有效组织和协调系统内部和外部的各种关系，提高工作效率，确保项目目标的实现。

二、工程项目管理的类型

一个建设工程项目往往由许多参与单位承担不同的建设任务和管理任务（如勘察、土建设计、工艺设计、工程施工、设备安装、工程监理、建设物资供应、业主方管理、政府主管部门的管理和监督等），各参与单位的工作性质、工作任务和利益不尽相同，因此就形成了代表不同利益方的项目管理。由于业主方是建设工程项目实施过程（生产过程）的总集成者（人力资源、物质资源和知识的集成），业主方也是建设工程项目生产过程的总组织者，因此，对于一个建设工程项目而言，业主方的项目管理往往是该项目的项目管理的核心。

根据工程项目不同参与方的工作性质和组织特征，工程项目管理可以分为如下五类：

（1）业主方的项目管理（建设项目管理）；

（2）设计方的项目管理；

（3）施工方的项目管理；

（4）供货方的项目管理；

（5）工程项目总承包方的项目管理。

投资方、开发方和由咨询公司提供的代表业主方利益的项目管理服务都属于业主方的项目管理。施工总承包方和分包方的项目管理都属于施工方的项目管理。材料和设备供应方的项目管理都属于供货方的项目管理。工程项目总承包有多种形式，如设计和施工任务综合的承包，设计、采购和施工任务综合的承包（简称 EPC 承包）等，这类承包的项目管理都属于建设项目总承包方的项目管理。

其中，由于业主方是建设工程项目生产过程的总组织者，因此对于一个建设工程项目而言，虽然有代表不同利益方的项目管理，但是，业主方的项目管理仍是管理的核心。

三、工程项目管理的目标和任务

工程项目管理的内涵是自项目开始至项目完成，通过项目策划（Project Planning）和项目控制（Project Control），以使项目的费用目标、进度目标和质量目标得以实现（参考英国皇家特许建造师关于建设工程项目管理的定义，此定义也是大部分国家建造师学会或协会一致认可的）。

由于项目管理的核心任务是项目的目标控制，因此按项目管理学的基本理论，没有明确目标的建设工程不是项目管理的对象。在工程实践意义上，如果一个建设项目没有明确的投资目标、进度目标和质量目标，就没有必要进行管理，也无法进行定量的目标控制。工程项目管理过程中，由于各参与单位的工作性质、工作任务和利益不尽相同，因此不同利益方的项目管理目标也不尽相同。

（一）业主方项目管理的目标和任务

1. 目标

业主方项目管理的目标包括项目的投资目标、进度目标和质量目标。其中，投资目标是指项目的总投资目标。进度目标是指项目动用的时间目标，即项目交付使用的时间目标。质量目标不仅涉及施工的质量，还包括设计质量、材料质量、设备质量和影响项目运行或运营的环境质量等；另外，质量目标还包括满足相应的技术规范和技术标准的规定，以及满足业主方相应的质量要求等。

2. 任务

业主方的项目管理工作涉及项目实施阶段的全过程，即设计前准备阶段、设计阶段、施工阶段、动用前准备阶段和保修期共 5 个阶段，分别进行以下 7 个方面的管理：

（1）安全管理；

（2）投资控制；

（3）进度控制；

（4）质量控制；

（5）合同管理；

（6）信息管理；

（7）组织与协调。

上述这 7 个方面 5 个阶段的管理构成业主方 35 个分块项目管理的任务。其中安全管理是项目管理中最重要的任务，因为安全管理关系到人身的健康与安全，而投资控制、进度控制、质量控制和合同管理等则主要涉及物质的利益。

（二）设计方项目管理的目标和任务

1. 目标

设计方作为项目建设的一个参与方，其项目管理主要服务于项目的整体利益和设计方本身的利益。其项目管理的目标包括设计的成本目标、设计的进度目标、设计的质量目标和项目的投资目标。

2. 任务

设计方的项目管理工作主要在设计阶段进行，但这项工作也涉及设计前准备阶段、施工阶段、动用前准备阶段和保修期。

设计方项目管理的任务包括以下 7 个方面：

（1）与设计工作有关的安全管理；

（2）设计成本控制和与设计工作有关的工程造价控制；

（3）设计进度控制；

（4）设计质量控制；

（5）设计合同管理；

（6）设计信息管理；

（7）与设计工作有关的组织和协调。

（三）工程项目总承包方项目管理的目标和任务

1. 目标

工程项目总承包方作为项目建设的一个重要参与方，其项目管理主要服务于项目的整体利益和工程项目总承包方本身的利益。其项目管理的目标包括项目的安全管理目标、项目的总投资目标、项目的总承包方的成本目标、项目的进度目标和项目的质量目标。

2. 任务

工程项目总承包方项目管理工作涉及项目实施阶段的全过程，即设计前准备阶段、设计阶段、施工阶段、动用前准备阶段和保修期。

工程项目总承包方项目管理的任务包括以下 7 个方面：

（1）安全管理；

（2）投资控制和总承包方的成本控制；

（3）进度控制；

（4）质量控制；

（5）合同管理；

（6）信息管理；

（7）与建设项目总承包方有关的组织和协调。

（四）施工方项目管理的目标和任务

1. 目标

施工方作为项目建设的一个重要参与方，其项目管理主要服务于项目的整体利益和施工方本身的利益。其项目管理的目标包括施工的成本目标、施工的进度目标和施工的质量目标。

2. 任务

施工方的项目管理工作主要在施工阶段进行，但这项工作也涉及设计准备阶段、设计阶段、动用前准备阶段和保修期。在工程实践中，设计阶段和施工阶段往往是交叉的，因此施工方的项目管理工作也涉及设计阶段。在动用前准备阶段和保修期，施工合同还未终止，在这期间，还有可能出现涉及工程安全、费用、质量、合同和信息等方面的问题，因此，施工方的项目管理也涉及动用前准备阶段和保修期。

施工方项目管理的任务包括以下 7 个方面：

（1）施工安全管理；

（2）施工成本控制；

（3）施工进度控制；

（4）施工质量控制；

（5）施工合同管理；

（6）施工信息管理；

（7）与施工有关的组织与协调。

（五）供货方项目管理的目标和任务

1. 目标

供货方作为项目建设的一个参与方，其项目管理主要服务于项目的整体利益和供货方本身的利益。其项目管理的目标包括供货方的成本目标、供货的进度目标和供货的质量目标。

2. 任务

供货方的项目管理工作主要在施工阶段进行，但这项工作也涉及设计准备阶段、设计阶段、动用前准备阶段和保修期。

供货方项目管理的任务包括以下 7 个方面：

（1）供货安全管理；

（2）供货方的成本控制；

（3）供货进度控制；

（4）供货质量控制；

（5）供货合同管理；

（6）供货信息管理；

（7）与供货有关的组织与协调。

工程项目发展阶段、各参与方及任务构成了工程项目管理系统，如图 0-3 所示。

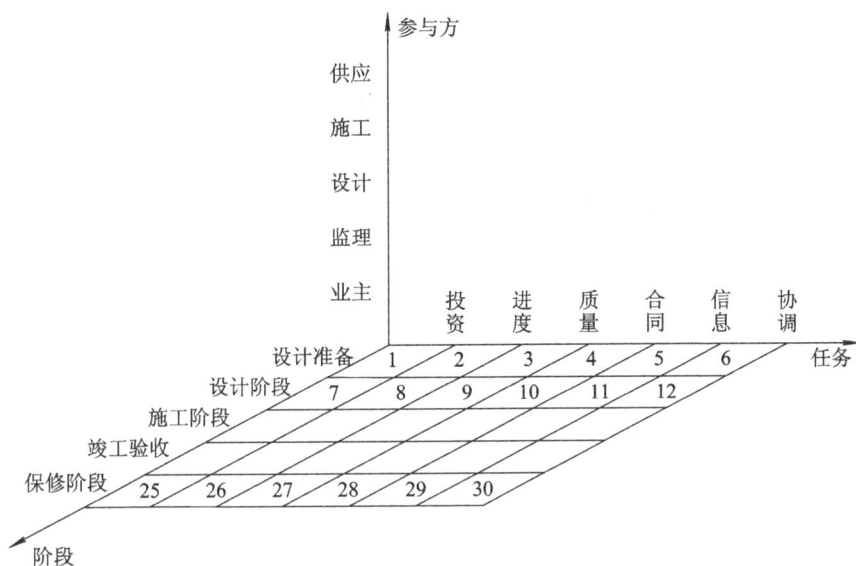

图 0-3　工程项目管理系统图

四、工程项目管理与企业管理的区别

工程项目管理与企业管理同属于管理活动范畴，但两者之间存在着以下明显的区别。

1. 管理对象不同

工程项目管理的对象是一个具体的工程项目，是一次性活动（项目）；而企业管理的对象是企业，是一个持续稳定的经济实体。工程项目管理的对象是工程项目发展周期的全过程，需要按项目管理的科学方法进行组织管理；企业管理的对象是企业综合的生产经营业务，需要按企业的特点及经济活动的规律进行管理。

2. 管理目标不同

工程项目管理是以具体项目的目标为目标，是一种以效益为中心，以项目成果和项目约束实现为基础的目标体系，其目标是临时的、短期的；企业管理的目标则是以持续稳定的利润为目标，其目标是长远的、稳定的。

3. 运行规律不同

工程项目管理是一项一次性多变的活动，其规律性是以项目周期和项目内在规律为基础的；而企业管理是一项持续稳定的活动，其规律性是以现代企业制度和企业经济活动内在规律为基础的。

4. 管理内容不同

工程项目管理活动贯穿于一个具体项目发展周期的全过程，包括项目立项、论证决策、规划设计、采购施工、总结评价等活动，这是一种任务型管理；而企业管理则是一种职能管理和作业管理的综合，其本质是一种实体型管理，主要包括企业综合性管理、专业性管理和作业性管理。

5. 实施主体不同

工程项目管理实施的主体是多方面的，包括业主及其委托的咨询（监理）公司、承包人等；而企业管理实施的主体仅是企业自身。

第四节　工程项目管理的产生与发展

一、国外项目管理的产生和发展

任何学科都有其产生、发展、壮大的历史，项目管理也一样，具有明显的阶段性。项目管理产生至今，先后经历了传统项目管理和现代项目管理两个阶段，也经历了从低级到高级的发展历程，形成了较为完整的学科体系。对于项目管理，有的文献划分为产生阶段、形成和发展阶段、现代项目管理阶段；有的文献认为其必须经历产生、初始形成、推广发展、进一步完善、现代项目管理这几个阶段。不论如何划分，人们都尝试按照时间顺序来划分项目管理的产生和发展。本书也按照时间顺序，回顾项目管理的产生和发展。

项目管理从经验走向科学的过程，应该说经历了漫长的历程，原始潜意识的项目管理萌芽经过大量的项目实践之后才逐渐形成了现代项目管理的理念，这一过程大致经历了如下三个阶段。

1. 原始项目管理

原始的项目管理阶段是从远古到 20 世纪 30 年代以前，在这一阶段人们无意识地按照项目的形式运作。在古代，人类祖先就开始了项目管理的实践，人类早期的项目可以追溯到数千年以前，如古埃及的金字塔、古罗马的尼姆水道、我国古代的都江堰和万里长城。这些前人的杰作至今仍向人们展示着人类智慧的光辉。有项目，就有项目管理问题。但是应该看

万里长城

到，直到上世纪初，项目管理还没有形成行之有效的计划和方法，没有科学的管理手段，没有明确的操作技术标准。因而，对项目的管理还只是凭个别人的经验、智慧和直觉，依靠个别人的才能和天赋，科学性无从谈起。

2. 传统项目管理

传统项目管理阶段是从 20 世纪 30 年代初期到 50 年代初期，该阶段的特征是用横道图进行项目的规划和控制。早在 20 世纪初，人们就开始探索管理项目的科学方法。第二次世界大战前夕，横道图已成为计划和控制军事工程与建设项目的重要工具。横道图又名线条图，由亨利·苏伦斯·甘特于 1917 年发明，故又称为甘特图。甘特图直观而有效，便于监督和控制项目的进展状况，时至今日仍是管理项目尤其是建筑项目的常用方法。应该指出的是，在这一阶段以及之前，虽然人们对如何管理项目进行了广泛的研究和实践，但还没有明确提出项目管理的概念。项目管理的概念是在第二次世界大战后期，在实施曼哈顿项目时提出的。美国实施的曼哈顿原子弹计划，是一个标志性事件。曼哈顿原子弹项目技术难、时间紧，美国人利用了这种新的方法来进行进度及预算的管理和资源分配等。

3. 现代项目管理

20 世纪 50 年代，是国外项目管理的传播阶段，此后的项目管理被称作现代项目管理。这时期的项目管理仍主要应用于国防和军工项目，主要特征是开发、推广与应用网络计划技术。网络技术的核心是关键路线法(CPM)和计划评审技术(PERT)。1957 年，美国杜邦公司把 CPM 方法应用于设备维修，将维修的停工时间从 12 小时减到 7 小时，大大缩短了

建设周期，节约了 10% 左右的投资，取得了显著的经济效益。1958 年，美国海军部门进行了北极星号潜艇所采用的远程导弹 PMB 项目。该项目涉及美国 48 个州的 200 多个主要承包商和 1 万多个企业，是一个庞大的工程。关键路线法（CPM）和计划评审技术（PERT）的开发和应用使得美国海军部门在研究北极星号潜艇所采用的远程导弹 PMB 项目中，顺利解决了组织协调问题，节约了投资，也缩短了工期。此外，在 20 世纪 50 年代，建筑工程也是推动项目管理发展的一个主要因素。

20 世纪 60 至 80 年代，项目管理的应用范围局限于建筑、国防、航空等少数领域。60 年代，项目管理技术在美国三军和航空航天局范围内全面推广，并很快在世界范围内得到了重视。美国"阿波罗登月计划"的实施和完成，就是运用项目管理思想与方法的典范。阿波罗计划耗资 300 亿美元，有多达 2 万家的企业参与，40 多万人直接或间接参与，使用了 700 万个零部件，由于网络计划技术的使用，该项目最终取得了成功。

1965 年，欧洲成立了国际项目管理协会，1969 年美国也成立了项目管理协会。在项目管理的发展中，这两大组织发挥了积极的作用，他们在项目管理知识体系的建立、人员的培训、资质认证与考核等方面都作出了积极的努力。20 世纪 70 年代以后，项目管理的发展又出现了新的突破，应用领域也在不断地扩展。1976 年，美国项目管理学会在蒙特利尔召开研讨会，讨论项目管理的通用标准。进入 80 年代，1981 年，美国项目管理学会委员会同意成立一个小组，系统地整理有关项目管理职业的程序和概念，该小组又于 1983 年 8 月在美国的《项目管理杂志》上发表了报告，并于 1984 年认证了第一批职业项目管理人员。此后，又对上述材料进行了修改，于 1987 年经过了美国项目管理学会委员会的批准，最终完成了项目管理知识体系（PMBOK）。

进入 90 年代以后，伴随着信息技术的广泛应用，服务业和高新技术产业飞速发展，项目的概念产生了巨大变化。面对信息经济环境中事物具有独特性、不确定性与动态变化的特点，项目管理作为一种适应该特点的有效的管理手段，逐步发展成为独立的学科体系和现代管理学的重要分支。

目前，项目管理不仅普遍应用于传统领域，而且在电子通信、计算机、软件开发、制造业、金融业、保险业，甚至在政府机关和非盈利性组织以及国际组织中也得到了广泛的应用，成为一种备受青睐的业务运作模式。

二、国内工程项目管理的产生和发展

人们普遍认为，我国项目管理的发展最早起源于 20 世纪 60 年代华罗庚推广的"统筹法"，我国项目管理学科体系也是从这时开始的。

实际上，从 20 世纪 60 年代起，许多科学家都很重视大型科技工程中的项目管理，如钱学森等。当时他们大多是在推广系统工程理论和方法，如钱学森推广的系统工程理论和方法、华罗庚推广的统筹法等。随后，我国一直在有计划地引进国外大型科技项目的管理理论和方法，例如，20 世纪 60 年代我国研制第一代战略导弹武器系统时，科学家们就利用了引进的网络计划技术、规划计划预算系统（PPBS）、工作任务分解系统（WBS）等项目管理技术。

进入 20 世纪 70 年代，我国引入了全寿命概念，在此期间，还产生一些其他概念，如全寿命费用管理、一体化后勤管理、决策点控制等。当时，也有许多工程应用了系统工程的方法,如上海宝钢工程、秦山核电站等。

从 20 世纪 80 年代以后,现代项目管理方法在国内得到了推广和运用,也进一步促进了统筹法在项目管理中的应用。此外,当时一些著名的国外专家和学者也在国内介绍和推行项目管理。例如,美国专家 John Bing 曾经在国家经委大连管理干部培训中心讲授项目管理课程,他后来也在天津大学举办过项目管理讲座。同济大学丁士昭教授在国内建筑工程领域积极宣传项目管理知识,1983 年在中国建筑学会建筑经济学术委员会举办的项目管理学习班上负责讲授项目管理方法。此外,我国国内的一些大学也开始了项目管理的教学和研究工作,一些关于项目管理的教材相继出版。80 年代末,我国引进了美国的《系统工程管理指南》,并且出版了《武器装备研制管理译丛》系列丛书。

值得一提的是,在此阶段中,我国一些企业包括事业单位也开始积极进行项目管理的实践,并且取得了显著的成效。如 1982 年,我国建设的鲁布革水电站引水导流工程,又如航天工业在研制歼 7Ⅱ、歼 8Ⅱ 等型号的飞机过程中推行系统工程,实行了矩阵管理。在了解了项目管理技术的作用后,政府部门开始逐步关注项目管理的推广和应用。

进入 20 世纪 90 年代后,我国项目管理的研究有了很大发展。1991 年 6 月,中国项目管理学术研究委员会(PMRC)正式成立(在西北工业大学等倡导下),PMRC 致力于推进我国项目管理学科建设和项目管理专业化发展,推进我国项目管理与国际项目管理专业领域的交流与合作,使我国项目管理水平与国际接轨,并且先后出版了具有较高学术水平和应用价值的论文集。1993 年我国开始研究《中国项目知识体系》(C - PMBOK)与当时中国的优选法、统筹法,由经济数学研究会项目管理研究委员会发起并组织实施。20 世纪 90 年代,复旦大学及国内其他综合性大学和工科院校相继开设了项目管理课程,这对我国推行项目管理的技术有重要的推动作用。1995 年,中国项目管理研究委员会在西安组织召开了我国首届项目管理会议。在 90 年代期间,我国项目管理应用领域也在拓宽,比如,天津涤纶厂和联想集团消费电脑事业部,就采用了项目管理的相关理论和方法并取得了成功。而且,国内与国际合作项目的增多,也促进了项目管理理论的研究和学科的发展。

我国工程项目管理发展的主要标志有以下几个:

(1)从 20 世纪 80 年代初期鲁布革水电站项目开始引进工程项目管理,世界银行和一些国际金融机构要求接受贷款的国家应用项目管理的思想、组织、方法和手段组织实施工程项目;

(2)1983 年由原国家计划委员会提出推行项目前期项目经理负责制;

(3)1988 年开始推行建设工程监理制度;

(4)1995 年国家建设部颁发了《建筑施工企业项目经理资质管理办法》,推行项目经理负责制;

(5)2003 年国家建设部发出《关于建筑业企业项目经理资质管理制度向建造师执业资格制度过渡有关问题的通知》;

(6)2005 年国家发布了《建设项目工程总承包管理规范》(GB/T50358—2005);

(7)2006 年国家发布了《建设工程项目管理规范》(GB/T50326—2006);

(8)2013 年国家发布了新的《建设工程监理规范》(GB50319—2013)。

进入 21 世纪,我国项目管理的应用范围不断扩大,可以说,项目管理不再是工程概念,已经发展到社会领域,目前已应用到电力、水利、医药、化工、IT 等行业。2000 年,美国项目管理学会的项目管理专业人员 PMP 认证进入我国；2001 年下半年，国际项目管理协会的国际项目管理专业资质认证也进入了我国。项目管理资质认证工作进一步推动了项目管理在我国的深入发展。随后，项目管理领域工程硕士开始招生，从清华大学、北京航空航天大学率先招生开始，到后来的国内 30 多所大学相继开办项目管理领域工程硕士班，这标志着我国高层次项目管理专业人才培养的新开端。

总的来说，项目管理从开始进入我国，到后来被推广，一直得到相关方的重视和积极应用，并且收到了较好的成效。但是从目前来看，项目管理只在一部分行业有较大影响，在应用的范围和深度上尚有一定的局限性。项目管理在我国的继续发展是一个长期、迫切的问题，我们在加强自身学术组织构建的同时，还应加强与国际先进项目管理技术的交流，并与培养我国专业人才相结合，使得项目管理技术方法发挥出应有的实效。

三、工程项目管理的发展趋势

目前工程项目管理的发展趋势体现在以下几方面：

1. 工程项目管理的社会化和专业化

由于现代工程项目的投资规模大，应用技术复杂，涉及领域多，工程范围广泛，使得工程项目管理具有复杂性、多变性的特点，因此对工程项目管理过程提出了更新、更高的要求。按社会分工的要求，现代社会需要专业化的项目管理公司，专门承接项目管理业务，为业主和投资者提供全过程的专业化咨询和管理服务，这样才能有高水平的项目管理。因此，职业化的项目管理者或管理组织应运而生。在我国工程项目领域的职业项目经理、项目咨询师、监理工程师、造价工程师、建造师等，都是工程项目管理人才专业化的形式。而专业化的项目管理组织，如工程项目管理公司、工程咨询公司、工程监理公司等也是专业化组织的体现。可以预见，随着工程项目管理制度与方法的发展，工程项目管理的专业化水平还会提高。

2. 工程项目全寿命周期管理

工程项目决策阶段的开发管理（Development Management，DM）、实施阶段的项目管理（Project Management，PM）和使用阶段的设施管理（Facility Management，FM）之间存在着十分紧密的联系，不能将各阶段相互独立，进行管理。如在 DM 中所确定的项目目标是不合理的，就会使 PM 难以控制其目标的实现；如在 PM 中没有把握好工程的质量，就会造成 FM 的困难。把 DM、PM 和 FM 作为一个完整的系统，对工程项目全过程统一管理，这就是工程项目全寿命管理。

3. 工程项目管理国际化

随着经济全球化的逐步深入，工程项目管理的国际化正在形成潮流。在我国加入WTO 后，中国的工程承包市场已是国际承包市场的一部分。现在不仅一些大型工程项目，甚至一些中小型工程项目的参加单位、设备、材料、管理服务、资金等都呈现出国际化趋势。

工程项目的国际化要求项目按国际惯例进行管理，即依照国际通行的项目管理模式、程序、准则与方法进行项目管理，使参与项目的各方在项目实施中建立起统一的协调基础。

4. 工程项目管理的信息化

工程项目管理发展中的一个非常重要的方向是应用信息技术，这项工作包括项目管理信息系统的应用和在互联网平台上进行工程管理等。

目前工程项目管理越来越依赖于计算机和网络，如工程项目的预算概算、工程的招投标、工程施工图设计、项目的进度与费用、工程的质量管理、施工过程的变更管理、合同管理等都离不开计算机与互联网，工程项目的信息化已成为提高项目管理水平的重要手段。目前许多国际项目管理公司开始大量使用工程项目管理软件进行工程项目管理，开始实现了项目管理网络化、虚拟化。

复习思考题

1. 什么是项目和工程项目？其特点有哪些？

2. 什么是项目管理？其特点有哪些？项目管理和企业管理的区别是什么？

3. 项目管理的知识体系包含哪些方面？

4. 什么是工程项目管理？工程项目管理的特点有哪些？

5. 工程项目管理的类型有哪些？不同类型项目管理的目标和任务有什么不同？

6. 工程项目的生命周期分为几个阶段？在项目生命周期的各个阶段中有哪些项目工作？

7. 工程项目管理的发展趋势有哪些？

上

篇

第一章　工程项目前期策划与决策阶段的管理

第一节　工程项目前期策划

一、策划与工程项目策划

（一）策划

关于策划的定义，美国哈佛企业管理丛书编委会给出了较为恰当的描述："策划是一种程序，在本质上是一种运用脑力的理性行为。基本上所有的策划都是关于未来的事物，也就是说，策划是针对未来要发生的事情作当前的决策。换言之，策划是找出事物的因果关系，衡度未来可采取之途径，作为目前决策之依据。亦即策划是预先决定做什么（What）、何时做（When）、如何做（How）、谁来做（Who）。"这个定义体现了策划的以下四个核心要素：

（1）策划实质上是一种理性决策行为，其中人的因素占有很大的支配空间。

（2）策划是针对未来事物预期发展的一种当前决策过程，这一过程是以现实资源为前提的。

（3）策划是根据事物的因果关系，通过选择不同的途径而作决策的，其中包含许多不同路径（或方案）的比较与选择。

（4）策划有一个具体实施的方案，也就是预先决定做什么（What）、何时做（When）、如何做（How）、谁来做（Who）。

（二）工程项目策划

客观地说，工程项目策划指的是项目发起者（政府、社会、企业或者个人）从上层系统层面，通过市场调查研究和基础资料收集，在充分占有信息资源的基础上，针对建设工程项目的决策和实施行为；或者针对决策和实施中的某个问题，进行组织、管理、技术和经济等方面的科学分析和论证，旨在为项目建设的决策和实施增值。

工程项目策划的过程是专家知识库和外部信息的共同组织和集成的过程，其实质是知识管理的过程，即将获取的外部信息和知识，经过编写、组合和整理，从而形成新的知识。在这一过程中，需要整合多方面的知识，如管理知识、经济知识、技术知识、设计经验、施工经验、项目管理经验、项目策划经验等。

（三）工程项目策划的分类

按项目策划的范围不同，工程项目策划可分为项目总体策划和项目局部策划。项目总体策划一般是指在项目前期决策阶段所进行的总体策划，项目局部策划是指对总体策划分解后的一个单项或专业技术问题的专项策划。

按项目建设程序不同，工程项目策划可分为工程项目前期策划和工程项目实施策划。

二、工程项目前期策划的流程

工程项目前期指的是从项目构思到项目批准正式立项阶段。工程项目前期策划是在这一阶段所进行的总体策划。

工程项目前期策划的主要内容包括通过项目环境和条件的调查分析，提出项目构思、项目目标设计(包括情况分析、问题定义、目标因素的提出和目标系统的建立等)、项目定义和定位(包括项目建设的目的、性质、用途、建设规模、建设标准的确定和核实等)、项目总体方案(包括项目总体功能、项目系统内部各单项单位工程的构成以及各自的功能和相互关系、项目内部系统与外部系统的协调和配套的策划等)和工程项目可行性研究。各部分的主要内容详述如下。

(一) 项目构思

任何工程项目都起源于项目构思的产生，构思是项目前期策划的初始步骤，是体现项目建设意图的一种抽象性描述，是项目前期策划能否成功的关键。项目构思可以有很多来源渠道，例如，市场研究发现新的投资机会，上层系统运行中存在问题，上层系统的发展战略，生产要素的合理组合，项目业务等。

构思的过程是一个分析筛选的过程。首先要结合项目的背景和环境条件，并结合自身的能力，考察项目构思是否具有现实性，即是否是可以实现的；其次还要考虑项目是否符合法律法规的要求，如果项目构思违背了法律法规的要求，则必须剔除；最后，项目构思的筛选还要注意扬长避短，要以己之长克人之短，田忌赛马的故事可以用来讲解这个道理。

项目构思选择的结果可以是某个构思，也可以是几个不同构思的组合。当项目构思经过研究被认为是可行的、合理的，便可以在此基础上进行下一步的工作。

(二) 项目目标设计

项目目标设计必须按照系统工作方法有步骤地进行。主要包括四个步骤：情况分析、问题定义、提出目标因素及建立目标系统。

1. 情况分析

情况分析是目标设计的基础和前导工作。在项目构思的基础上，通过对内外部环境和上层系统状况进行调查、分析、评价，将原来的项目构思转化为实际的目标概念，为目标设计、项目定义、可行性研究以及详细设计和计划提供基础信息。由于目标设计是以市场需求为导向的，情况分析首先要作大量的内外部环境调查，掌握大量的资料，如市场现状和趋向，项目所有者或业主的状况，自然环境及其制约因素，社会经济、技术、文化环境，政治和法律环境等。

2. 问题定义

问题定义是目标设计的诊断阶段，对问题的定义必须从上层系统的角度出发，抓住问题的核心，经过分析可以从中发现上层系统的核心问题，对这些问题进行定义和说明，才能从本质上发现问题产生的原因、背景和界限，从而确定项目的目标和任务。

3. 提出目标因素

目标因素是指目标的构成要素，如经济性目标、时间性目标、质量性目标、战略性目标等。由于问题的多样性和复杂性，导致问题解决的程度不同，同时由于边界条件的约束限制，如资源约束条件、法律法规制约等，有时甚至是上层系统的战略目标和计划等，造成了目标因素的多样性和复杂性。一般工程项目的目标因素可归为如下三类：

（1）问题解决的程度，即项目建成后所实现的功能和达到的运行状态，如市场份额、年生产能力等；

（2）项目自身的目标，如工程项目的建设规模、投资规模、利润目标、投资回收期等；

（3）其他目标因素，如能源节约程度，增加就业人数，改善周边环境等。

4. 建立目标系统

在提出目标因素后，应按照不同的性质或属性进行分类、归纳和结构化处理，形成项目的目标系统，并对目标因素进行分析、对比、评价，使项目的目标统一。对于可能出现的相容、相斥或混合的目标因素，应进行删减、优化处理，对于定性的目标因素，可采用定量化或定义权重的方式优化，从而保证目标系统的一致化。

（三）项目定义与定位

项目定义是指在界定的范围内以书面形式描述项目的性质、用途、建设范围和基本内容，并初步提出完成方式。项目定义将原直觉的项目构思和期望引导到经过分析、选择后形成的有根据的项目建议中，是项目目标设计的里程碑，是检查项目目标设计结果和阶段决策的基础。

项目定位是指根据国家、地区或企业发展的总体规划，在环境和条件调查分析的基础上，描述和分析项目的建设规模、建设水准，以及项目在社会经济发展中的地位、作用和影响力等。

项目定义与定位将决定项目的建设目标。

（四）项目总体方案

项目总体方案应能详细描述项目的总体功能，各单项单位工程的构成以及各自的功能和相互关系，项目内部系统与外部系统的协调和配套关系，项目实施方案及可行性分析等。工程项目的总体方案一般包含以下几个方面的内容：

（1）项目产品或服务的未来市场定位。

（2）项目总的功能定位和各部分的功能分解，总的产品技术方案。

（3）项目总的建设方案、规划布局、建设规模、实施进度安排。

（4）项目总的投融资方案。

（5）项目涉及的环境保护、安全生产等其他方面的方案。

（五）工程项目可行性研究

工程项目可行性研究是指在投资决策前，对于拟建项目有关的社会、经济、技术等各方面进行深入细致的调查研究，其具体内容和方法见本章第二节的介绍。

三、工程项目实施策划

工程项目实施策划是指为使前期项目决策付诸实施具有现实可能性和可操作性，在拟建项目立项后，而提出的带有策略性和指导性的项目实施方案。它的主要任务是确定如何组织该拟建项目的开发和建设。建设工程项目实施策划一般包括以下几个方面的内容：

（1）项目实施的环境和条件分析，包含自然环境、市场环境、地理地质环境等。

（2）项目目标的分解和再论证，主要包含工程投资、进度、质量等方面的多目标分解和论证，编制相应的实施规划指导施工等。

（3）项目实施的组织策划，包含搭建业主方的组织管理机构，进行人员的分工，制定项目管理工作流程等。

（4）项目实施的管理规划，包含项目实施阶段管理的工作内容、风险管理以及工程保险方案等。

（5）项目实施的合同策划，包含设计方案的组织、设计、施工采购的合同、结构方案及合同文本等。

（6）项目实施的经济策划，包含资金的需求量策划、融资方案策划等。

（7）项目实施的技术策划，包含技术方案的深化分析、关键技术的论证、技术标准和规范的应用等。

四、工程项目前期策划的作用

工程项目前期策划工作主要是产生项目的构思，确立目标，并对目标进行论证，为项目的决策提供依据。这是确定项目方向的过程，是项目的孕育过程。它不仅对项目的实施和管理起着决定性作用，而且对项目的整个上层系统都有极其重要的影响。

同时，项目策划也是保证项目实施增值的过程，项目增值主要体现在以下几个方面：有利于人类生活和工作的环境保护，改善建筑环境，提高项目的使用功能和工程质量，合理地平衡工程项目建设成本和运营成本之间的关系，提高社会效益和经济效益，实现项目合理的建设周期，有利于建设过程的组织和协调等。

第二节　工程项目可行性研究

一、可行性研究的概念和作用

（一）可行性研究的概念

工程项目可行性研究是指在投资决策前，对与拟建项目有关的社会、经济、技术等各方面进行深入细致的调查研究，对各种可能采用的技术方案和建设方案进行认真的技术、经济分析和比较论证，对项目建成后的经济效益进行科学的预测和评价。在此基础上，对拟建项目的技术先进性和适用性、经济合理性和有效性，以及建设必要性和可行性进行全面分析、系统论证、多方案比较和综合评价，由此得出该项目是否应该投资和如何投资等结论性意见，为项目投资决策提供可靠的科学依据。

（二）可行性研究的作用

在工程项目的整个寿命周期中，前期决策工作具有决定性意义，起着极其重要的作用。而作为工程项目投资决策前期工作的核心和重点的可行性研究工作，一经批准，在整个项目周期中，就会发挥着极其重要的作用。可行性研究的作用具体体现在以下几个方面：

（1）作为确定工程项目的依据。可行性研究作为一种投资决策方法，从市场、技术、工程建设、经济及社会等多方面对工程项目进行全面综合的分析和论证，依据其结论进行投资决策可大大提高投资决策的科学性。

（2）作为编制设计文件的依据。可行性研究报告一经审批通过，意味着该项目正式批准立项，可以进行初步设计。在可行性研究报告中，对项目选址、建设规模、主要生产流程、设备选型和施工进度等方面都作了较详细的论证和研究，设计文件的编制应以可行性研究报告为依据。

（3）作为向银行贷款的依据。在可行性研究报告中，详细预测了项目的财务效益、经济效益及贷款偿还能力。世界银行等国际金融组织，均把可行性研究报告作为申请项目投资贷款的先决条件。我国的金融机构在审批工程项目贷款时，也都以可行性研究报告为依据，对工程项目进行全面、细致的分析评估，确认项目的偿还能力及风险水平，然后作出是否贷款的决策。

（4）作为建设单位与各协作单位签订合同和有关协议的依据。在可行性研究工作中，对建设规模、主要生产流程及设备选型等都进行了充分的论证。建设单位在与有关协作单位签订原材料、燃料、动力、工程建筑、设备购置等方面的协议时，应以批准的可行性研究报告为基础，保证预定建设目标的实现。

（5）作为环保部门、地方政府和规划部门审批项目的依据。工程项目开工前，需要当地政府批拨土地，规划部门要审查项目建设是否符合城市规划，环保部门要审查项目对环境的影响。这些审查都以可行性研究报告中的总图布置、环境及生态保护方案等诸方面的论证为依据。因此，可行性研究报告为工程项目申请和批准提供了依据。

（6）作为施工组织、工程进度安排及竣工验收的依据。可行性研究报告对施工组织、工程进度及竣工验收都有明确的要求，所以它是检查施工进度及工程质量的依据。

（7）作为项目后评估的依据。在项目后评估时，以可行性研究报告为依据，将项目的预期效果与实际效果进行对比考核，可对项目的运行进行全面评价。

二、可行性研究的阶段划分

可行性研究工作主要包括四个阶段：投资机会研究阶段、初步可行性研究阶段、详细可行性研究阶段、项目评估和决策阶段。

1. 投资机会研究阶段

投资机会研究又称投资机会论证。这一阶段的主要任务是提出工程项目投资方向建议，即在一个确定的地区和部门内，根据自然资源、市场需求、国家产业政策和国际贸易情况等，通过调查、预测和分析研究，选择工程项目，寻找投资的有利机会。机会研究要解决两个方面的问题：一是社会是否需要；二是有没有可以开展项目的基本条件。

这一阶段的工作比较粗略，一般是根据条件和背景相类似的工程项目来估算投资额和生产成本，初步分析建设投资效果，提供一个或一个以上可能进行建设的投资项目或投资方案。该阶段投资估算的精确度大约控制在±30%以内，大中型项目的机会研究所需时间大约在1～3个月，所需要费用约占投资总额的0.2%～1%。如果投资者对该项目感兴趣，则可再进行下一步的可行性研究工作。

2. 初步可行性研究阶段

在项目建议书被国家计划部门批准后，对于投资规模大、技术工艺又比较复杂的大型骨干项目，需要先进行初步可行性研究。初步可行性研究也称为预可行性研究，是正式的详细可行性研究前的预备性研究阶段。经过初步可行性研究，如果认为该项目具有一定的可行性，便可转入详细可行性研究阶段。否则，就终止该项目的前期研究工作。初步可行性研究作为投资机会研究和详细可行性研究的中间性或过渡性研究阶段，其主要目的为确定是否进行详细的可行性研究以及确定哪些关键问题需要进行辅助性专题研究。

初步可行性研究的内容和结构与详细可行性研究基本相同，主要区别是所获取资料的详尽程度不同、研究深度不同。对建设投资和生产成本的估算精度一般要求控制在 $\pm 20\%$ 以内，研究时间大约为 $4 \sim 6$ 个月，所需费用占投资总额的 $0.25\% \sim 1.25\%$。

3. 详细可行性研究阶段

详细可行性研究又称技术经济可行性研究，是可行性研究的主要阶段，是工程项目投资决策的基础。它为项目决策提供技术、经济、社会、商业等方面的评价依据，为项目的具体实施提供科学依据。这一阶段的主要目标有以下三个方面：

（1）提出项目建设方案；

（2）进行效益分析和最终方案选择；

（3）确定项目投资的最终可行性和选择依据标准。

这一阶段的内容比较详尽，所花费的时间和精力都比较大。而且这一阶段还为下一步工程设计提供基础资料和决策依据。因此，在此阶段，建设投资和生产成本计算精度应控制在 $\pm 10\%$ 以内；大型项目研究所花费的时间为 $8 \sim 12$ 个月，所需费用约占投资总额的 $0.2\% \sim 1\%$；中小型项目研究所花费的时间为 $4 \sim 6$ 个月，所需费用约占投资总额的 $1\% \sim 3\%$。

4. 项目评估和决策阶段

项目评估和决策是指由投资决策部门组织和授权有关咨询公司或有关专家，代表项目业主和出资人对工程项目可行性研究报告进行全面的审核和再评价。其主要任务是对拟建项目的可行性研究报告提出评价意见，最终决策项目投资是否可行，确定最佳投资方案。项目评估的基础是可行性研究报告。工程项目评估和决策的原则是客观公正、实事求是。

工程项目评估和决策的程序如下：

（1）对可行性研究报告进行一般性审查、核实（可行性研究报告的编写程序和内容是否符合要求，数据资料是否齐全，编写报告的人员是否具备资格，可行性研究报告是否反映了项目的本来面目）。

（2）评估机构应对编制可行性研究报告的单位的资格、编写人员的任职资格及签字盖章的真实性，拟建项目是否为重点建设项目，产品有无销路，技术水平和原材料来源是否可靠，环境保护措施，项目的财务评价及国民经济评价结论的正确性等进行详细审查。

（3）在广泛听取意见和可行性研究报告的提出单位补充说明资料、数据的基础上，作出审查评估结论，决定项目是否通过。通过的项目报请国家计委或其他相关单位审批。

审批通过后，项目的决策工作即告结束。

由于基础资料的占有程度、研究深度与可靠程度要求不同，可行性研究的各个工作阶段的研究性质、工作目标、工作要求、工作时间与费用各不相同。一般来说，各阶段的研究内容由浅入深，项目投资和成本估算的精度要求由粗到细，研究工作量由小到大，研究目标和作用逐步提高，因此，工作时间和费用也逐渐增加，具体见表1-1所示。

表1-1 可行性研究各工作阶段的要求

工作阶段	机会研究	初步可行性研究	详细可行性研究	项目评估与决策
研究性质	项目设想	项目初选	项目准备	项目评估
研究要求	编制项目建议书	编制初步可行性研究报告	编制可行性研究报告	提出项目评估报告
估算精度	±30%	±20%	±10%	±10%
研究费用（占总投资的比例）	0.2%～1%	0.25%～1.25%	大项目：0.2%～1% 中小项：1%～3%	—
需要时间（月）	1～3	4～6	8～12	

三、可行性研究的内容

一般工业工程项目可行性研究报告应包括以下几个方面的内容。

1. 总论

总论即综述项目概况，包括项目的名称、主办单位、承担可行性研究的单位、项目提出的背景、投资的必要性和经济意义、投资环境、提出项目调查研究的主要依据、工作范围和要求、项目的历史发展概况、项目建议书及有关审批文件、可行性研究的主要结论和存在的问题与建议等。

2. 产品的市场需求和拟建规模

产品的市场需求和拟建规模主要内容包括：调查国内外市场近期需求状况，并对未来趋势进行预测；对国内现有工厂生产能力进行调查估计，进行产品销售预测、价格分析，判断产品的市场竞争能力及进入国际市场的前景；确定拟建项目的规模；对产品方案和发展方向进行技术经济论证比较等。

3. 资源、原材料、燃料及公用设施情况

这部分内容主要包括：经过全国储量委员会正式批准的资源储量、品位、成分以及开采、利用条件的评述；所需原料、辅助材料、燃料的种类、数量、质量及其来源和供应的可能性；有毒、有害及危险品的种类、数量和储运条件；材料试验情况；所需动力(水、电、气等)公用设施的数量、供应条件、外部协作条件以及签订协议和合同的情况等。

4. 建厂条件和厂址选择

这部分内容主要包括：确定厂区的地理位置及与原材料产地和产品市场的距离；根据工程项目的生产技术要求，对厂区的气象、水文、地质、地形条件、地震、洪水情况和社会经济现状进行调查研究，收集基础资料，了解交通运输、通信设施及水、电、气、热的现状和发展趋势；了解厂址面积、占地范围、厂区总体布置方案、建设条件、地价、拆迁及其他工程费用情况；对厂址选择进行多方案的技术经济分析和比较，提出选择意见。

5. 项目设计方案

项目设计方案的主要内容包括：在选定的建设地点内进行总图和交通运输的设计，进

行多方案比较和选择；确定项目的构成范围，主要单项工程（车间）的组成，厂内外主体工程和公用辅助工程的方案比较论证；项目土建工程总量的估算，土建工程布置方案的选择，包括场地平整、主要建筑和构筑物与厂外工程的规划；采用技术和工艺方案的论证，包括技术来源、工艺路线和生产方法，主要设备选型方案和技术工艺的比较，引进技术、设备的必要性及其来源国别的选择比较；设备的国外分交或与外商合作制造方案设想以及必要的工艺流程图。

6. 环境保护与劳动安全

环境保护与劳动安全的主要内容包括：对项目建设地区的环境状况进行调查，分析拟建项目"三废"（废气、废水、废渣）的种类、成分和数量，并预测其对环境的影响；提出治理方案的选择和回收利用情况，对环境影响进行评价；提出劳动保护、安全生产、城市规划、防震、防洪、防空、文物保护等要求以及采取相应的措施方案等。

7. 企业组织、劳动定员和人员培训

这部分内容包括：全厂生产管理体制、机构的设置，对选择方案的论证，工程技术和管理人员的素质和数量的要求；劳动定员的配备方案；人员的培训规划和费用估算等。

8. 项目施工计划和进度要求

这部分内容包括：根据勘察设计、设备制造、工程施工、安装、试生产所需时间与进度要求，选择项目实施方案和总进度，并用横道图和网络图来表述最佳实施方案。

9. 投资估算和资金筹措

投资估算内容包括：项目总投资估算，主体工程及辅助、配套工程的估算，以及流动资金的估算等。资金筹措内容包括：资金来源、筹措方式、各种资金来源所占的比例、资金成本及贷款的偿付方式等。

10. 项目的经济评价

项目的经济评价包括财务分析和经济分析，并通过有关指标的计算，进行项目盈利能力、偿债能力等分析，得出经济评价结论。

11. 综合评价与结论、建议

运用各项数据，从技术、经济、社会、财务等方面综合论述项目的可行性，推荐一个或几个方案供决策参考，指出项目存在的问题以及结论性意见和改进建议。

可以看出，工程项目可行性研究报告的内容可概括为三大部分：首先是市场研究，包括产品的市场调查和预测研究，这是项目可行性研究的前提和基础，其主要任务是要解决项目的必要性问题；第二是技术研究，即技术方案和建设条件研究，这是项目可行性研究的技术基础，它要解决项目在技术上的可行性问题；第三是效益研究，即经济效益的分析和评价，这是项目可行性研究的核心部分，主要解决项目在经济上的合理性问题。市场研究、技术研究和效益研究共同构成项目可行性研究的三大支柱。

四、可行性研究报告的编制依据

编制可行性研究报告的主要依据有：

（1）国民和地方的经济和社会发展规划及行业部门发展规划。

（2）项目建议书（初步可行性研究报告）及其批复文件。

（3）国家有关法律、法规和政策。

（4）对于大中型骨干项目，必须具有国家批准的资源报告、国土开发整治规划、区域规划、江河流域规划、工业基地规划等有关文件。

（5）有关机构发布的工程建设方面的标准、规范和定额。

（6）合资、合作项目各方签订的协议书或意向书。

（7）委托单位的委托合同。

（8）经国家统一颁布的有关项目评价的基本参数和指标。

（9）有关的基础数据。

五、编制可行性研究报告的深度要求

可行性研究报告应达到以下几个方面的要求：

（1）报告应能充分反映项目可行性研究工作的成果，内容齐全，结论明确，数据准确，论据充分，满足决策者确定方案和项目决策的要求。

（2）报告选用主要设备的规格、参数应能满足预订货的要求，引进技术设备的资料应能满足合同谈判的要求。

（3）报告中的重大技术、经济方案，应至少有两个以上的备选方案。

（4）报告中确定的主要工程技术数据，应能满足项目初步设计的要求。

（5）报告中设计的融资方案，应能满足银行等金融部门信贷决策的需要。

（6）报告中应反映可行性研究过程中出现的某些方案的重大分歧及未被采纳的理由，供建设单位或投资者权衡利弊进行决策。

（7）报告应附有评估、决策（审批）所必需的合同、协议、意向书、政府批件等。

第三节 工程项目设计管理

工程项目设计管理，简称设计管理，有两层含义：一是指业主方的管理，管理对象是设计单位或总承包单位所承担的设计任务；二是指设计单位或工程总承包单位内部的设计管理。本书设计管理主要指业主方的设计管理，主要从业主方设计管理的目标和任务、初步设计管理、技术设计管理和施工图设计管理四个方面进行介绍。

一、设计管理的目标和任务

1. 设计管理的目标

建设单位对工程设计的目标主要有三个方面：一是安全可靠性（业主对设计标准的控制），生产使用上要有效和耐久，建筑结构上要保证强度、刚度和稳定，总体规划上要满足防灾、抗灾的安全要求；二是适用性（业主对使用功能的控制），工程项目要有良好的使用功能和美观效果；三是经济性（业主对主要参数的选择），在保证安全可靠和适用的前提下，做到投资省、工期短、投产效益高。随着公众对环境的关注，绿色环保性也成为建设单位重要的设计管理目标之一，考虑环境，做到"四节一环保"。

为了达到以上目标，在设计阶段需要进行设计目标控制，围绕工程建设全过程，进行质量控制、进度控制和投资控制。

2. 设计管理的任务

建设单位设计管理的主要任务包括以下几个方面:

(1) 选定设计单位,招标、发包设计任务,签订设计协议或合同,并组织管理合同的实施。

(2) 收集、提供设计基础资料及建设协议文件。

(3) 组织协调各设计单位之间以及设计单位与科研、物资供应、设备制造和施工等单位之间的工作配合。

(4) 主持研究和确认重大设计方案。

(5) 配合设计单位编制设计概、预算,并做好概、预算的管理工作。

(6) 组织上报设计文件,提请国家主管部门批准。

(7) 组织设计、施工单位进行设计交底,会审施工图纸。

(8) 做好设计文件和图纸的验收、分发、使用、保管和归档工作。

(9) 为设计人员现场服务,提供工作和生活条件。

(10) 办理设计等费用的支付和结算。

二、初步设计管理

初步设计文件应由有相应资质的设计单位提供,若为多家设计单位联合设计的,应由总包设计单位负责汇总设计资料。初步设计文件包括设计说明、资料和图纸等。

1. 开展初步设计的必备条件

开展初步设计的必要条件如下:

(1) 项目可行性研究报告经过审查,业主已获得可行性研究报告批准文件。

(2) 已办理征地手续,并已取得规划局和国土局提供的建设用地规划许可证和建设用地红线图。

(3) 业主已取得规划局提供的规划设计条件通知书。

2. 初步设计的原则性要求

(1) 建设项目远景与近期建设相结合,加快建设进度。

(2) 对资源和原料要充分利用和综合利用的要求。

(3) 产量种类和质量方面的要求。

(4) 装备水平、机械化程度的要求,采用先进技术、工艺、设备的要求。

(5) 环保、安全、卫生、劳动保护的要求。

(6) 合理布局和企业协作的要求。

(7) 合理选用各种技术经济指标的要求。

(8) 工业建筑、民用福利设施标准的要求。

(9) 节约投资、降低生产成本的要求。

(10) 建设项目扩建、预留发展场地的要求。

(11) 贯彻上级或领导部门的有关指示的要求。

(12) 其他有关的原则要求。

3. 初步设计的深度要求

初步设计的深度要求如下:

（1）多方案比较。

（2）建设项目的单项工程要齐全，主要工程量误差应在允许范围内。

（3）主要设备和材料明细表要符合订货要求，可作为订货依据。

（4）总概算不应超过可行性研究估算投资总额。

（5）满足施工图设计的准备工作的要求。

（6）满足土地征用、投资包干、招标承包、施工准备、开展施工组织设计以及生产准备等各项工作的要求。

4. 初步设计的主要内容

初步设计文件包括设计说明、资料和图纸等。其中设计说明包括总说明及建筑篇、结构篇、给水排水篇、电气篇（强电、弱电）、空调与通风篇、消防篇、人防篇、环境设计与保护篇、劳动安全篇、概算篇等各专业篇章说明。

初步设计图纸包括以下主要内容：

（1）建筑设计图纸：包括目录、总平面图、地下室各层平面图、首层及以上各层平面图（各层平面注出建筑面积、首层平面另加注总建筑面积）、各向立面图及剖面图（剖面应剖在层高、层数不同、内外空间比较复杂的部位）。

（2）结构设计图纸：包括目录、桩位及基础平面图、地下室结构平面图、各层结构平面图（选取有代表性的楼层、过渡层、结构转换层并标注板厚及梁截面尺寸）、新型结构的构造要求或节点简图等。

（3）给水排水设计图纸：包括目录、总平面和各层平面给水系统图、排水系统图、主要设备及材料表等。

（4）电气设计图纸：包括目录、供电总平面图、变配电站和电力平面图及系统图、建筑防雷及各弱电项目系统图（方框图）、主要设备及材料表等。

（5）采暖、空调与通风设计图纸：包括目录、各空调及通风平面图、主机房和热交换间主要冷热源机房平面图（设备位置及规格）、特殊自控系统原理图、主要设备及材料表等。

（6）热能动力设计图纸：包括目录、设备平/剖面布置图、原则性热力系统图、燃料及除渣系统布置图、区域布置图、管道平面布置图、主要设备及材料表等。

（7）消防设计图纸：包括建筑各层平面防火及防烟分区疏散路线图、消防给排水总平面图、各层消防平面图、消防给水系统示意图、电气消防系统图、消防排烟通风各层平面图、前室和楼梯间及内廊加压系统图、各工种主要设备及材料选型表等。

（8）环境设计图纸：包括建筑首层平面加室外绿化、小品、雕塑等布置图。

（9）人防设计图纸：包括建筑首层人防入口平面图，地下室人防平面图，各口部平面及剖面图，人防顶板结构布置图，人防底板结构布置图，临时封堵、战时加柱、防爆隔墙等大样，通风系统图与操作说明，通风平面图，滤毒室及机房、口部大样、预埋件图，地下室人防给排水平面图，各口部给排水平面图及系统图，人防地下室战时排水系统图，地下室人防配电平面图，人防配电系统图，进排风、水泵控制电路图，移动电站、人防配电室、进排风机室配电平面图。

5. 初步设计的审查

对初步设计文件的审查，一般需要提供以下资料：

（1）作为设计依据的政府有关部门的批准文件及附件。

（2）规划部门审定批准的方案设计文件。

（3）审查合格的岩土工程初勘或详勘文件。

（4）初步设计文件。

（5）初步设计对上阶段政府有关部门审批意见落实情况的说明，对方案有修改时的修改情况说明。

（6）审查需要提供的其他资料。

三、技术设计及施工图设计管理

（一）工程项目技术设计管理

1. 开展技术设计的条件

开展技术设计的条件如下：

（1）初步设计已被批准。

（2）对于特大规模的建设项目或工艺较为复杂的项目，采用新工艺、新设备、新技术而且有待试验验证的新开发项目，某些援外项目和极为特殊的项目，经上级机关或主管部门批准需要做技术设计。

2. 技术设计的深度和主要解决的问题

技术设计是对已批准的初步设计中比较复杂的项目、遗留问题或特殊需要，通过更详细的设计和计算，进一步研究和阐明其可靠性和合理性，准确地决定主要解决的问题。技术设计深度和范围基本上与初步设计一致。

3. 技术设计的报批

技术设计是初步设计的补充和深化，一般不再进行审核。业主直接上报审批技术设计的主管部门，经审批后转设计承包商，开展施工图设计。

（二）施工图设计管理

1. 开展施工图设计的条件

开展施工图设计的条件如下：

（1）上级文件，包括业主已取得的经上级或主管部门对初步设计的审核批准书，已经批准的国民经济年度基本建设计划和规划局核发的施工图设计条件通知书。

（2）初步设计审查时提出的重大问题和初步设计的遗留问题已经解决，如补充勘探、勘察、试验、模型等，施工图阶段勘察及地形测量绘图已经完成。

（3）外部协作条件，如水、电、交通运输、征地、安置的各种协议已经签订或基本落实。

（4）主要设备订货基本落实，设备总装图、基础图资料已搜集齐全，可满足施工图设计的要求。

2. 施工图设计的内容

施工图设计为工程设计的一个阶段，在技术设计之后，这两个阶段的设计在初步设计之后。施工图设计阶段主要是通过图纸，把设计者的意图和全部设计结果表达出来，作为施工制作的依据，它是设计和施工工作的桥梁。对于工业项目来说，施工图设计内容包括建设项目各分部工程的详图和零部件，结构件明细表，以及使用的验收标准方法等。民用工程施工图设计应形成所有专业的设计图纸，含图纸目录、说明和必要的设备材料表，并按照要求编制工程预算书。施工图设计文件，应满足设备材料采购、非标准设备制作和施工的需要。

3. 施工图设计深度要求

施工图设计深度要求如下：

(1) 设备材料的安排。

(2) 非标准设备和结构件的加工制作。

(3) 编制施工图预算，并作为预算包干、工程结算的依据。

(4) 施工组织设计的编制应满足设备安装和土建施工的需要。

4. 施工图审查

施工图审查是施工图设计文件审查的简称，是指建设主管部门认定的施工图审查机构按照有关法律、法规，对施工图涉及公共利益、公众安全和工程建设强制性标准的内容进行的审查。

1) 施工图审查的法律依据

施工图审查是政府主管部门对建筑工程勘察设计质量监督管理的重要环节，是基本建设必不可少的程序，《建设工程质量管理条例》第十一条规定：建设单位应当将施工图设计文件报县级以上人民政府建设行政主管部门或者其他有关部门审查。2013 年 4 月 27 日中华人民共和国住房和城乡建设部发布的《房屋建筑和市政基础设施工程施工图设计文件审查管理办法》（住建部令第 13 号）第三条规定：国家实施施工图设计文件（含勘察文件，以下简称施工图）审查制度，施工图未经审查合格的，不得使用。

2) 施工图审查的管理机关、审查机构及审查内容

(1) 施工图审查的管理机关。

国务院建设行政主管部门负责全国的施工图审查管理工作。省、自治区、直辖市人民政府建设行政主管部门负责组织本行政区域内的施工图审查工作的具体实施和监督管理工作。

(2) 施工图审查机构。

建设单位应当将施工图报送建设行政主管部门，由建设行政主管部门委托有关审查机构，进行结构安全和强制性标准、规范执行情况等内容的审查。审查机构的审查人员应当有良好的职业道德，具有 15 年以上所需专业勘察、设计工作经历；主持过不少于 5 项一级以上建筑工程或者大型市政公用工程或者甲级工程勘察项目相应专业的勘察设计；已实行执业注册制度的专业，审查人员应当具有一级注册建筑师、一级注册结构工程师或者勘察设计注册工程师资格，未实行执业注册制度的专业，审查人员应当有高级工程师以上职称。

(3) 施工图审查的主要内容包括以下几个方面：

① 建筑物的稳定性、安全性审查，包括地基基础和主体结构体系是否安全、可靠；

② 是否符合消防、节能、环保、抗震、卫生、人防等有关强制性标准、规范；

③ 施工图是否达到规定的深度要求；

④ 是否损害公众利益。

5. 施工图的设计交底和图纸会审

设计交底和图纸会审的目的是进一步提高质量，使施工单位熟悉图纸，了解工程特点

和设计意图及关键部位的质量要求，及时发现图纸错误并进行改正。

其具体程序是：业主组织施工单位和设计单位进行图纸会审，先由设计单位向施工单位进行技术交底，即由设计单位介绍工程概况、特点、设计意图、施工要求、技术措施等有关注意事项；然后由施工单位提出图纸中存在的问题和需要解决的技术方案，并进行记录写出会议纪要，技术难题通过三方协商解决。

1）设计交底

设计交底是指在施工图完成并经审查合格后，设计单位在设计文件交付施工时，在建设单位主持下，按法律规定的义务，由设计单位向各施工单位（土建施工单位与各设备专业施工单位）进行的交底，主要交代建筑物的功能与特点、设计意图与要求等。其目的是使施工单位和监理单位正确贯彻设计意图，加深对设计文件特点、难点、疑点的理解，掌握关键工程部位的质量要求，确保工程质量。设计交底包括图纸设计交底和施工设计交底。

（1）图纸设计交底。图纸设计交底内容包括：

① 施工现场的自然条件、工程地质及水文地质条件等；

② 设计主导思想、建设要求与构思、使用的规范等；

③ 设计烈度的确定；

④ 基础设计、主体结构设计、装修设计、设备设计（设备选型）等；

⑤ 对基础、结构及装修施工的要求；

⑥ 对建材的要求，对使用新材料、新技术、新工艺的要求；

⑦ 施工中应特别注意的事项等；

⑧ 设计单位对监理单位和承包单位提出的施工图纸中的问题的答复。

（2）施工设计交底。施工设计交底内容包括：

① 施工范围、工程量、工作量和实验方法要求；

② 施工图纸的解说；

③ 施工方案措施；

④ 操作工艺和保证质量安全的措施；

⑤ 工艺质量标准和评定办法；

⑥ 技术检验和检查验收要求；

⑦ 增产节约指标和措施；

⑧ 技术记录内容和要求；

⑨ 其他施工注意事项。

2）图纸会审

图纸会审是指工程各参建单位（建设单位、监理单位、施工单位）在收到设计院施工图设计文件后，对图纸进行全面细致的熟悉，审查施工图中存在的问题及不合理情况并提交设计院进行处理的一项重要活动。图纸会审由建设单位负责组织并记录（也可请监理单位代为组织）。通过图纸会审可以使各参建单位特别是施工单位熟悉设计图纸，领会设计意图，掌握工程特点及难点，找出需要解决的技术难题并拟定解决方案，从而将因设计缺陷而存在的问题消灭在施工之前。

图纸会审的主要内容包括以下几个方面：

（1）是否无证设计或越级设计；图纸是否经设计单位正式签署。

（2）地质勘探资料是否齐全。

（3）设计图纸与说明是否齐全，有无分期供图的时间表。

（4）设计地震烈度是否符合当地要求。

（5）几个设计单位共同设计的图纸相互间有无矛盾；专业图纸之间、平立剖面图之间有无矛盾；标注有无遗漏。

（6）总平面与施工图的几何尺寸、平面位置、标高等是否一致。

（7）防火、消防是否满足要求。

（8）建筑结构与各专业图纸本身是否有差错及矛盾；结构图与建筑图的平面尺寸及标高是否一致；建筑图与结构图的表示方法是否清楚；是否符合制图标准；预埋件是否表示清楚；有无钢筋明细表及钢筋的构造要求在图中是否表示清楚。

（9）施工单位是否具备施工图中所列各种标准图册。

（10）材料来源有无保证，能否代换；图中所要求的条件能否满足；新材料、新技术的应用有无问题。

（11）地基处理方法是否合理，建筑与结构构造是否存在不能施工、不便于施工的技术问题，是否有容易导致质量、安全、工程费用增加等方面的问题。

（12）工艺管道、电气线路、设备装置、运输道路与建筑物之间或相互间有无矛盾，布置是否合理，是否满足设计功能要求。

（13）施工安全、环境卫生有无保证。

（14）图纸是否符合监理大纲所提出的要求。

复习思考题

1. 什么是工程项目策划，它是如何分类的？
2. 简述工程项目前期策划的流程。
3. 简述工程项目前期策划的作用。
4. 简述可行性研究的内容。
5. 简述可行性研究报告的编制深度要求。
6. 简述开展初步设计的必备条件。
7. 简述工程项目初步设计的主要内容。
8. 简述开展工程项目技术设计的条件。
9. 简述施工图设计应满足的深度要求。
10. 简述施工图设计审查的主要内容。
11. 简述施工设计交底的主要内容。
12. 简述图纸会审的主要内容。

第二章　工程项目招投标及合同管理

第一节　工程项目招标与投标概述

一、工程项目招标与投标的概念

招标与投标是市场经济中一种重要的商品交易方式，是在市场经济条件下进行大宗货物买卖、工程项目承发包以及项目采购时所采用的一种交易方式。

工程项目招标是指工程项目的建设单位在发包工程项目或购买机器设备或合作经营某项业务时，通过一系列程序选择合适的承包商或供货商以及其他合作单位的过程。

工程项目投标是指投标人利用报价及其他优势来参与竞争销售自己的商品或提供服务的交易行为。

工程项目招标与投标是交易过程的两个方面，相互依存，不可分割。

工程项目招标与投标是建筑业活动中一系列招投标活动的总称，它包括可行性研究招投标、咨询监理招投标、勘察设计招投标、工程施工招投标、物资设备采购招投标等。

二、工程项目招标与投标的特点

工程项目招投标制度具有明显的优点。主要表现在以下几个方面：

（1）招标人通过对各投标竞争者的报价和其他条件进行综合比较，从中选择报价合理、技术力量强、质量保障体系可靠、具有良好信誉的承包商、供应商或咨询监理单位及设计单位作为中标者，有利于节省和合理使用资金，保证招标项目的质量。

（2）依照法定程序公开进行，有利于遏制承包活动中的不正当竞争行为。

（3）有利于创造公平竞争的市场环境，促进企业间公平竞争。采用招投标制度，供应商或承包商只能通过在价格、质量、售后服务等方面展开竞争，尽可能充分满足招标人的要求，取得商业机会。

当然，招标方式与直接采购方式相比，也有程序复杂、耗时较多、费用较高等缺点。因此，对于有些价格较低或采购时间紧迫的交易行为，可不采用招投标方式。

三、工程项目招标规模标准

《工程建设项目招标范围和规模标准规定》规定的工程建设项目（勘察、设计、施工、监理以及与工程建设有关的重要设备和材料等的采购）达到下列标准之一的，必须进行招标：

（1）施工单项合同估算价在 200 万元人民币以上的。

（2）重要设备、材料等货物的采购，单项合同估算价在 100 万元人民币以上的。

（3）勘察、设计、监理等服务的采购，单项合同估算价在 50 万元人民币以上的。

（4）单项合同估算价低于上述各项规定的标准，但项目总投资额在 3000 万元人民币以上的。

四、工程项目招标的方式

1. 公开招标

公开招标也称无限竞争性招标，是指招标人以招标公告的方式邀请不特定的法人或者其他组织投标。公开招标的特点是竞争性强、透明度高，招标人择优选定中标者范围广、余地大，因此可以最大限度地择优选定中标者。

2. 邀请招标

邀请招标也称有限竞争性招标，是指招标人以投标邀请书的方式邀请特定的法人或其他组织投标。与公开招标相比，虽不如后者的公开程度和竞争的广泛性，但它可以弥补公开招标耗时长、花费大等缺陷，同时也能相对发挥招标竞争的优点，所以也是我国法定招标方式。

有下列情形之一的，经批准可以进行邀请招标：

（1）受自然地域环境限制的。

（2）工期要求急迫的施工项目，没有时间进行公开招标的。

（3）项目技术复杂或有特殊要求，只有少量几家潜在投标人可供选择的。

（4）涉及国家安全、国家秘密或者抢险救灾，适宜招标但不宜公开招标的。

（5）工程量较少、合同额不高的项目，对实力较强的施工企业缺少吸引力的。

（6）法律、法规规定不宜公开招标的。

第二节　工程项目监理招标与投标

一、工程项目监理招标

《中华人民共和国建筑法》(以下简称《建筑法》)第三十条规定：国家推行建筑工程监理制度，国务院可以规定实行强制监理的建筑工程的范围。《建筑法》第三十二条规定：建筑工程监理应当依照法律、行政法规及有关的技术标准、设计文件和建筑工程承包合同，对承包单位在施工质量、建筑工期和建设资金使用等方面，代表建设单位实施监督。监理招标的标的是提供监理服务，而非某一种物化劳动，即监理单位在项目建设过程中不承担物质生产任务，只是对建设生产过程提供监督、管理、协调、咨询等服务。招标人选择中标人的基本原则是"基于能力的选择"。

工程项目监理招标应遵循以下程序：

（1）招标人组建项目招标管理班子，确定委托咨询监理的范围。

（2）编制招标文件。其内容如下：

① 投标须知，包括工程概况，委托的监理工作范围和内容，投标文件的格式，废标的规定，投标截止日期，投标地址，开标、评标、定标的时间地点，评标的原则和方法，对监理单位的资质要求等。

② 合同条件，包括标准条件和合同协议条款。

标准条件：采用《建设工程委托监理合同(示范文本)》中的标准条件全文。

合同协议条款：采用《建设工程委托监理合同(示范文本)》中的专用条件，并结合委托监理工程的具体内容和特点，对标准条件进行补充、修改和具体化。

(3) 发布招标公告或发出邀标通知书。

(4) 向投标人发出投标资格预审通知书，对投标人进行资格预审。

(5) 招标人向投标人发出招标文件，投标人组织编写投标文件。

(6) 招标人组织必要的答疑、现场勘察，编写答疑文件或补充招标文件等。

(7) 投标人递送投标书，招标人接受投标书。

(8) 招标人组织开标、评标、决标。

(9) 招标人确定中标单位后向招标管理机构提交招标投标情况的书面报告。

(10) 招标人向投标人发出中标或者未中标通知书。

(11) 招标人与中标单位进行谈判，订立委托咨询监理合同。

二、工程项目监理投标

(一) 工程监理企业承揽监理业务的方式

工程监理企业承揽监理业务的方式有两种：一是由业主直接委托取得监理业务；二是通过投标竞争取得监理业务。其中，工程监理企业通过投标取得监理业务，是市场经济体制下比较普遍的形式。

1. 业主直接委托取得监理业务

通常在下列情况下，业主直接委托工程监理企业提供监理服务：

(1) 不宜公开招标的机密工程。

(2) 没有投标竞争对手的工程。

(3) 规模比较小、监理业务比较单一的工程。

(4) 可续用原工程监理企业的工程。

上述每一种情况，均无需工程监理企业通过投标竞争的方式承接监理业务，而是由建设单位或其委托代理人直接委托工程监理企业提供监理服务，经过双方协商一致，达成协议。因此工程监理企业要想获得直接委托监理的业务，一是靠自身雄厚的监理实力和优异的监理业绩；二是靠与建设单位长期合作所赢得信誉和彼此信赖的良好关系。在竞争激烈的建筑市场中，能获得直接委托监理业务的企业，必须珍惜这种机遇，把所承担的监理业务做好，才有可能取得更多的监理业务。

2. 通过投标竞争取得监理业务

2000 年 4 月，国家发展计划委员会发布的《工程建设项目招标范围和规模标准规定》明确了达到下列标准之一的建设项目，监理服务采购必须进行招标：

(1) 单项合同估算价在 50 万元人民币以上的。

(2) 单项合同估算价虽低于 50 万元，但项目总投资额在 3000 万元人民币以上的。

目前，建设单位(业主)采用招标方式选择工程监理单位的情况越来越普遍。招投标是一种带有明显竞争性的经济活动。工程监理服务采购的招标与投标方式，在选择满足建设项目要求的优秀监理企业，提高监理服务质量，保证建设项目质量，保护国家利益和社会公共利益以及业主合法权益等方面发挥了作用。然而，目前社会上流行的"围标"现象（即某一工程监理企业为承揽监理业务，与某建设单位达成默契，由该监理企业私下联络其他几家监理企业同时参加由该建设单位发起的监理服务采购招投标活动，以确保该监理企业中标的行为）令人担忧，值得人们深入思考其背后所隐含的制度缺陷。

（二）监理招标的特性

由于工程监理是一种高智能的技术服务，监理企业不承担物质生产任务，只是受业主委托对生产建设过程提供监督、管理、协调、咨询等服务。通过招标选取监理企业具有特殊性，它与工程建设中的其他各类招标活动有很大的区别，其标的是"监理服务"。因此，工程监理招标选择中标人的基本原则是"基于能力的选择"，侧重于投标人履行监理合同的能力，这也是监理行业的特点所决定的。

1. 监理招标以投标人的技术能力为中标的主要考虑因素

监理服务是监理单位的高智能投入，其服务工作完成的质量依赖于监理单位对项目的管理水平和技术水平，取决于参与监理工作的人员的业务专长、经验、对问题的判断能力和处理能力，以及对合同的履约意识和风险意识。监理服务的水平和质量，直接影响整个工程管理水平，影响到工程的质量、进度和投资。因此，在通过招标方式选择监理企业时，应注重监理企业的资信程度、监理方案优劣、技术能力强弱等因素。工程监理企业的投标活动，也应以制订出科学、合理、公正、务实并能最大限度地满足业主需求的监理大纲为主。

2. 监理招标以投标人的报价为辅助因素

由于监理服务采购招标是基于能力的选择，如果监理酬金过低，监理企业就很难派出高素质的监理人员，甚至无法保证监理服务所需要的最基本的监理人员数量，还会挫伤监理人员的工作积极性和创造性，以至于难以为业主提供满意的监理服务。因此，对于投标人的投标报价，应该在满足国家取费标准范围内进行评价。另外，监理服务质量与监理收费之间存在内在的因果关系，所以招标人应在能力相当的投标人之间再进行价格比较。投标人的报价应作为监理评标所考虑的次要因素。

（三）监理企业投标文件的编制

监理企业的投标文件一般由两部分组成：一部分为技术标，也称监理大纲；另一部分为监理商务标。

1. 监理大纲

监理大纲要根据招标文件的内容、附件及建设单位提供的图纸等资料来编制，它是反映监理企业对工程理解深度和对策水平的重要材料。监理大纲既要有针对性，也要有概括性。要明确如何完成质量、进度和投资控制任务；提出科学、合理、可行、务实同时又合乎业主需求的方案，以充分表明监理企业的经验、能力和水平。由于业主十分关注进驻现场的项目监理机构，因此工程监理企业应该根据工程规模、工程技术复杂程度和业主提出的监理人员素质要求，选派符合业主需求的总监理工程师，并配置专业监理工程师和监理员，组成配套的项目监理机构。实践证明，选派业务水平高、经验丰富、认真负责又符合业主需求的总监理工程师及其所领导的结构合理的监理班子，是投标成功的关键因素之一。

监理大纲一般应包括以下主要内容：

（1）工程概述。工程概述主要包括工程名称、工程内容及建设规模，工程结构或工艺特点，工程地点及自然条件概况，工程质量、造价和进度控制目标等。

（2）监理依据和监理工作内容。

① 监理依据：法律法规及政策，工程建设标准（包括《建设工程监理规范》），工程勘察设计文件，工程监理合同及相关建设工程合同等。

② 监理工作内容：质量控制、造价控制、进度控制、合同管理、信息管理、组织协调、安全生产管理的监理工作等。

（3）工程监理实施方案。工程监理实施方案是监理评标的重点。

（4）工程监理难点、重点及合理化建议。工程监理难点、重点及合理化建议是整个投标文件的精髓。

2. 监理商务标

在工程监理商务标中，监理费的报价是投标能否成功的又一重要环节，其依据之一是本节已介绍的监理费计取办法。此外，还需考虑市场因素，包括竞争对手可能的报价等。值得关注的是，有些工程监理企业在投标报价过程中，为承揽业务，不考虑工程具体情况，一律采取低价策略，试图以过低的价格中标。采取过低投标报价的行为是不可取的，它不利于建设工程监理行业的健康发展。

工程监理商务标的主要内容包括以下几项：

（1）人员酬金报价表。

（2）提供自备计算机、仪器、设备等，按费率和估计使用时间计算的报价表。

（3）包括管理费、税金、保险费等几项费用在内的总报价表。

（4）要求招标单位提供为开展正常监理工作所必需的设备和设施清单。

（四）监理投标文件的递送

投标人应当在招标文件要求提交投标文件的截止时间前，将投标文件送达指定地点。否则被视为废标，招标人可以拒收。投标书应当使用专用投标袋并密封，封口处必须加盖投标人公章和法定代表人的印鉴。

（五）签订监理合同

待收到招标人发来的中标通知书后，中标的咨询监理单位与业主进行合同签订前的谈判，主要就合同专用条款部分进行谈判，双方达成共识后投标即告结束。

第三节　工程项目勘察设计招标与投标

一、工程项目勘察设计招标与投标的概念

工程项目勘察设计招投标是指由项目法人作为招标方，通过发布招标公告或向特定的勘察设计单位发出招标邀请书，提出对工程项目进行勘察设计的技术要求，提交成果的时间、对投标人的资格要求、合同条件等招标文件；表明将选择最能满足项目勘察设计的单位并与之签订勘察设计合同的意向，由各有意提供勘察设计服务的单位作为投标方，向招

标方书面提出自己的勘察设计方案、实施计划和报价参加投标竞争；经招标方对各投标者进行审查比较后，择优选定中标者，并与其签订合同的全部交易过程。

二、工程勘察设计招标的范围

在中华人民共和国境内进行的工程建设项目勘察设计活动，符合《工程建设项目招标范围和规模标准规定》规定的范围和标准的，必须进行招标。任何单位和个人不得将依法必须进行招标的项目化整为零或者以其他任何方式规避招标。

按照规定，以下项目的勘察设计必须进行招标：

（1）关系社会公共利益、公共安全的基础设施项目，公共事业项目。

（2）使用国有资金投资的项目。

（3）国家融资项目和使用国际组织或国外政府资金项目的勘察、设计服务。

（4）单项合同估算价在 50 万元人民币以上，或单项合同估算价低于 50 万元人民币但项目总投资额在 3000 万元人民币以上的项目。

按照国家规定需要政府审批的项目，有下列情形之一的，经批准，项目的勘察设计可以不进行招标：

（1）涉及国家安全、国家秘密的。

（2）抢险救灾的。

（3）主要工艺、技术采用特定专利或者专有技术的。

（4）技术复杂或专业性强，能够满足条件的勘察设计单位少于 3 家，不能形成有效竞争的。

（5）已建成项目需要改、扩建或者技术改造，由其他单位进行设计影响项目功能配套性的。

三、勘察设计招标的发包形式

勘察设计任务的招标发包形式分为以下两种：

（1）勘察、设计任务分别发包：将勘察、设计任务单独发包给具有相应资质的勘察单位和设计单位。

（2）勘察、设计任务总发包：将勘察、设计任务合并发包给具有相应资质的勘察设计单位。

勘察设计总发包，不仅可以减少招标发包的工作量，而且在合同履行过程中，项目法人可以摆脱两个合同的协调，同时使勘察工作直接根据设计需要进行，满足设计对勘察资料精度、内容、进度的要求。

四、工程项目勘察设计投标

勘察设计单位应按照招标文件的要求进行投标工作。投标人是响应招标并参加投标竞争的法人或者其他组织。投标人应当符合国家规定的资质条件。投标人在投标文件有关技术方案和要求中不得指定与工程建设项目有关的重要设备、材料的生产供应者，或者含有倾向或者排斥特定生产供应者的内容。招标文件要求投标人提交投标保证金的，保证金数额一般不超过勘察设计费投标报价的 2%，且最多不超过 10 万元人民币。投标人在投标截止时间前提交的投标文件，补充、修改或撤回投标文件的通知，备选投标文件等，都必须加盖所在单位公章，并且由其法定代表人或授权代表签字。以联合体形式投标的，联合体各方应签订共同投标协议，连同投标文件一并提交招标人，联合体各方不得再单独以自己名义或者参加另外的联合体投同一个标。投标人不得以他人名义投标，也不得利用伪造、转让无效或者租借的资质证书参加投标，投标人不得以任何方式请其他单位在自己编制的投标文件上代为签字盖章，损害国家利益、社会公共利益和招标人的合法权益。投标人不得通过故意压低投资额，降低施工技术要求，减少占地面积或者缩短工期等手段弄虚作假，骗取中标。

五、工程项目勘察设计评标与定标

由于勘察设计招标采用方案竞选方式，每份投标书内都包含有投标单位对该工程项目设计的创造性方案设想。为了保护投标单位的知识产权，开标后对有效的工程勘察、设计投标书，应在招投标管理机构的监督下进行保密处理后移交给评标委员会。

1. 勘察投标书的评审

勘察投标书评审的主要内容包括：

（1）勘察方案是否合理。

（2）勘察技术水平是否先进。

（3）所需各种勘察数据是否准确可靠。

（4）报价是否合理。

2. 设计投标书的评审

设计投标书评审的内容主要包括：

（1）设计方案的优劣。主要涉及以下几个方面：

① 设计的指导思想是否正确。

② 设计方案的先进性，是否反映了国内外同类工程项目较先进的水平。

③ 总体布置的合理性，场地利用系数是否合理。

④ 工艺流程是否先进。

⑤ 设备选型的适用性。

⑥ 主要建筑物、构筑物的结构是否合理，造型是否美观大方，是否与周围环境协调。

⑦ "三废"治理方案是否有效。

⑧ 其他有关问题。

（2）投入产出，经济效益好坏。主要涉及以下几个方面：

① 建筑标准是否合理。

② 投资估算是否超过投资限额。

③ 先进的工艺流程可能带来的投资回报。

④ 实现该方案可能需要的外汇额估算等。

（3）设计进度快慢。评价投标书内的设计进度计划，看其能否满足招标单位制定的项目建设总进度计划要求，不应妨碍或延误施工的顺利进行。

（4）设计资质和社会信誉。没有设置资格预审程序的邀请招标，在评标后还要进行资格后审，作为对各申请投标单位的比较内容之一。

（5）报价的合理性。不仅要评定总价，还要审查各分项取费的合理性。

第四节　工程项目招标与投标

一、工程项目招投标流程

工程招投标的流程是建设工程施工招投标过程的简称，包括招标资格审查与备案，确定招标方式，发布招标公告或投标邀请书，编制、发放资格预审文件，编制、递交资格预审申请书，资格预审并确定合格的投标申请人，编制、发放招标文件，踏勘现场、答疑，编制、送达与签收投标文件，开标、评标、定标及签订合同协议。图 2-1 为工程招投标程序的基本流程，即从招投标资格审查与备案到签订合同协议的一个全过程。在施工招投标活动过程中涉及的主体有三方：招标人及其代理人、投标人、监督管理部门。

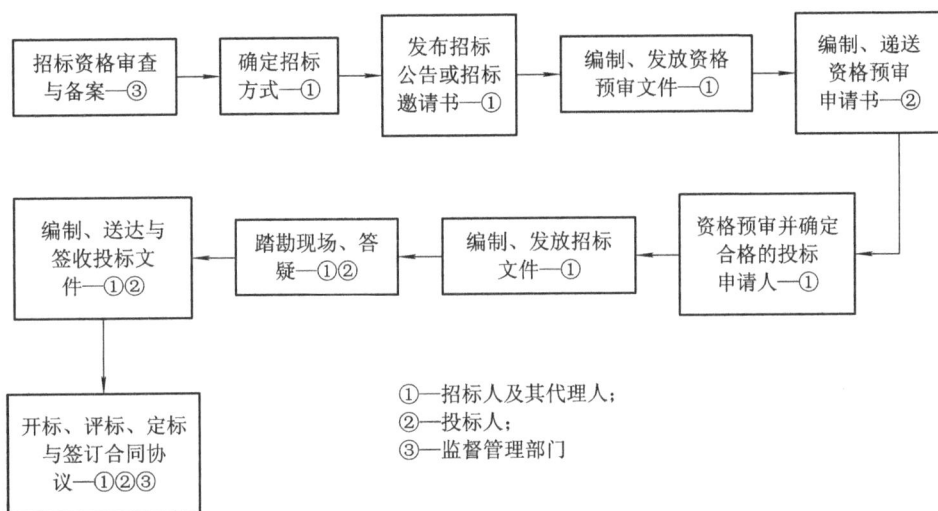

图 2-1　工程招投标流程图

二、工程项目招投标价格

在建设工程招投标过程中，招投标价格有不同的表现形式，包括招标控制价、投标报价及合同价（中标价），详述如下。

（一）招标控制价

招标控制价是招标人根据国家或省级、行业建设主管部门颁发的有关计价依据和办法，以及拟定的招标文件和招标工程量清单所编制的招标工程的最高限价，是招标人控制投资的一种手段。

（二）投标报价

投标报价是投标人投标时报出的拟建工程价格。投标人为了得到工程施工承包的资格，按照招标人在招标文件中的要求进行估价，然后根据投标策略而确定卖方的要价。如果中标，这个价格就是合同谈判和签订的基础。投标报价应由投标人或其委托的具有相应资质的工程造价咨询机构编制。

（三）合同价（中标价）

在招投标过程中，招标文件（含可能设置的标底）是发包人的定价意图，投标文件（含投标报价）是投标人的定价意图，而中标价则是双方均可接受的价格，并应成为合同的重要组成部分。评标委员会在选择中标人时，通常遵循"最大限度地满足招标文件中规定的各种综合评价标准"或"能够满足招标文件的实质性要求，并且经评审的投标价格最低"原则。前者属于综合评估法，后者属于经评审的最低投标价法。当然，我国的招标投标法及相关法规不允许投标人以低于成本的报价竞标。合同价是承发包双方履约的依据，了解承发包方式与合同价的关系及合同价的形成过程有助于深刻理解合同价的内涵。

1. 合同价与承发包的关系

建设工程承发包中最核心的问题是合同价的确定，而建设工程项目签订合同价取决于承发包方式的选择。目前承发包方式有直接发包和招标发包两种，其中招标发包是主要承发包方式。同时，签约合同价还因采用不同的计价方式，会产生较大的价格差额。对于招标发包的项目，即以招投标方式签订合同时，应以中标时确定的中标金额为准；对于直接发包的项目，如按初步设计总概算投资包干时，应以经审批的概算投资中与承包内容相应部分的投资（包括相应的不可预见费）为签约合同价；如按施工图预算包干，则应以审查后的施工图预算或综合预算为准。在建筑安装工程中，能准确确定合同价款的，需要明确相应的价款调整规定，如在合同签订当时尚不能准确计算出合同价款的，尤其是按施工图预算加现场签证和按实结算的工程，在合同中需要明确规定合同价款的计算原则，具体约定执行的计价依据与计算标准以及合同价款的审定方式等。

2. 合同价的形成过程

在市场经济条件下，招投标是一种优化资源配置、实现有序竞争的交易行为，也是工程承发包的主要方式。在工程项目招投标中，投标人应当按招标文件的要求编制投标文件。招标文件是投标人编制投标文件的主要依据，也是中标后签订施工合同的主要依据。合同价款的约定与招投标文件具有相辅相成和密不可分的关系。招标人在招标时，把合同条款的主要内容纳入招标文件中，对投标报价的编制办法和要求及合同价款的方式已作了详细说明，如采用"单价合同"方式、"总价合同"方式或"成本加酬金合同"的方式发包，在招标文件内均已明确，投标人按招标文件中的规定和要求，根据自己的实力和市场因素等确定投标报价。经评标被认可的投标价即为中标价，中标价只有通过合同的形式才能加以确认，即投标人中标后，所签订的合同价就是中标价。

三、工程项目招标文件的编制

按照我国招标投标法的规定，招标文件应当包括招标项目的技术要求，对投标人资格审查的标准、投标报价要求和评标标准等实质性要求和条件以及签订合同的主要条款。建设工程招标文件由招标单位或其委托的咨询机构编制，它既是投标单位编制投标文件的依据，也是招标单位与中标单位签订工程承发包合同的基础，招标文件中提出的各项要求，对整个招标工程乃至承发包双方都有约束力。建设工程招投标分为许多不同阶段，每个阶段招标文件编制内容及要求不尽相同，这里重点介绍施工招标文件的内容。

（一）招标文件的组成

根据《标准施工招标文件》（2007）的规定，施工招标文件包括以下内容。

1．招标公告（或投标邀请书）

当未进行资格预审时，招标文件中应包括招标公告。当进行资格预审时，招标文件中应包括投标邀请书，该邀请书可代替资格预审通过通知书，以明确投标人已具备了投标资格，其他内容包括招标文件的获取、递交等。

2．投标人须知

投标人须知主要包括对于项目概况的介绍和招标过程的各种具体要求，在正文的未尽事宜中可以通过"投标人须知前附表"进一步明确，由招标人根据招标项目具体特点和实际需要编制和填写，但无需与招标文件的其他章节相衔接，并不得与投标人须知正文的内容相抵触，否则抵触内容无效。投标人须知包括如下 10 个方面的内容。

（1）总则：主要包括项目概况、资金来源和落实情况、招标范围、计划工期和质量要求的描述，对投标人资格要求的规定，对费用承担、保密、语言文字、计量单位等内容的约定，对踏勘现场、投标预备会的要求，以及对分包和偏离问题的处理等。项目概况中主要包括项目名称、建设地点以及招标人和招标代理机构的情况等。

（2）招标文件：主要包括招标文件的构成以及澄清和修改等内容。在招标文件中应当确定投标人编制投标文件所需要的合理时间，即自招标文件开始发出之日起至投标人提交投标文件截止之日止，该段时间称投标准备时间，一般最短不得少于 20 天。

（3）投标文件：主要包括投标文件的组成，投标报价编制的要求，投标有效期和投标保证金的规定，需要提交的资格审查资料，是否允许提交备选投标方案，以及投标文件标识所应遵循的标准格式要求等。

（4）投标：规定投标文件的密封和标识、递交修改及撤回的各项要求等。

（5）开标：规定开标的时间、地点和程序等。

（6）评标：说明评标委员会的组建方法，评标原则和拟采取的评标办法等。

（7）合同授予：说明拟采用的定标方式，中标通知书的发出时间，要求承包人提交的履约担保和合同的签订时限等。

（8）重新招标和不再招标：规定重新招标和不再招标的条件。

（9）纪律和监督：包括对招投标过程各参与方的纪律要求。

（10）需要补充的其他内容。

3．评标办法

评标办法可选择经评审的最低投标价法和综合评估法。具体内容见后面相关介绍。

4．合同条款及格式

合同条款及格式包括本工程拟采用的通用合同条款、专用合同条款以及各合同附件的格式。通用条款是所有相同版本的建设工程施工合同共有的内容，专用条款是签订合同的双方针对合同项下的具体工程所作的有针对性的、不同于通用条款或者将通用条款予以细化的特别约定。

5．工程量清单

工程量清单是表现拟建工程实体性项目、非实体性项目和其他项目名称和相应数量的明细清单,以满足工程项目具体量化和计量支付的需要;是招标人编制招标控制价和投标人编制投标价的重要依据。如按照规定应编制招标控制价的项目,其招标控制价也应在招标时一并公布。

6. 图纸

图纸指应由招标人提供的用于计算招标控制价和投标人计算投标报价所必需的各种详细程度的图纸。

7. 技术标准和要求

招标文件规定的各项技术标准应符合国家强制性规定。招标文件中规定的各项技术标准均不得要求或标明某一特定的专利、商标、名称、设计、原产地或生产供应者,不得含有倾向或者排斥潜在投标人的其他内容。如果必须引用某一生产供应商的技术标准才能准确或清楚地说明拟招标项目的技术标准时,则应当在参照后面加上"或相当于"的字样。

8. 投标文件格式

招标文件应提供各种投标文件编制所依据的参考格式。

9. 投标人须知前附表规定的其他材料

如需要其他材料,应在"投标人须知前附表"中予以规定。

（二）招标文件的澄清

1. 招标文件的澄清

投标人应仔细阅读和检查招标文件的全部内容。如发现缺页或附件不全,应及时向招标人提出,以便补齐。如有疑问,应在规定的时间前以书面形式（包括信函、电报、传真等可以有形地表现所载内容的形式）,要求招标人对招标文件予以澄清。

招标文件的澄清在规定的投标截止时间 15 天前以书面形式发给所有购买招标文件的投标人,但不指明澄清问题的来源。如果澄清发出的时间距投标截止时间不足 15 天,则应相应推迟投标截止时间。

投标人在收到澄清后,应在规定的时间内以书面形式通知招标人,确认已收到该澄清。投标人收到澄清后的确认时间,可以采用一个相对的时间,如招标文件澄清发出后 12 小时以内;也可以采用一个绝对的时间,如 2013 年 6 月 20 日中午 12:00 以前。

2. 招标文件的修改

招标人对已发出的招标文件进行必要的修改,应当在投标截止时间 15 天前,招标人可以书面形式修改招标文件,并通知所有已购买招标文件的投标人。如果修改招标文件的时间距投标截止时间不足 15 天,则应相应推后投标截止时间。投标人收到修改内容后,应在规定的时间内以书面形式通知招标人,确认已收到该修改文件。

（三）建设项目施工招标过程中其他文件的主要内容

1. 资格预审公告和招标公告的内容

（1）招标公告的内容。根据《工程建设项目施工招标投标办法》和《标准施工招标文件》的规定,招标公告具体包括以下内容:招标条件、项目概况与招标范围、投标人资格要求、招标文件的获取、投标文件的递交、发布公告的媒介、联系方式等。

（2）资格预审公告的内容。按照《标准施工招标资格预审文件的规定》,资格预审公告具体包括以下内容：

① 招标条件：明确拟招标项已符合前述的招标条件。

② 项目概况与招标范围：说明本次招标项目的建设地点、规模、计划工期、招标范围、标段划分等。

③ 申请人的资格要求：包括对于申请资质、业绩、人员、设备、资金等各方面的要求，以及是否接受联合体资格预审申请的要求。

④ 资格预审的方法：明确采用合格制或有限数量制。

⑤ 资格预审文件的获取：指获取资格预审文件的地点、时间和费用。

⑥ 资格预审申请文件的递交：说明递交资格预审申请文件的截止时间。

⑦ 发布公告的媒介。

⑧ 联系方式。

2. 资格审查文件的内容与要求

资格审查分为资格预审和资格后审。资格预审是指在投标前对潜在投标人进行的资质条件、业绩、信誉、技术、资金等多方面情况进行资格审查，而资格后审是指在开标后对投标人进行的资格审查。采取资格预审的，招标人应当在资格预审文件中载明资格预审的条件、标准和方法；采取资格后审的，招标人应当在招标文件中载明对投标人资格要求的条件、标准和方法。招标人不得改变载明的资格条件或者以没有载明的资格条件对潜在投标人进行资格审查。

（1）资格预审文件的内容。发出资格预审公告后，招标人向申请参加资格预审的申请人出售资格预审文件，资格预审文件主要的内容包括：资格预审公告、申请人须知、资格审查办法、资格预审申请文件格式、项目建设概况等，同时还包括关于资格预审文件澄清和修改的说明。

（2）资格预审申请文件的内容。资格预审申请文件由承包人填报，应包括下列内容：资格预审申请函，法定代表人身份证明或附有法定代表人身份证明的授权委托书，联合体协议书（如工程接受联合体投标），申请人基本情况表，近年财务状况表，近年完成的类似项目情况表，正在施工和新承接的项目情况表，近年发生的诉讼及仲裁情况，其他材料。

四、投标文件的编制

投标文件需对招标文件作出实质性响应，符合招标文件的各项要求，并严格遵守招投标的相关法律法规。科学规范地编制投标文件，合理策略地提出有竞争力的报价，对投标单位投标的成败和将来实施工程的盈亏起着决定性作用。

（一）投标前期准备工作

1. 研究招标文件

投标人取得招标文件后，为保证工程量清单报价的合理性，应对投标人须知、合同条件、技术规范、图纸和工程量清单等重点内容进行分析，深刻而正确地理解招标文件和业主的意图。

（1）投标人须知。它反映了招标人对投标的要求，特别要注意项目的资金来源、投标书的编制和递交、投标保证金、更改或备选方案、评标方法等，重点在于防止废标。

（2）合同分析。

① 合同背景分析。投标人有必要了解与自己承包的工程内容有关的合同背景，了解监理方式及合同的法律依据，为报价和合同实施及索赔提供依据。

② 合同形式分析。它主要分析承包方式（如平行承发包、施工总承包、设计与施工总承包、管理承包等）和计价方式（如固定价格合同、可调价格合同和成本加酬金合同等）。

③ 合同条款分析。合同条款分析内容主要包括：承包商的任务、工作范围和责任；工程变更及相应的合同价款调整；付款方式、时间，应注意合同条款中关于工程预付款、材料预付款的规定，根据这些规定和预计的施工进度计划，计算出占用资金的数额和时间，从而计算出需要支付的利息数额并计入投标报价；施工工期，合同条款中关于合同工期、竣工日期、部分工程分期交付工期等规定，这是投标人制订施工进度计划的依据，也是报价的重要依据，要注意合同条款中有无工期奖罚的规定，尽可能做到在工期符合要求的前提下报价有竞争力，或在报价合理的前提下工期有竞争力；业主责任，因为投标人所制订的施工进度计划及投标报价，都是以业主履行责任为前提的，所以应注意合同条款中关于业主责任措辞的严密性，以及关于索赔的有关规定。

④ 技术标准和要求分析。工程技术标准是按工程类型来描述工程技术和工艺内容特点，对设备、材料、施工和安装方法等所规定的技术要求，有的是对工程质量进行检验、试验和验收所规定的方法和要求。它们与工程量清单中各子项工作密不可分，报价人员应在准确理解招标人要求的基础上对有关工程内容进行报价。任何忽视技术标准的报价都是不完整、不可靠的，有时可能会导致工程承包重大失误和亏损。

⑤ 图纸分析。图纸是确定工程范围、内容和技术要求的重要文件，也是投标者确定施工方法等施工计划的主要依据。

图纸的详细程度取决于招标人提供的施工图设计所达到的深度和所采用的合同形式。详细的设计图纸可使投标人比较准确地估价，而不够详细的图纸则需要估价人员采用综合估价方法，其结果一般不够精确。

2. 施工现场勘察

招标人在招标文件中一般会明确进行工程现场勘查的时间和地点。投标人施工现场勘查一般包括以下几个方面内容：

（1）自然条件调查：如气象资料，水文资料，地震、洪水及其他自然灾害情况，地质情况等。

（2）施工条件调查：主要包括：工程现场的用地范围、地形、地貌、地物、高程，地上或地下障碍物，现场的三通一平情况；工程现场周围的道路、进出场条件、有无特殊交通限制；工程现场施工临时设施、大型施工机具、材料堆放场地安排的可能性，是否需要二次搬运；工程现场邻近建筑物与招标工程的间距、结构形式、基础埋深、新旧程度、高度；市政给水及污水、雨水排放管线位置、高程、管径、压力、废水、污水处理方式，市政、消防供水管道管径、压力、位置等；当地供电方式、方位、距离、电压等；当地煤气供应能力、管线位置、高程等；工程现场通信线路的连接和铺设；当地政府有关部门对施工现场管理的一般要求、特殊要求及规定，是否允许节假日和夜间施工等。

（3）其他条件调查。主要包括各种构件、半成品及商品混凝土的供应能力和价格，以及现场附近的生活设施、治安情况等。

（二）工程量复核及项目管理规划编制

1. 询价

投标报价之前，投标人必须通过各种渠道，采用各种手段对工程所需各种材料、设备等的价格、质量、供应时间、供应数量等进行系统全面的调查，同时还要了解项目的分包形式、分包范围、分包人报价、分包人履约能力及信誉等。询价是投标报价的基础，它为投标报价提供可靠的依据。询价时要特别注意两个问题，一是产品质量必须可靠，并满足招标文件的有关规定；二是供货方式、时间、地点，有无附加条件和费用。询价的渠道包括：直接与生产厂商联系；了解生产厂商的代理人或从事该项业务的经纪人；了解经营该产品的销售商；向咨询公司进行询价（通过咨询公司所得到的询价资料比较可靠，但需要支付一定的咨询费用），也可向同行了解；通过互联网查询；自行进行市场调查或信函询价等。

（1）生产要素询价。

① 材料询价。材料询价的内容包括调查对比材料价格、供应数量、运输方式、保险和有效期、不同买卖条件下的支付方式等。询价人员在施工方案初步确定后，立即发出材料询价单，并催促材料供应商及时报价。收到询价单后，询价人员应将从各种渠道所询得的材料报价及其他有关资料汇总整理。对同种材料从不同经销部门所得到的所有资料进行比较分析，选择合适、可靠的材料供应商的报价，提供给工程报价人员使用。

② 施工机械设备询价。在外地施工需用的机械设备，有时在当地租赁或采购可能更为有利。因此，事前有必要进行施工机械设备的询价。必须采购的机械设备，可向供应厂商询价。对于租赁的机械设备，可向专门从事租赁业务的机构询价，并应详细了解其计价方法。

③ 劳务询价。劳务询价主要有两种渠道：一种是成建制的劳务公司，相当于劳务分包，一般费用较高，但素质较可靠，工效较高，承包商的管理工作较简单；另一种是劳务市场招募零散劳动力，根据需要进行选择，这种方式虽然劳务价格低廉，但有时素质达不到要求或工效降低，且承包商的管理工作较繁重。投标人应在对劳务市场充分了解的基础上决定采用哪种方式，并以此为依据进行投标报价。

（2）分包询价。总承包商在确定了分包工作内容后，应将分包工作的工程施工图纸和技术说明送交预先选定的分包单位，请他们在约定的时间内报价，以便进行比较选择，最终选择合适的分包人。对分包人询价应注意以下几点：分包标函是否完整，分包工程单价所包含的内容，分包人的工程质量、信誉及可信赖程度，质量保证措施，分包报价等。

2. 复核工程量

工程量清单作为招标文件的组成部分，是由招标人提供的。工程量的大小是投标报价最直接的依据。复核工程量的准确程度，将直接影响承包商的经营行为，其内容主要包括：一是根据复核后的工程量与招标文件提供的工程量之间的差距，考虑相应的投标策略，决定报价尺度；二是根据工程量的大小采取适合的施工方法，选择适用、经济的施工机具设备及应投入使用的劳动力数量等。

复核工程量时应注意以下几个方面：

（1）投标人应认真根据招标说明、图纸、地质资料等招标文件资料，计算主要清单工程量，复核工程量清单。其中特别注意，按一定顺序进行，避免漏算或重算；正确划分分部分项工程项目，与清单计价规范保持一致。

（2）复核工程量的目的不是修改工程量清单，即使有误，投标人也不能修改工程量清单中的工程量，因为修改了清单就等于擅自修改了合同。对工程量清单存在的错误，可以向招标人提出，由招标人统一修改并把修改情况通知所有投标人。

（3）针对工程量清单中工程量的遗漏或错误，是否向招标人提出修改意见取决于投标策略。投标人可以运用一些报价的技巧提高报价的质量，争取在中标后能获得更大的收益。

（4）通过工程量计算复核还能准确地确定订货及采购物资的数量，防止由于超量或少购等带来的浪费、积压或停工待料。

在核算完全部工程量清单中的细目后，投标人应按大项分类汇总主要工程总量，以便获得对整个工程施工规模的整体概念，并据此研究采用合适的施工方法，选择适用的施工设备等。

3．编制项目管理规划

项目管理规划应分为项目管理规划大纲和项目管理实施规划。根据《建设工程项目管理规范》(GB/T 50326—2006)，当承包商以编制施工组织设计代替项目管理规划时，施工组织设计应满足项目管理规划的要求。施工项目管理规划的编制方法见第4章相关内容。

（三）编制投标文件

1．投标文件编制的内容

投标人应当按照招标文件的要求编制投标文件。投标文件应当包括下列内容：投标函及投标函附录，法定代表人身份证明或附有法定代表人身份证明的授权委托书，联合体协议书(如工程允许采用联合体投标)，投标保证金，已标价工程量清单，施工组织设计，项目管理机构，拟分包项目情况表，资格审查资料，规定的其他材料。

2．编制投标文件应遵循的规定

（1）投标文件应按投标文件格式进行编写。其中，投标函附录在满足招标文件实质性要求的基础上，可以提出比招标文件要求更能吸引招标人的承诺。

（2）投标文件应当对招标文件有关工期、投标有效期、质量要求、技术标准和要求、招标范围等实质性内容作出响应。

（3）投标文件应由投标人的法定代表人或其委托代理人签字或盖单位章。委托代理人签字的，投标文件应附法定代表人签署的授权委托书。投标文件应尽量避免涂改、行间插字或删除，如果出现这类情况，改动之处应加盖单位章或由投标人的法定代表人或其授权的代理人签字确认。

（4）投标文件正本一份，副本份数按招标文件有关规定提供。正本和副本的封面上应清楚标记"正本"或"副本"字样。投标文件的正本与副本应分别装订成册，并编制目录。当副本和正本不一致时，以正本为准。

（5）除招标文件另有规定外，投标人不得递交备选投标方案。允许投标人递交备选投标方案的，只有中标人所递交的备选投标方案方可予以考虑。评标委员会认为中标人的备选方案优于其按照招标文件要求编制的投标方案的，招标人可以接受该备选投标方案。

（四）投标文件的递交

投标人应当在招标文件规定的提交投标文件的截止时间前，将投标文件密封送达投标地点。招标人收到投标文件后，应当向投标人出具标明签收人和签收时间的凭证，在开标前任何单位和个人不得开启投标文件。在招标文件要求提交投标文件的截止时间后送达或未送达指定地点的投标文件，为无效的投标文件，招标人不予受理。有关投标文件的递交还应注意以下问题：

（1）投标人在递交投标文件的同时，应按规定的金额及担保形式递交投标保证金，作为其投标文件的组成部分。联合体投标的，其投标保证金由牵头人递交，并应符合相关规定。投标保证金除现金外，可以是银行出具的银行保函、保兑支票、银行汇票或现金支票。投标保证金的数额不得超过投标总价的 2％，且一般不超过 80 万元人民币。依法必须进行招标的项目的境内投标单位，以现金或者支票形式提交的投标保证金应当从其基本账户转出。投标人不按要求提交投标保证金的，其投标文件按废标处理。招标人最迟应当在书面合同签订后 5 日内向中标人和未中标的投标人退还投标保证金及银行同期存款利息。当出现下列情况时，投标保证金将不予返还：

① 投标人在规定的投标有效期内撤销或修改其投标文件。

② 中标人在收到中标通知书后，无正当理由拒签合同协议书或未按招标文件规定提交履约担保。

（2）投标有效期。投标有效期从投标截止时间起开始计算，主要用作组织评标委员会评标、招标人定标、发出中标通知书，以及签订合同等工作，一般考虑以下因素：

① 组织评标委员会完成评标需要的时间。

② 确定中标人需要的时间。

③ 签订合同需要的时间。

一般项目投标有效期为 60～90 天，大型项目为 120 天左右。投标保证金的有效期应与投标有效期保持一致。

出现特殊情况需要延长投标有效期的，招标人应以书面形式通知所有投标人延长投标有效期。投标人同意延长的，应相应延长其投标保证金的有效期，但不得要求或被允许修改或撤销其投标文件；投标人拒绝延长的，若其投标失效，则投标人有权收回其投标保证金。

（3）投标文件的密封和标识。投标文件的正本与副本应分开包装，加贴封条，并在封套上清楚标记"正本"或"副本"字样，于封口处加盖投标人单位章。

（4）投标文件的修改与撤回。在规定的投标截止时间前，投标人可以修改或撤回已递交的投标文件，但应以书面形式通知招标人。在招标文件规定的投标有效期内，投标人不得要求撤销或修改其投标文件。

（5）费用承担与保密责任。投标人准备和参加投标活动发生的费用自理。参与招投标活动的各方应对招标文件和投标文件中的商业和技术等秘密保密，违者应对由此造成的后果承担法律责任。

五、工程评标与定标

工程评标与定标是招标程序中极为重要的环节。只有作出客观、公正的评标，才能最终正确地选择最优秀最合适的承包商，从而有效的控制工程造价。

（一）评标

《招标投标法》明确规定，招标人应当采取必要的措施，保证评标在严格保密的情况下进行，任何单位和个人不得非法干预、影响评标的过程和结果。工程评标应遵循竞争优选、公正、公平、科学合理，质量好、信誉高、价格合理、工期适当、施工方案先进可行，反不正当竞争及规范性与灵活性相结合的原则。

未经资格预审的投标单位，在评标前须进行资格审查，只有资格审查合格的投标单位，其投标文件才能进行评价与比较。

1. 评标的准备与初步评审

评标活动应遵循公平、公正、科学、择优的原则，招标人应当采取必要的措施，保证评标在严格保密的情况下进行。评标是招投标活动中一个十分重要的环节，如果对评标过程不进行保密，则影响公正评标的不正当行为有可能发生。

评标委员会成员名单一般应于开标前确定，而且该名单在中标结果确定前应当保密。评标委员会在评标过程中是独立的，任何单位和个人都不得非法干预、影响评标过程和结果。

（1）评标工作的准备。

评标委员会成员应当编制供评标使用的相应表格，认真研究招标文件，至少应了解和熟悉以下内容：

① 招标的目标。

② 招标项目的范围和性质。

③ 招标文件中规定的主要技术要求、标准和商务条款。

④ 招标文件规定的评标标准、评标方法和在评标过程中考虑的相关因素。

招标人或者其委托的招标代理机构应当向评标委员会提供评标所需的重要信息和数据。

评标委员会应当根据招标文件规定的评标标准和方法，对投标文件进行系统的评审和比较。《招标投标法实施条例》第四十九条规定：招标文件中没有规定的标准和方法不得作为评标的依据。因此，评标委员会成员还应当了解招标文件规定的评标标准和方法，这也是评标的重要准备工作。

（2）初步评审及标准。

根据《评标委员会和评标方法暂行规定》和《标准施工招标文件》的规定，我国目前评标中主要采用的方法包括经评审的最低投标价法和综合评估法，两种评标方法在初步评审阶段，其内容和标准基本是一致的。

初步评审标准。初步评审的标准包括以下四个方面：

① 形式评审标准。形式评审标准包括：投标人名称与营业执照、资质证书、安全生产许可证一致；投标函上有法定代表人或其委托代理人签字或加盖单位章；投标文件格式符合要求；联合体投标人已提交联合体协议书，并明确联合体牵头人（如有）；报价唯一，即只能有一个有效报价等。

② 资格评审标准。如果是未进行资格预审的投标单位，应具备有效的营业执照和有效的安全生产许可证，并且资质等级、财务状况、类似项目业绩、信誉、项目经理、其他要求、联合体投标人等，均符合规定。如果是已进行资格预审的，仍按前文所述资格审查办法中详细审查标准来进行审查。

③ 响应性评审标准。该标准的主要内容包括投标报价校核，审查全部报价数据计算的正确性，分析报价构成的合理性，并与招标控制价进行对比分析，还有工期、工程质量、投标有效期、投标保证金、权利义务、已标价工程量清单、技术标准和要求、分包计划等，均

应符合招标文件的有关要求。即投标文件应实质上响应招标文件的所有条款、条件，无显著的差异或保留。所谓显著的差异或保留包括以下情况：对工程的范围、质量及使用性能产生实质性影响；偏离了招标文件的要求，而对合同中规定的招标人的权利或者投标人的义务造成实质性的限制；纠正或者保留这种差异将会对提交了实质性响应要求的投标书的其他投标人的竞争地位产生不公正影响。

④ 施工组织设计和项目管理机构评审标准。该评审标准的主要内容包括施工方案与技术措施、质量管理体系与措施、安全管理体系与措施、环境保护管理体系与措施、工程进度计划与措施、资源配备计划、技术负责人、其他主要人员、施工设备、试验及检测仪器设备等是否符合有关标准。

（3）投标文件的澄清和说明。

评标委员会可以书面方式要求投标人对投标文件中含义不明确的内容作必要的澄清、说明或补正，但是澄清、说明或补正不得超出投标文件的范围或者改变投标文件的实质性内容。对投标文件的相关内容作出澄清、说明或补正，其目的是有利于评标委员会对投标文件的审查、评审和比较。澄清、说明或补正包括投标文件中含义不明确、对同类问题表述不一致或者有明显文字和计算错误的内容。但评标委员会不得向投标人提出带有暗示性或诱导性的问题，或向其明确投标文件中的遗漏和错误。同时，评标委员会不接受投标人主动提出的澄清、说明或补正。

投标文件不响应招标文件的实质性要求和条件的，招标人应当拒绝，并不允许投标人通过修正或撤销其不符合要求的差异或保留，使之成为具有响应性的投标。

评标委员会对投标人提交的澄清、说明或补正有疑问时，可以要求投标人进一步澄清、说明或补正，直至满足评标委员会的要求。

（4）报价有算术错误的修正。

当投标报价有算术错误时，评标委员会按以下原则对投标报价进行修正，修正的价格经投标人书面确认后具有约束力。若投标人不接受修正价格，则其投标作废标处理。

① 投标文件中的大写金额与小写金额不一致的，以大写金额为准。

② 总价金额与依据单价计算出的结果不一致的，以单价金额为准修正总价，但单价金额小数点有明显错误的除外。此外，如对不同文字文本投标文件的解释发生异议的，以中文文本为准。

（5）经初步评审后否决投标的情况。

评标委员会应当审查每一投标文件是否对招标文件提出的所有实质性要求和条件作出了响应。未能在实质上响应的投标，评标委员会应当否决其投标。具体情形包括：

① 投标文件未经投标单位盖章和单位负责人签字。

② 投标联合体没有提交共同投标协议。

③ 投标人不符合国家或者招标文件规定的资格条件。

④ 同一投标人提交两个以上不同的投标文件或者投标报价，但招标文件要求提交备选投标的除外。

⑤ 投标报价低于成本或者高于招标文件设定的招标控制价。

⑥ 投标文件没有对招标文件的实质性要求和条件作出响应。

⑦ 投标人有串通投标、弄虚作假、行贿等违法行为。

2. 详细评审标准与方法

经初步评审合格的投标文件，评标委员会应当根据招标文件确定的评标标准和方法，对其技术部分和商务部分作进一步评审、比较。详细评审的方法包括经评审的最低投标价法和综合评估法两种。

1）经评审的最低投标价法

经评审的最低投标价法是指评标委员会对满足招标文件实质要求的投标文件，根据详细评审标准规定的量化因素及量化标准进行价格折算，按照经评审的投标价由低到高的顺序推荐中标候选人，或根据招标人授权直接确定中标人，但投标报价低于其成本的除外。经评审的投标价相等时，投标报价低的优先；投标报价也相等的，由招标人自行确定。

（1）经评审的最低投标价法的适用范围。按照《评标委员会和评标方法暂行规定》的规定，经评审的最低投标价法一般适用于具有通用技术、性能标准或者招标人对其技术、性能没有特殊要求的招标项目。

（2）详细评审标准及规定。采用经评审的最低投标价法的，评标委员会应当根据招标文件中规定的量化因素和标准进行价格折算，对所有投标人的投标报价以及投标文件的商务部分作必要的价格调整。根据《标准施工招标文件》的规定，主要的量化因素包括单价遗漏和付款条件等，招标人可以根据项目具体特点和实际需要，进一步删减、补充或细化量化因素和标准。另外如世界银行贷款项目采用此种评标方法时，通常考虑的量化因素和标准包括：一定条件下的优惠（借款国国内投标人有 7.5% 的评标优惠），工期提前的效益对报价的修正，同时投多个标段的评标修正等。所有的这些修正因素都应当在招标文件中有明确的规定。对同时投多个标段的评标修正，一般的做法是：如果投标人的某一个标段已被确定为中标，则在其他标段的评标中按照招标文件规定的百分比（通常为 4%）乘以报价额后，在评标价中扣减此值。

根据经评审的最低投标价法完成详细评审后，评标委员会应当拟定一份"价格比较一览表"，连同书面评标报告提交招标人。"价格比较一览表"应当载明投标人的投标报价、对商务偏差的价格调整和说明以及已评审的最终投标价。

2）综合评估法

不宜采用经评审的最低投标价法的招标项目，一般应当采取综合评估法进行评审。综合评估法是指评标委员会对满足招标文件实质性要求的投标文件，按照规定的评分标准进行打分，并按得分由高到低的顺序推荐中标候选人，或根据招标人授权直接确定中标人，但投标报价低于其成本的除外。综合评分相等时，以投标报价低的优先；投标报价也相等的，由招标人自行确定。

详细评审中的分值构成与评分标准。综合评估法下评标分值构成一般分为四个方面，即施工组织设计，项目管理机构，投标报价，其他评分因素。总计分值为 100 分。各方面所占比例和具体分值由招标人自行确定并在招标文件中明确载明，且招标文件发出后不能再变更。评标标准应结合项目的实际情况确定。

综合评价法下的某广场泛光照明工程评分因素和评分标准

（二）定标

1. 中标候选人的确定

经过评标后，除招标文件中特别规定了授权评标委员会直接确定中标人外，招标人应依据评标委员会推荐的中标候选人确定中标人，评标委员会提交中标候选人的个数应符合

招标文件的要求，应当不超过 3 人，并标明排列顺序。

中标人的投标应当符合下列条件之一：

（1）能够最大限度地满足招标文件中规定的各项综合评价标准。

（2）能够满足招标文件的实质性要求，并且经评审的投标价格最低；但是投标价格低于成本的除外。

对使用国有资金投资或者国家融资的项目，招标人应当确定排名第一的中标候选人为中标人。排名第一的中标候选人放弃中标，因不可抗力提出不能履行合同，或者招标文件规定应当提交履约保证金而在规定的期限内未能提交的，招标人可以确定排名第二的中标候选人为中标人。排名第二的中标候选人因上述同样原因不能签订合同的，招标人可以确定排名第三的中标候选人为中标人。

招标人可以授权评标委员会直接确定中标人。招标人不得向中标人提出压低报价、增加工作量、缩短工期或其他违背中标人意愿的要求，即不得以此作为发出中标通知书和签订合同的条件。

经评标委员会评审，认为所有投标都不符合招标文件要求的，可以否决所有投标。依法必须进行招标的项目的所有投标被否决的，招标人应当依照本法重新招标。在确定中标人前，招标人不得与投标人就投标价格、投标方案等实质性内容进行谈判。

2. 评标报告的内容及提交

评标委员会完成评标后，应当向招标人提交书面评标报告，并抄送有关行政监督部门。评标报告应当如实记载以下内容：

（1）基本情况和数据表。

（2）评标委员会成员名单。

（3）开标记录。

（4）符合要求的投标一览表。

（5）废标情况说明。

（6）评标标准、评标方法或者评标因素一览表。

（7）经评审的价格或者评分比较一览表。

（8）经评审的投标人排序。

（9）推荐的中标候选人名单与签订合同前要处理的事宜。

（10）澄清、说明、补正事项纪要。

评标报告由评标委员会全体成员签字。对评标结果有不同意见的，评标委员会成员应当以书面方式阐述其不同意见和理由，评标报告应当注明该不同意见。评标委员会成员拒绝在评标报告上签字且不陈述其不同意见和理由的，视为同意评标结论。评标委员会应当对此做出书面说明并记录在案。

3. 公示与中标通知

1）公示中标候选人

为维护公开、公平、公正的市场环境，鼓励各招投标当事人积极参与监督，按照《招标投标法实施条例》的规定，依法必须进行招标的项目，招标人应当自收到评标报告之日起 3 日内公示中标候选人，公示期不得少于 3 日。投标人或者其他利害关系人对依法必须进行招标的项目的评标结果有异议的，应当在中标候选人公示期间提出。招标人应当自收到异议之日起 3 日内作出答复；作出答复前，应当暂停招标投标活动。

对中标候选人的公示需明确以下几个方面：

（1）公示范围。公示的项目范围是依法必须进行招标的项目，其他招标项目是否公示中标候选人由招标人自主决定。公示的对象是全部中标候选人。

（2）公示媒体。招标人在确定中标人之前，应当将中标候选人在交易场所和指定媒体上公示。

（3）公示时间（公示期）。公示由招标人统一委托当地招投标中心在开标当天发布。公示期从公示的第二天开始算起，在公示期满后招标人才可以签发中标通知书。

（4）公示内容。对中标候选人全部名单及排名进行公示，而不是只公示排名第一的中标候选人。同时，对有业绩信誉条件的项目，在投标报名或开标时提供的作为资格条件或业绩信誉情况，应一并进行公示，但不含投标人的各评分要素的得分情况。

（5）异议处置。公示期间，投标人及其他利害关系人应当先向招标人提出异议，经核查后发现在招标过程中确有违反相关法律法规且影响评标结果公正性的，招标人应当重新组织评标或招标。招标人拒绝自行纠正或无法自行纠正的，则根据《招标投标法实施条例》第 60 条的规定向行政监督部门提出投诉。对故意虚构事实，扰乱招投标市场秩序的，则按照有关规定进行处理。

2）发出中标通知书

中标人确定后，招标人应当向中标人发出中标通知书，并同时将中标结果通知所有未中标的投标人。中标通知书对招标人和中标人具有法律效力。中标通知书发出后，招标人改变中标结果，或者中标人放弃中标项目的，应当依法承担法律责任。依据《招标投标法》的规定，依法必须进行招标的项目，招标人应当自确定中标人之日起 15 日内，向有关行政监督部门提交招投标情况的书面报告。书面报告中至少应包括下列内容：

（1）招标范围。

（2）招标方式和发布招标公告的媒介。

（3）招标文件中投标人须知、技术条款、评标标准和方法、合同主要条款等内容。

（4）评标委员会的组成和评标报告。

（5）中标结果。

3）履约担保

在签订合同前，中标人以及联合体的中标人应按招标文件有关规定的金额、担保形式和招标文件规定的履约担保形式，向招标人提交履约担保。履约担保有现金、支票、履约担保书银行保函等形式，可以选择其中的一种作为招标项目的履约保证金，履约保证金不得超过中标合同金额的 10%。中标人不能按要求提交履约保证金的，视为放弃中标，其投标保证金不予退还，给招标人造成的损失超过投标保证金数额的，中标人还应当对超过部分予以赔偿。中标后的承包人应保证其履约保证金在发包人颁发工程接收证书前一直有效。发包人应在工程接收证书颁发后 28 天内把履约保证金退还给承包人。

第五节　工程项目物资招标与投标

一、工程项目物资招投标程序

工程项目物资招标与投标应遵循以下步骤：

（1）由主持招标的单位编制招标文件。招标文件应包括招标通告、投标者须知、投标格式、合同格式、货物清单、质量标准或技术规范以及必要的附件。

（2）刊登招标公告。

（3）投标单位购买标书（在需要进行资格预审的招标中，招标书只发售给资格合格的厂商）。

（4）投标报价。投标单位应在指定的时间、地点投标报价。

（5）开标、确定中标单位。招标单位应在预定的时间、地点公开开标，当场决定中标单位。

（6）签订合同。

二、工程项目物资采购合同包划分原则

由于材料、设备种类繁多，不管是以直接订购还是公开招标方式采购材料、设备，都不可避免地遇到分标的问题。分标时需要考虑的因素主要有以下几点：

（1）招标项目的规模。根据工程项目中各设备之间的关系、预计金额大小等来分标。分标时要大小适当，以吸引众多的供货商，这样有利于降低报价，便于买方挑选。

（2）设备性质和质量要求。分标时可考虑大部分设备由同一厂商制造供货，或按相同行业划分，以减少招标工作量，吸引更多竞争者。有时可将国内制造有困难的设备单列一个标向国外招标。

（3）工程进度与供货时间。如果一个工程所需供货时间较长，而在项目实施过程中对各类设备、材料的需要时间不同，则应从资金、运输、仓储等条件来进行分标，以降低成本。

（4）供货地点。如果一个工程地点分散，则所需设备的供货地点也势必分散，因而应考虑供货商的供货能力及运输、仓储等条件来进行分标，以保证供应和降低成本。

（5）市场供应情况。有时一个大型工程需要大量的建筑材料和设备，如果一次采购，势必引起价格上涨，应合理计划，分批采购。

（6）贷款来源。如果买方是由一个以上单位贷款，各贷款单位对采购的限制条件有不同要求，则应合理分标，以吸引更多的供货商参加投标。

三、工程项目物资采购标的评审

（一）物资采购的资格预审

在物资采购招标程序中，对投标人的资格审查包括投标人资质的合格性审查和所提供物资的合格性审查两个方面。

1. 审查投标人的资质

投标人提交供审查的证明资格文件应包括以下内容：

营业执照的复印件，法人代表的授权书或制造厂家的授权书，银行出具的资信证明，产品鉴定书，生产许可证，产品获得的国优、部优等荣誉证书，制造厂家的情况调查表（包括工厂规模、资产负债表、生产能力、产品在国内外的销售情况、近3年的年营业额、易损件供应商的名称和地址等），审定资格时所需提供的其他证明材料。

2. 审查提供物资的合格性

投标人可以以手册、图纸、资料等材料，证明所提供的建设物资及辅助服务的合格性。证明材料应说明以下情况：

（1）表明货物的主要技术指标和操作性能；为使货物正常运行和连续使用，应提供货物使用期间所需的零配件和特种工具等清单，包括货源和现行价格等情况。

（2）资格预审文件或招标文件中指出的工艺、材料、设备、参照的商标等可作为基本要求的说明，但不作为严格的限制条件。投标人可以在标书说明文件中选用替代标准，但替代标准必须优于或相当于技术规范所要求的标准。

（二）物资采购标的评审

对合格标书进行评审比较时，不仅要看所报价格的高低，还要考虑招标单位在物资运抵现场过程中可能要支付的其他费用以及设备在评审预定的寿命期内可能投入的运营和管理费用。如果投标人所报的设备价格较低，但运营费很高时，仍不符合以最合理价格采购的原则。物资采购评标，一般采用评标价法或打分法。

第六节　合　同　管　理

一、合同概述

（一）合同在工程项目中的作用

随着现代工程建设项目的复杂性日渐增加，合同的重要性越来越明显。合同不但对整个项目的设计、计划以及控制实施起到重要的作用，还对规范和维护工程项目参与方利益也至关重要。在工程项目中，合同主要具有以下作用：

（1）合同是工程项目任务委托和承接的法律依据，是工程建设过程中双方的最高行为准则。

（2）合同分配了工程任务，详细、具体地定义了工程任务相关的各种问题，包括责任人（由谁来完成任务并对最终成果负责），工程任务的规模、范围、质量、工作量及各种功能要求，工期和价格（包括工程总价格及各分项工程的单价、合价以及付款方式），完不成合同任务的责任等。

（3）合同确定了项目的组织关系。

（4）合同将工程项目涉及各方联系起来，协调并统一工程各参加者的行为。

（5）合同是工程建设过程中双方争执解决的依据。

（二）项目中的主要合同关系

工程建设项目中的相关合同都是为实现项目的目标服务的，由于参与单位众多，有些建设项目甚至涉及几百、几千份合同，这些关系复杂的合同形成了项目的合同体系。

可以从多个角度对合同进行分类。

（1）根据《中华人民共和国合同法》分类，将合同分为 15 大分类：

上海证券大厦钢
结构合同结构图

买卖合同、供用电、水、气、热力合同、赠与合同、借款合同、租赁合同、融资租赁合同、承揽合同、建设工程合同、运输合同、技术合同、保管合同、仓储合同、委托合同、行纪合同、居间合同等。

（2）按照项目生命周期，合同可作如下分类。

① 决策阶段：咨询合同、土地征用合同、房屋拆迁合同、土地使用权出让转让合同、可行性研究合同、贷款合同等；合同主体为业主、咨询公司、政府、土地转让方、银行等。

② 实施阶段：勘察合同、设计合同、招标代理委托合同、监理合同、施工承包合同、采购合同、技术咨询合同等；合同主体为业主、勘察单位、设计单位、招标代理机构、供应商、承包商、监理单位等。

③ 使用阶段：保修合同，供水、供电、供气合同，房屋销售合同，运营管理合同，物业管理合同，出租合同等；合同主体为业主，供电、供水、供气单位，物业公司等。

（3）按合同标的物不同，合同可以分为以下几类：

① 勘察设计合同；

② 工程监理合同；

③ 土建安装工程承包合同；

④ 工程材料和机械设备供应合同；

⑤ 加工订货合同；

⑥ 工程咨询合同。

（4）按合同所包括的工程范围和承包关系，合同可分为以下两类：

① 总包合同；

② 分包合同。

（5）按承包合同的计价方法，合同可分为以下三类：

① 总价合同，包括固定总价合同、调值总价合同和固定工程量总价合同。

② 单价合同，可细分为估计工程量单价合同和纯单价合同两类。

③ 成本加酬金合同，包括成本加固定百分比酬金合同，成本加固定酬金合同，成本加浮动酬金合同，目标成本加奖励合同。

二、合同管理概述

（一）工程项目合同管理概念

工程项目合同管理是对工程项目合同的编制、签订、实施、变更、索赔和终止等的管理活动。建设工程项目管理规范（GB/T 50326—2006）中对合同管理的一般规定如下：

（1）组织应建立合同管理制度，应设立专门机构或人员负责合同管理工作。

（2）合同管理应包括合同的订立、实施、控制和综合评价等工作。

（3）承包人的合同管理应遵循下列程序：

① 合同评审；

② 合同订立；

③ 合同实施计划；

④ 合同实施控制；

⑤ 合同综合评价;

⑥ 有关知识产权的合法使用。

工程项目的合同管理,既包括各级工商行政管理机关、建设行政主管机关、金融机构对工程合同的管理,也包括发包单位、监理单位、承包单位对工程合同的管理。可将这些管理划分为两个层次:第一层次是国家机关及金融机构对工程合同的管理,即合同的外部管理;第二层次是工程合同的当事人及监理单位对工程合同的管理,即合同的内部管理。其示意图如图2-2所示。

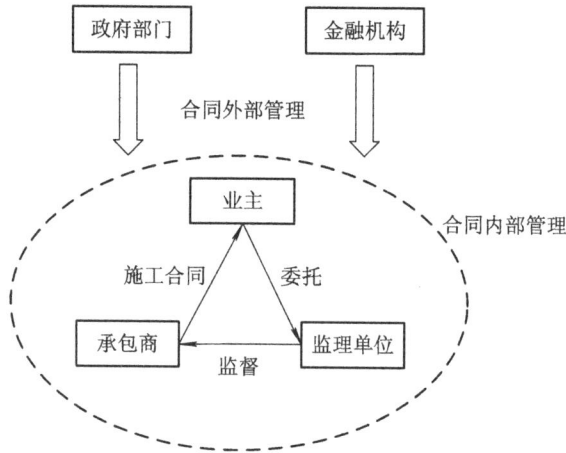

图2-2　工程项目的合同管理示意图

(二) 工程项目合同管理的目标

在工程建设中实行合同管理,是为了工程建设的顺利进行。衡量顺利与否,主要用质量、工期、成本三个因素来评判,此外使得业主、承包商、监理工程师保持良好的合作关系,便于日后的继续合作和业务开展,也是合同管理的目标之一。

(1) 质量控制。质量控制一直是工程项目管理的重点,因为质量不合格就意味着生产资源的浪费,甚至意味着生产活动的失败,建筑产品尤其如此。由于建筑活动耗资巨大,持续时间长,若出现质量问题,将造成财力、人力、物力的极大浪费。建筑活动中的质量又往往与安全紧密联系在一起,不合格的建筑物可能会对人的生命健康造成危害。

合同管理必须将质量控制作为目标之一,并为之制订详细的保证计划。

(2) 成本控制。在激烈的市场竞争中,降低成本是提升企业竞争力的主要手段之一。在成本控制这个问题上,业主与承包商之间既有冲突,又必须协调。合理的工程价款为成本控制奠定了基础,是合同中的核心条款。此外,为进行成本控制制订的具体方案、措施,也是合同的重要内容。

合同管理必须将成本控制作为目标之一,并制订详细的成本控制计划。

(3) 工期控制。工期控制是工程项目管理的重要内容,也是工程项目管理的难点。工程项目涉及的过程复杂,消耗人力物力多,再加上一些不可预见因素,都为工期控制增加了难度。施工组织设计对工期控制十分重要,承包商应制订详细的施工组织设计,并报业主备案,一旦出现工期拖延,承包商应及时与业主、监理等协商,最终实现项目目标。

合同管理必须将工期控制作为目标之一，并制订详细的工期保证计划。

（三）工程项目合同管理的工作程序

工程项目合同管理是一个动态的过程，从合同策划、合同订立到合同实施，及实施过程中的索赔，可分为不同的阶段进行管理。其工作程序如图 2-3 所示。

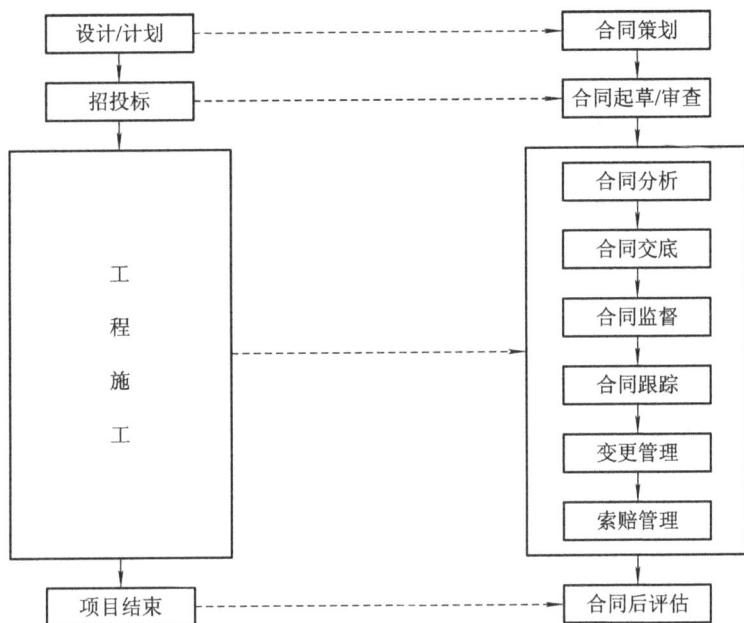

图 2-3　工程项目合同管理的工作程序

（四）工程项目合同分析及合同交底

1. 合同分析

合同分析在不同的时期，为了不同的目的，有不同的内容。

（1）合同的法律基础。分析订立合同所依据的法律、法规，通过分析，承包人了解适用于合同的法律的基本情况（范围、特点等），用以指导整个合同实施和索赔工作。对合同中明示的法律应重点分析。

（2）承包人的主要任务分析。明确承包人的总任务，即合同标的。明确承包人在设计、采购、生产、试验、运输、土建、安装、验收、试生产、缺陷责任期维修等方面的主要责任，以及施工现场的管理，给发包人的管理人员提供生活和工作条件等责任；明确合同中的工程量清单、图纸、工程说明、技术规范的定义。工程范围的界限应很清楚，否则会影响工程变更和索赔，特别对固定总价合同。在合同实施中，如果工程师指令的工程变更属于合同规定的工程范围，则承包人必须无条件执行；如果工程变更超过承包人应承担的风险范围，则可向发包人提出工程变更的补偿要求。明确工程变更的补偿范围，通常以合同金额一定的百分比表示，通常这个百分比越大，承包人的风险就越大。明确工程变更的索赔有效期，由合同具体规定，一般为 28 天，也有 14 天的。一般这个时间越短，对承包人管理水平的要求就越高，对承包人越不利。

（3）发包人的责任分析。发包人的责任包括：发包人雇用工程师并委托他全权履行发包人的合同责任;发包人和工程师有责任对平行的各承包人和供应商之间的责任界限作出划分,对这方面的争执作出裁决,对他们的工作进行协调,并承担管理和协调失误造成的损失,及时作出承包人履行合同所必需的决策,如下达指令,履行各种批准手续,作出认可,答复请示,完成各种检查和验收手续等;提供施工条件,如及时提供设计资料、图纸、施工场地、道路等;按合同规定及时支付工程款,及时接收已完工程等。

(4) 合同价格分析。合同价格分析包括合同所采用的计价方法及合同价格所包括的范围,工程计量程序,工程款结算(包括进度付款、竣工结算、最终结算)方法和程序,合同价格的调整,费用索赔的条件、依据及索赔有效期规定,拖欠工程款的合同责任等。

(5) 施工工期分析。在实际工程中,工期拖延极为常见和频繁,而且对合同实施和索赔的影响很大,所以应特别重视。

(6) 违约责任分析。违约责任分析的主要内容包括:如果合同一方未遵守合同规定而造成对方损失时,违规方应受到相应的合同处罚;承包人不能按合同规定工期完成工程的违约金或承担发包人损失的条款;由于管理上的疏忽造成对方人员和财产损失的赔偿条款;由于预谋或故意行为造成对方损失的处罚和赔偿条款等;由于承包人不履行或不能正确地履行合同责任或出现严重违约时的处理规定;由于发包人不履行或不能正确地履行合同责任或出现严重违约时的处理规定,特别是对发包人不及时支付工程款的处理规定。

(7) 验收、移交和保修。

验收包括许多内容,如材料和机械设备的现场验收、隐蔽工程验收、单项工程验收、全部工程竣工验收等;在合同分析中,应对重要的验收要求、时间、程序以及验收所带来的法律后果作出说明。

竣工验收合格即可办理移交。移交作为一个重要的合同事件,又是一个重要的法律概念,它表示:发包人认可并接收工程,承包人工程施工任务的完结;工程所有权的转让;承包人工程照管责任的结束和发包人工程照管责任的开始;保修责任的开始;合同规定的工程款支付条款有效。

(8) 索赔程序和争执的解决方法分析。其主要内容包括:索赔的程序;争执的解决方式和程序;仲裁条款,包括仲裁所依据的法律、仲裁结果的约束力等。

2. 合同交底

合同和合同分析的资料是工程实施管理的依据。合同分析后,应由合同管理人员向各层次管理者做合同交底,把合同责任落实到各责任人和合同实施的具体工作上。合同交底的主要步骤如下:

(1) 合同管理人员向项目管理人员和企业各部门相关人员进行合同交底,组织大家学习合同和合同总体分析结果,对合同的主要内容作出解释和说明;

(2) 将各种合同事件的责任分解落实到各工程小组或分包人;

(3) 在合同实施前与其他相关的各方面(如发包人、监理工程师、承包人)沟通,召开协调会议,落实各种安排;

(4) 在合同实施过程中还必须进行经常性的检查、监督,对合同做解释;

(5) 合同责任的完成必须通过其他经济手段来保证。对分包商,主要通过分包合同确定双方的责任权利关系,保证分包商能及时地、按质按量地完成合同任务。

三、索赔控制

索赔是指在合同履行过程中，对于并非自己的过错，而是由于对方的责任所造成的实际损失向对方提出经济补偿和(或)时间补偿的要求。索赔是工程承包中经常发生的正常现象。由于施工现场条件、气候条件的变化，施工进度、物价的变化，以及合同条款、规范、标准文件和施工图纸的变更、差异、延误等因素的影响，使得工程承包中不可避免地会出现索赔现象。《中华人民共和国民法通则》第 111 条规定，当事人一方不履行合同义务或履行合同义务不符合约定条件的，另一方有权要求履行或者采取补救措施，并有权要求赔偿损失。这就是索赔的法律依据。

（一）索赔的分类

可以从不同的角度、以不同的标准对索赔进行分类。

（1）按索赔发生的原因分类。

按索赔发生的原因，索赔可以分为施工准备、进度控制、质量控制、费用控制及管理等原因引起的索赔。这种分类能明确指出每一项索赔的根源所在，使业主和工程师便于审核分析。

（2）按索赔的目的分类。

按索赔的目的，索赔可以分为工期索赔和费用索赔。其中，工期索赔就是要求业主延长施工时间，使原规定的工程竣工日期顺延，从而避免了违约罚金的发生；费用索赔就是要求业主补偿费用损失，进而调整合同价款。

（3）按索赔的依据分类。

按索赔的依据，索赔可以分为合同规定的索赔、非合同规定的索赔以及道义索赔（额外支付）。其中，合同规定的索赔指索赔涉及的内容在合同文件中能够找到依据，业主或承包商可以据此提出索赔要求，这种在合同文件中有明文规定的条款，常称为"明示条款"。一般凡是工程项目合同文件中有明示条款的，这类索赔不大容易发生争议；非合同规定的索赔指索赔涉及的内容在合同文件中没有专门的文字叙述，但可以根据该合同条件某些条款的含义，推论出有一定的索赔权。这种隐含在合同条款中的要求，常称为"默示条款"。"默示条款"是国际上用到的一个概念，它包含合同明示条款中没有写入但符合合同双方签订合同时设想的愿望和当时的环境条件的一切条款。这些默示条款，或者从明示条款所表述的设想愿望中引申出来，或者从合同双方在法律上的合同关系中引申出来，经合同双方协商一致，或被法律法规所指明，都成为合同文件的有效条款，要求合同双方遵照执行。道义索赔是指通情达理的业主看到承包商为完成某项困难的施工，承受了额外费用损失，甚至承受了重大亏损，出于善良意愿给承包商以适当的经济补偿，因在合同条款中没有此项索赔的规定，所以也称为"额外支付"，这往往是合同双方友好信任的表现，但较为罕见。

（4）按索赔的有关当事人分类。

按索赔的有关当事人，索赔可以分为承包商同业主之间的索赔，总承包商同分包商之间的索赔，承包商同供货商之间的索赔以及承包商向保险公司、运输公司索赔等。

（5）按索赔的对象分类。

按索赔的对象，索赔可以分为索赔和反索赔。其中，索赔是指承包商向业主提出的索赔；反索赔主要是指业主向承包商提出的索赔。

（6）按索赔的业务性质分类。

按索赔的业务性质，索赔可以分为工程索赔和商务索赔。其中，工程索赔指涉及工程项目建设中施工条件或施工技术、施工范围等变化引起的索赔，一般发生频率高，索赔费用大；商务索赔指实施工程项目过程中的物资采购、运输、保管等方面活动引起的索赔事项。

（7）按索赔的处理方式分类。

按索赔的处理方式，索赔可以分为单项索赔和总索赔。其中，单项索赔就是采取一事一索赔的方式，即在每一件索赔事项发生后，报送索赔通知书，编报索赔报告，要求单项解决支付，不与其他的索赔事项混在一起，这是工程索赔通常采用的方式，它避免了多项索赔的相互影响和制约，解决起来较容易；总索赔，又称综合索赔或一揽子索赔，即对整个工程（或某项工程）中所发生的数起索赔事项，综合在一起进行索赔，采取这种方式进行索赔，是在特定的情况下被迫采用的一种索赔方法。有时候，工程项目在施工过程中受到非常严重的干扰，以致承包商的全部施工活动与原来的计划大不相同，原合同规定的工作与变更后的工作相互混淆，承包商无法为索赔保持准确而详细的成本记录资料，无法分辨哪些费用是原定的，哪些费用是新增的，在这种条件下，常采用总索赔方式。

（二）索赔的基本程序及其规定

在工程项目施工阶段，每出现一个索赔事件，都应按照国家有关规定、国际惯例和工程项目合同条件的规定，认真及时地协商解决。

我国《建设工程施工合同》中对索赔的程序和时间要求有明确而严格的限定，由于发包方未能按合同约定履行自己的各项义务或发生错误以及应由发包方承担责任的其他情况下，造成工期延误、延期支付合同价款或造成承包方的其他经济损失等，承包方可按下列程序以书面形式向发包方索赔：

（1）索赔事件发生后 28 天内，向监理工程师发出索赔意向通知；

（2）发出索赔意向通知后 28 天内，向监理工程师提出补偿经济损失和（或）延长工期的索赔报告及有关资料；

（3）监理工程师在收到承包方送交的索赔报告和有关资料后，于 28 天内给予答复，或要求承包方进一步补充索赔理由和证据；

（4）监理工程师在收到承包方送交的索赔报告和有关资料后 28 天内未予答复或未对承包方作进一步要求，视为该项索赔已经认可；

（5）当该索赔事件持续进行时，承包方应当阶段性向监理工程师发出索赔意向，在索赔事件终了后 28 天内，向监理工程师送交索赔的有关资料和最终索赔报告；

（6）承包方未能按合同约定履行自己的各项义务或发生错误给发包方造成损失，发包方也按以上各条款确定的时限向承包方提出索赔。

（三）索赔费用的组成

与建筑安装工程费用的内容相似，索赔费用的主要组成内容也包括直接费、间接费、利润及税金等，详细组成如下所示。

1. 人工费

人工费包括完成合同之外的额外工作所花费的人工费用，由于非承包商责任的工效降低所增加的人工费用，法定的人工费增长以及非承包商责任造成的工程延误导致的人员窝工费和工资上涨费等。

2. 材料费

材料费包括由于索赔事件使材料实际用量超过计划用量而增加的材料费，由于客观原因使材料价格大幅度上涨的费用，由于非承包商责任造成工程延误导致的材料价格上涨和超期存储费用等。

3. 施工机械使用费

施工机械使用费包括由于完成额外工作增加的机械使用费，非承包商责任工效降低增加的机械使用费，由于业主或监理工程师原因导致机械停工的窝工费等。其中，如系租赁设备，台班窝工费一般按实际台班租金加上每台班分摊的机械调进调出费用计算；如系承包商自有设备，台班窝工费一般按台班折旧费计算。

4. 分包费用

分包费用指应列入总承包商索赔款总额以内的分包商的索赔费，一般包括人工、材料、机械使用费的索赔。

5. 工地管理费

工地管理费指承包商完成额外工程、索赔事项工作以及工期延长期间的工地管理费，包括管理人员工资、办公费等。

6. 利息

利息的索赔通常发生于下列情况：拖期付款的利息，由于工程变更和工程延误增加投资的利息，索赔款的利息，错误扣款的利息。这些利息的具体利率在索赔实践中可采用不同的计算标准。例如，可以按当时的银行贷款利率、当时的银行透支利率、合同双方协议的利率或中央银行贴现率加三个百分点等。

7. 总部管理费

总部管理费主要指的是工程延误期间所增加的管理费。

8. 利润

一般来说，由于工程范围的变更和施工条件变化引起的索赔，承包商是可以列入利润的。但对于工程延误的索赔，由于利润通常是包含在每项实施工程内容的价格之内的，而延误工期并未影响削减项目的实施而导致利润减少。因此，一般情况下，监理工程师很难同意在延误的索赔费用中加入利润损失。

（四）索赔费用的计算方法

索赔费用的计算方法包括实际费用法、总费用法及修正的总费用法三种。

1. 实际费用法

实际费用法是工程索赔计算时最常用的一种方法。其计算原则为以承包商为某项索赔工作所支付的实际开支为依据，向业主要求超额部分的费用补偿。对于单项索赔的费用计算而言，实际费用法仅限于该项工程施工中所发生的额外人工费、材料费、机械使用费及相应的管理费。

2. 总费用法

总费用法又称总成本法，是当发生多次索赔事件以后，重新计算该工程的实际总费用，并减去投标报价时的估算总费用后，作为索赔金额。

3. 修正的总费用法

作为对总费用法的改进，修正的总费用法是在总费用计算的基础上，去掉一些不合理的因素。具体修正的内容包括：将计算索赔款的时段局限于受到外界影响的时间，而不是整个施工期；只计算受影响时段内的某项工作所受影响的损失，而不是计算该时段内所有施工工作所受的损失；与该项工作无关的费用不列入总费用中；用受影响时段内该项工作的实际单价乘以实际完成的该项工作的工程量，得出调整后的投标报价费用。这时，索赔金额就等于某项工作调整后的实际总费用减去调整后的投标报价费用的差。

复习思考题

1. 工程项目招标方式包括哪些？
2. 简述工程项目监理招标文件包括的主要内容。
3. 简述监理投标文件的构成。
4. 勘察设计任务招标发包的形式包括哪些？
5. 根据《中华人民共和国招标投标法》规定，招标方式分为几种？
6. 工程项目招投标价格包括哪几种？
7. 根据《标准施工招标文件》(2007)的规定，施工招标文件包括哪些主要内容？
8. 简述投标文件的主要内容。
9. 简述经评审的最低投标价法和综合评估法的内涵。
10. 简述工程项目合同管理的工作程序。
11. 简述索赔的基本程序。
12. 简述索赔费用的主要组成部分。

第三章　工程项目施工过程中的管理

工程项目施工过程是工程项目生命周期中持续时间最长、投入量最多的阶段。建设方、设计方、监理方、施工方、材料供应方等都参与到工程项目的施工过程中。工程项目各参与方都有自己的管理组织和管理方法，本章重点阐述施工方施工过程中管理的依据——施工项目管理规划。

第一节　概　　述

一、施工项目管理规划的概念

施工项目管理规划是组织施工的指导性文件，施工项目管理规划应分为施工项目管理规划大纲和施工项目管理实施规划。根据《建设工程项目管理规范》(GB/T 50326—2006)，当承包商编制施工组织设计代替施工项目管理规划时，施工组织设计应满足施工项目管理规划的要求。

（1）施工项目管理规划大纲。施工项目管理规划大纲是投标人管理层在投标之前编制的，旨在作为投标依据或满足招标文件要求及签订合同要求。其内容一般包括：项目概况、项目范围管理规划、项目管理目标规划、项目管理组织规划、项目成本管理规划、项目进度管理规划、项目质量管理规划、项目职业健康安全与环境管理规划、项目采购与资源管理规划、项目信息管理规划、项目沟通管理规划、项目风险管理规划、项目收尾管理规划等。

（2）施工项目管理实施规划。施工项目管理实施规划是在开工之前由项目经理主持编制的，旨在指导施工项目实施阶段的管理工作。施工项目管理实施规划必须由项目经理组织项目经理部在工程开工之前编制完成。其内容一般应包括：项目概况、总体工作计划、组织方案、技术方案、进度计划、质量计划、职业健康安全与环境管理计划、成本计划、资源需求计划、风险管理规划、信息管理计划、项目沟通管理计划、项目收尾管理计划、项目现场平面布置图、项目目标控制措施、技术经济指标等。

二、施工项目管理规划的目的及作用

1. 编制施工项目管理规划的目的

编制施工项目管理规划有以下几个目的：

（1）在投标前，通过施工项目管理规划大纲对施工项目的总目标、施工项目的管理过程和投标过程进行全面规划，争取中标，并签订一个既符合发包方要求，承包商又能够取得综合效益的承包合同。

（2）在施工合同签订后，通过施工项目管理实施规划，保证施工项目安全、高效、有秩序地进行，全面完成施工合同责任，实现施工项目的目标。

2. 施工项目管理规划的作用

施工项目管理规划有以下作用：

（1）施工项目管理规划是指导施工活动的基本依据，是对施工全过程实行科学管理的重要手段和措施。

（2）施工项目管理规划是拟建工程按期交付使用以及实现建设目标的保证。

（3）施工项目管理规划为拟建工程设计方案实施的可能性提供论证依据。

（4）施工项目管理规划为建设单位编制基本建设计划和施工企业编制施工计划提供依据。

（5）施工项目管理规划是协调各方关系及各施工过程之间关系的依据之一。

三、施工项目管理规划的编制要求及原则

1. 施工项目管理规划的编制要求

施工项目管理规划的编制应符合以下要求：

（1）符合招标文件、合同条件以及发包人（包括监理工程师）对工程的要求。

（2）具有科学性和可执行性，能符合实际。

（3）符合国家和地方的法律、法规、规程、规范。

（4）符合现代管理理论，采用新的管理方法、手段和工具。

2. 施工项目管理规划的编制原则

编制施工项目管理规划时，应遵守以下几项基本原则：

（1）认真执行建设程序，严格遵守国家和合同规定的工程竣工及交付使用期限。

（2）搞好项目排队，保证重点，统筹安排。

（3）遵循施工工艺及其技术规律，合理地安排施工程序和施工顺序。

（4）采用流水施工方法和网络计划技术，组织有节奏、均衡、连续的施工。

（5）科学地安排冬、雨季施工项目，保证生产的均衡性和连续性。

（6）提高建筑工业化程度。

（7）尽量采用国内外先进的施工技术和科学管理方法。

（8）尽量减少暂设工程，合理地储备物资，科学地规划施工平面图。

四、施工项目管理规划的内容

施工项目管理规划应包括以下内容：

（1）工程概况：包括工程特点、建设地点及环境特征、施工条件、项目管理特点及总体要求。

（2）施工部署：包括项目的质量、进度、成本及安全目标、施工总体设想、分包计划、资源供应总体安排、施工程序、项目管理总体安排。

（3）施工方案：包括施工流向和施工顺序、施工阶段划分、施工方法和施工机械选择、安全施工设计、环境保护内容及方法。

（4）施工进度计划：包括施工总进度计划和单位工程施工进度计划。

（5）资源供应计划：包括劳动力需求计划，主要材料和周转材料需求计划，机械设备需求计划，预制品订货和需求计划，工具器具需求计划。

（6）施工准备工作计划：包括施工准备工作组织及时间安排，技术准备及编制质量计划，施工现场准备，作业队伍和管理人员的准备，物资准备和资金准备。

（7）施工平面图设计文件：包括施工平面图与施工平面图说明及施工平面图管理规划，其中施工平面图应按现行制图标准和制度要求进行绘制。

（8）技术组织措施计划：包括保证进度目标、质量目标、安全目标、成本目标、季节施工的措施、保护环境的措施、文明施工的措施等。各项措施应具体包括技术措施、组织措施、经济措施及合同措施等方面的内容。

（9）项目风险管理。

（10）项目信息管理。

（11）技术经济指标分析。

第二节　施　工　准　备

一、施工准备工作的任务及分类

1. 施工准备工作的任务

施工准备的基本任务是为拟建工程的施工提供必要的技术和物资条件，统筹安排施工力量和施工现场，为工程开工、连续施工创造一切必备条件。

2. 施工准备工作的分类

（1）按工程项目施工准备工作的范围不同可分为全场性施工准备、单位工程施工条件准备和分部分项工程作业条件准备等三种。

（2）按拟建工程所处施工阶段的不同可分为开工前的施工准备和各施工阶段前的施工准备两种。

（3）按工程项目施工准备工作的主体不同可分为建设单位的施工准备和承包单位的施工准备。

（4）按施工准备工作的内容不同大致可分为技术准备、物资准备、资金准备、施工现场内外条件准备、劳动组织准备等。

二、建设单位的施工准备工作内容

建设单位施工准备的工作内容应包括以下几方面：

（1）征地拆迁。

（2）组织规划设计。

（3）完成"三通一平"和大型临时暂设工程。

（4）组织设备、材料订货。

（5）工程建设项目报建。

（6）委托工程建设监理。

（7）组织施工招标投标。

（8）签订工程施工承包合同。

三、施工单位的施工准备工作内容

施工承包单位施工准备工作的内容应包括以下几个方面：

（1）原始资料的调查研究。原始资料的调查包括为展开施工所需要的一切资料的调查，原始资料是否准确对后期施工的成功与否至关重要。

（2）技术准备。技术准备是施工准备的核心，其主要内容包括审查施工图纸，做好实际交底；编制施工预算，进行工料分析和成本分析，提出节约工料、降低工程成本的措施；编制施工项目管理实施规划，确定施工方案、施工进度计划，以及现场的施工平面布置；制订保证工程质量与生产安全的技术措施；对新技术、新结构和新材料进行必要的试验，并制订相应的施工工艺规划；提出施工所需的物资资源需求量。

（3）物资准备。物资准备工作主要包括建筑材料的准备、构（配）件和制品的加工准备、建筑安装机具的准备和生产工艺设备的准备等内容。

（4）劳动组织准备。劳动组织准备是承包单位施工准备工作的关键内容，其主要工作包括建立拟建工程项目的领导机构；建立精干的施工队伍，组织劳动力进场；向施工队组、工人进行施工组织设计、计划和技术交底；建立健全各项管理制度。

（5）施工现场准备。施工现场准备的具体内容主要包括做好施工场地的控制网测量；搞好场内"三通一平"；建造临时设施；安装、调试施工机具；做好建筑构配件、制品和材料的储存和堆放；做好冬、雨季施工安排；进行新技术项目的试制和试验；设置消防、保安设施等。

（6）资金准备。资金准备工作的具体内容主要包括编制资金收入计划；编制资金支出计划；筹集资金；掌握资金贷款、利息、利润、税收等情况。

第三节　施工方案的确定

一、确定施工程序

施工程序一般为：接受任务阶段→开工前准备阶段→全面施工阶段→交工验收阶段。

在具体施工中应遵循的施工总顺序：先地下后地上、先主体后围护、先结构后装饰、先土建后设备。

先地下后地上指首先完成管道、管线等地下设施及土方工程和基础工程，然后开始地上工程施工，对于地下工程应按先深后浅的程序进行。先主体后围护指先施工主体结构，再进行围护结构的施工。先结构后装饰指先进行主体结构施工，后进行装修工程施工。先土建后设备指先进行一般土建工程的施工，后进行设备安装工程的施工。

二、确定施工流向

确定施工流向就是确定单位工程在平面或竖向上施工开始的部位和开展的方向。

确定单位工程施工流向时，一般应考虑如下因素：

（1）车间的生产工艺流程。影响其他工段试车投产的工段应该先施工。

（2）建设单位对生产和使用的需要。建设单位急于使用的工段或部位先施工。

（3）施工的繁简程度。一般技术复杂、工期较长的区段或部位应先施工。

（4）房屋高低层或高低跨。如柱子的吊装应从高低跨并列处开始；屋面防水层施工应按先高后低的方向施工；基础深浅不一样时，应按先深后浅的顺序施工。

（5）工程现场条件和施工方案。如土方工程边开挖边余土外运，则施工起点应确定在离道路较远的部位，并按由远及近的进展方向施工。

（6）分部分项工程的特点及其相互关系。如对多层建筑物装饰工程，根据工期、质量和安全要求以及施工条件，其施工流向一般为：室外装饰工程采用由上而下的施工方案；室内装饰工程采用自上而下或自下而上的流水施工方案。另外，密切关注相关的分部分项工程的流水，一旦前导施工过程的起点流向确定，则后续施工过程也便随其而定。

在流水施工中，施工流向决定了各施工段的施工顺序。因此，在确定施工流向的同时，应当将施工段的划分和编号也确定下来。

三、确定施工顺序

施工顺序是指分部分项工程施工的先后次序。合理地确定施工顺序是编制施工进度的需要。确定施工顺序时，一般应考虑以下因素：

（1）遵循施工程序。

（2）符合施工工艺。如预制钢筋混凝土柱的施工顺序为支模板、绑钢筋、浇混凝土，而现浇钢筋混凝土柱的施工顺序则为绑钢筋、支模板、浇混凝土。

（3）与施工方法一致。如单层工业厂房吊装工程的施工顺序，如果采用分件吊装法，则施工顺序为吊柱、吊梁、吊屋盖系统；如果采用综合吊装法，则施工顺序为第一节间吊柱、吊梁和吊屋盖，第二节间吊柱、吊梁和吊屋盖……最后节间吊柱、吊梁和吊屋盖。

（4）按照施工组织的要求。如一般安排室内外装饰工程施工顺序时，可按照施工组织顺序规定的先后顺序。

（5）考虑施工安全和质量。如外墙装饰一般安排在屋面防水层施工后进行；又如楼梯抹面最好安排在上一层的装饰工程全部完成以后进行。

（6）考虑当地气候的影响。如冬季室内施工时，先安装玻璃，后做其他装饰工程。

四、选择施工方法和施工机械

施工方案的技术经济评价涉及的因素多而复杂，一般只需对一些主要分部分项工程的施工方案进行技术经济比较，有时也需对一些重大工程项目的总体施工方案进行全面的技术经济评价。施工方案的技术经济评价有定性分析、定量分析以及综合分析评价。

1. 选择施工方法

选择施工方法的原则：要求方法可行，满足施工工艺；符合国家颁发的施工验收规范和质量检验评定标准的有关规定；尽量选择试验鉴定过的科学的、先进的方法，尽可能进行技术经济分析；要与选择的施工机械及划分的流水段相协调。

主要分部分项工程施工方法的选择要点如下：

（1）土石方工程。其要点为是否采用机械开挖，开挖方法，放坡要求，石方的爆破方法以及所需机具、材料，排水方法，土石方的平衡调配等。

（2）混凝土及钢筋混凝土工程。其要点为模板类型和支模方法，隔离剂的选用；钢筋加工、运输和安装的方法；混凝土搅拌和运输的方法，混凝土的浇筑顺序、施工缝位置、分层高度、工作班次、振捣方法和养护制度等。特别应该注意大体积混凝土的施工，模板工程的工具化和钢筋、混凝土施工的机械化。

（3）结构吊装工程。根据选用的机械设备确定吊装方法，安排吊装顺序、机械位置、行驶路线，构件的制作、拼装方法，构件的运输、装卸、堆放方法，所需机具和设备型号、数量以及对运输道路的要求。

（4）现场垂直、水平运输。现场垂直运输设备主要包括塔吊和施工电梯。垂直运输设备的位置直接影响搅拌站、加工厂及各种材料、构件的堆场和仓库等位置和道路、临时设施及水、电管线的布置等，因此，它是施工现场全局的中心环节，应首先确定。确定了垂直运输方案后，可根据地面和各楼层水平运输的需要，合理安排水平运输路线。

（5）装修工程。围绕室内装修、室外装修、门窗安装、木装修、油漆、玻璃等，确定采用工厂化、机械化施工方法并提出所需机械设备，确定工艺流程和劳动组织，组织流水施工，确定装修材料逐层配堆放的数量和平面布置。

（6）特殊项目。如采用新结构、新材料、新工艺、新技术、高耸、大跨、重型构件，以及水下、深基和软弱地基项目等，应该单独选择施工方法。需要阐明工艺流程，主要的平面、剖面示意图，施工方法，劳动组织，技术要求，质量安全注意事项，施工进度，材料、构件和机械设备需求量等。

2．选择施工机械

根据建（构）筑物的结构特征、工程量大小、工期长短、物资供应条件、场地四周环境等因素，拟订可行方案，进行优选后再决策。选择施工机械时，应着重考虑以下几点。

（1）施工机械应遵循切合需要、实际可能和经济合理的原则，具体应考虑：

① 技术条件，包括技术性能、工作效率、工作质量、能源耗费、劳动力的节约、安全性、灵活性、通用性和专用性、维修的难易程度、耐用程度等。

② 经济条件，包括原值、使用寿命、使用费用、维修费用等。租赁机械要考虑租赁费用。

③ 要进行定量的技术经济分析比较。

（2）选择施工机械时，应首先根据工程特点选择适宜的主导工程施工的机械。如土方工程应该首先选择挖土机等。

（3）各种辅助机械或运输工具应与主导机械的生产能力协调配套，以充分发挥主导机械的效率。如土方工程中采用汽车运土时，汽车的数量应该保证挖土机连续工作。

（4）在同一工地上，应力求建筑机械的种类和型号尽可能少一些，便于机械管理。

（5）机械选择应考虑充分发挥施工单位现有机械的能力。当机械能力不满足需要时，则应该购置或者租赁所需新型机械或者多用途机械。

五、施工方案的技术经济评价方法

1．定性分析评价

定性分析评价包括分析评价技术上是否可行，施工复杂程度和安全可靠性如何，劳动力和机械设备能否满足需要，是否能充分发挥现有机械的作用，保证质量的措施是否完善可靠，对冬季施工带来多大困难等。

2. 定量分析评价

定量分析的指标通常有以下五点：

（1）工期指标。若要求工程尽快完成，则选择的施工方案就要在确保工程质量、安全和成本较低的条件下，优先考虑缩短工期。

（2）劳动量指标：能够反映施工机械化程度和劳动生产率水平。

（3）主要材料消耗指标：反映施工方案的主要材料节约情况。

（4）施工成本指标：反映施工方案的成本高低。

（5）机械设备投资额指标。如果选定的施工方案要购买新的施工机械或者设备，则需要增加投资额的指标，进行比较。

3. 综合分析评价法

综合分析评价法是指以多指标为基础，将各指标按照一定的计算方法进行综合后得到一综合指标值进行评价。通常的方法是首先根据多指标中各个指标在评价中的相对重要程度，分别定出权值 W_i，再用同一指标依据其在各方案中的优劣程度定出其相应的分值 C_{ij}。设有 m 个方案和 n 种指标，则第 j 个方案的综合指标值 A_j 为

$$A_j = \sum_{i=1}^{n} C_{ij} \times W_i$$

式中：$j=1, \cdots, m$；$i=1, \cdots, n$。综合指标值最大者为最优方案。

六、施工方案的技术经济评价案例

【例 3-1】　背景：某机械化施工公司承担了某工程的基坑土方施工。土方量为 10 000 m³，平均运土距离为 8 km，计划工期为 10 天，每天一班制施工。该公司现有 WY50、WY75、WY100 挖掘机各 2 台，以及 5 t、8 t、10 t 自卸汽车各 10 台，其主要技术参数分别见表 3-1 和表 3-2。

表 3-1　挖掘机主要参数

型　　号	WY50	WY75	WY100
斗容量/m³	0.5	0.75	1.00
台班产量/(m³/台班)	480	558	690
台班单价/(元/台班)	618	689	915

表 3-2　自卸汽车主要参数

载重能力/t	5	8	10
运距 8 km 时台班产量/(m³/台班)	32	51	81
台班单价/(元/台班)	413	505	978

问题：

（1）若挖掘机和自卸汽车按表中型号各取一种，如何组合最经济？相应的每立方米土方的挖运直接费为多少？

（2）根据该公司现有的挖掘机和自卸汽车的数量，完成土方挖运任务每天应安排几台何种型号的挖掘机和几台何种型号的自卸汽车？

（3）根据所安排的挖掘机和自卸汽车数量，该土方工程可在几天内完成？相应的每立方米的挖、运直接费为多少？

解 （1）以挖掘机和自卸汽车每立方米挖、运直接费最少为原则选择组合方案。

① 挖掘机的选择：

$$WY50 \text{ 挖土单价} = \frac{618}{480} = 1.29 \text{（元/m}^3\text{）}$$

$$WY75 \text{ 挖土单价} = \frac{689}{558} = 1.23 \text{（元/m}^3\text{）}$$

$$WY100 \text{ 挖土单价} = \frac{915}{690} = 1.33 \text{（元/m}^3\text{）}$$

因此，取单价为 1.23 元/m³ 的 WY75 挖掘机。

② 自卸汽车的选择：

$$5 \text{ t 自卸汽车运费单价} = \frac{413}{32} = 12.91 \text{（元/m}^3\text{）}$$

$$8 \text{ t 自卸汽车运费单价} = \frac{505}{51} = 9.90 \text{（元/m}^3\text{）}$$

$$10 \text{ t 自卸汽车运费单价} = \frac{978}{81} = 12.07 \text{（元/m}^3\text{）}$$

因此，取单价为 9.90 元/m³的 8 t 自卸汽车。

③ 相应的每立方米土方的挖运直接费为 1.23+9.90＝11.13（元/m³）。

（2）每天安排挖掘机和自卸汽车的型号和数量。

① 挖掘机的选择：

每天需要 WY75 挖掘机的台数为 $\frac{10\ 000}{558 \times 10} = 1.79$（台），取 2 台。2 台 WY75 挖掘机每天挖掘土方量为 558×2＝1116(m³)。

② 自卸汽车的选择：

按最经济的 8 t 自卸汽车，每天应配备的台数为 $\frac{1116}{51} = 21.88$（台），所有 10 台 8 t 自卸汽车均配备，此时每天运输土方量为 51×10＝510(m³)，每天尚需运输土方量为 1116－510＝606(m³)。

增加配备 10 t 和 5 t 自卸汽车，方案是配备 6 台 10 t 自卸汽车，4 台 5 t 自卸汽车，每天运输土方量为 6×81+4×32＝614(m³)，日运费为 6×978+4×413＝7540（元）。

（3）土方工程完成时间及费用。

① 按 2 台 WY75 型挖掘机的台班产量完成 10 000 m³ 土方工程所需时间为

$$\frac{10\ 000}{558 \times 2} = 8.96\text{（天）}$$

故该工程土方工程可在 9 天内完成。

② 相应的每立方米土方的挖、运直接费为

$$\frac{(2 \times 689 + 505 \times 10 + 6 \times 978 + 4 \times 413) \times 9}{10\ 000} = 12.55\text{（元）}$$

第四节 施工进度计划

一、单位工程施工进度计划的编制

单位工程施工进度计划是按照施工总进度计划的安排，在确定了施工方案的基础上，对工程的施工顺序、各个施工过程的持续时间及各施工过程之间的搭接关系，工程的开工时间、竣工时间及总工期等作出安排。在这个基础上，可以编制劳动力计划、材料供应计划、成品及半成品计划、机械需用量计划等。

（一）单位工程施工进度计划的编制依据

单位工程施工进度计划的编制依据包括施工总进度计划、施工方案、施工预算、预算定额、施工定额、资源供应状况、合同要求等。

（二）单位工程施工进度计划的编制程序

1. 划分施工过程

施工过程是工程施工进度计划的基本组成单元，其中包含的内容多少和划分的粗细程度应根据计划的需求来决定。一般来说，单位工程施工进度计划的施工过程应明确到分项工程或者更具体，以满足指导施工作业的要求。

2. 确定施工过程的施工顺序

施工过程的施工顺序是在施工方案中确定的施工流向和施工程序的基础上，按照所选施工方法和施工机械的要求确定的。确定施工顺序是为了按照施工的技术规律和合理的组织关系，解决各个项目之间的时间上的先后顺序和搭接关系，做到保证质量、安全施工、充分利用空间、争取时间、实现合理安排工期的目的。

3. 计算工程量和持续时间

计算工程量应该针对划分的每一个施工过程分段计算。施工过程的持续时间最好是按照正常情况确定，费用一般是最低的。

4. 组织流水作业并绘制施工进度计划图

流水作业原理是组织施工、编制施工进度计划的基本原理，在此基础上绘制施工进度计划图，计算总工期，绘制资源动态曲线并进行资源均衡程度的判别。

5. 施工进度计划的检查与调整

当施工进度计划初试方案编制好后，需要对其进行检查与调整，以便使进度计划更加合理。进度计划检查的主要内容包括四个方面：一是各自工作项目的施工顺序、平行搭接和技术间歇是否合理；二是总工期是不是满足合同规定；三是主要工种的工人是否能够满足连续、均衡施工的要求；四是主要机具、材料等的利用是否均衡和充分。在这四个方面中，首要的是前两方面的检查，如果不满足要求，必须进行调整。

二、施工进度计划的主要评价指标

施工进度计划的主要评价指标有以下几项：

（1）总工期：自开工之日到竣工之日的全部日历天数。

（2）工期提前时间：

$$工期提前时间＝合同或要求工期－计划工期$$

（3）劳动力不均衡系数：劳动力不均衡系数＝$\dfrac{高峰人数}{平均人数劳动力}$，不均衡系数在 2 以内较为合理，超过 2 则不正常。

（4）单方用工数：

$$单位工程单方用工数＝\dfrac{总用工数（工日）}{建筑面积（m^2）}$$

（5）工日节约率：

$$工日节约率＝\dfrac{施工预算用工数（工日）－计划用工数（工日）}{施工预算用工数（工日）}\times100\%$$

（6）大型机械单方台班用量：

$$大型机械单方台班用量＝\dfrac{大型机械台班用量（台班）}{建筑面积（m^2）}$$

（7）建安工人日产值：

$$建安工人日产值＝\dfrac{计划施工工程工作量（元）}{进度计划日期\times每日平均人数（工日）}$$

第五节 施工平面图的设计

一、单位工程施工平面图的设计

施工平面图是布置施工现场的依据，是实现文明施工、节约土地、减少临时设施费用的先决条件，其绘制比例一般为 1∶200～1∶500。

（一）单位工程施工平面图的设计内容

施工平面图是按一定比例和图例，根据场地条件和需要的内容进行设计的。单位工程施工平面图的内容包括：

（1）已建和拟建的地上和地下一切建筑物、构筑物和管线的位置或尺寸。

（2）测量放线标桩、地形等高线和取舍土地点。

（3）移动式起重机的开行路线及垂直运输设施的位置。

（4）材料、半成品、构件和机具的堆场。

（5）生产、生活用临时设施。

（6）必要的图例、比例尺、方向及风向标记。

施工总平面布置

上述内容可根据建筑总平面图、现场地形图、现有水源和电源、场地大小、可利用的已有房屋和设施、调查得来的资料、施工组织总设计、施工方案、施工进度计划等，经过科学的计算及优化，并遵照国家有关规定来进行设计。

（二）单位工程施工平面图的设计依据与原则

1. 设计的依据

单位工程施工平面图的设计依据如下：

（1）有关拟建工程的自然条件调查资料和技术经济调查资料等。

（2）建筑设计资料：建筑总平面图，一切已有和拟建的地下、地上管道位置，建筑区域的竖向设计和土方平衡图，有关施工图设计资料。

（3）施工资料：施工进度计划，施工方案，各种材料、构件等需要量计划。

2. 设计的原则

单位工程施工平面图的设计原则如下：

（1）现场布置应该尽量紧凑，以节约土地。

（2）合理布置施工现场的运输道路以及材料堆放、加工厂、仓库的位置，机具的位置，尽量使得运距最短，减少或者避免二次搬运。

（3）减少临时设施的数量，降低临时设施费用。

（4）临时设施的布置应尽量便利工人的生产和生活。

（5）符合环保、安全和防火要求。

（三）单位工程施工平面图的设计步骤

单位工程施工平面图的设计步骤：确定起重机的位置→确定搅拌站、仓库、材料堆场、加工厂的位置→布置运输道路→布置行政管理、文化、福利用临时设施→布置水电管线→计算技术经济指标。

（四）单位工程施工平面图的设计要点

1. 起重机械的布置

起重机械的布置要点如下：

（1）井架、门架等固定垂直运输设施的布置，要结合建筑物的平面形状、高度，考虑下料、构件的重量，考虑机械的负荷能力和服务范围，要便于运送，便于组织分层分段流水施工，便于楼层和地面的运输，运距要短。

起重机的型号
表示方法

（2）塔式起重机的布置要结合建筑物的形状以及四周的场地布置情况，起重高度、幅度以及起重量要满足要求，使材料和构件可以达到建筑物的任何使用地点。

（3）轮胎吊等自行式起重机的行驶路线要考虑吊装顺序、构件重量、建筑物的平面形状、高度、堆放场位置以及吊装方法等。

2. 搅拌站、加工厂、仓库、材料、构件堆场的布置

搅拌站、加工厂、仓库、材料、构件堆场的布置要点如下：

（1）布置要尽量靠近使用地点或在起重机起重能力范围内，运输、装卸要方便。

（2）搅拌站要与砂、石堆场以及水泥库一起考虑，既要靠近，又要便于材料的运输装卸。

（3）木材棚、钢筋棚和水电加工棚等可以离建筑物稍远，并有相应的堆场。

（4）仓库、材料堆场的布置，经计算应该能适应各个施工阶段的需求。

（5）易燃易爆品的仓库位置，应该遵循防火、防爆安全距离的要求。

（6）石灰池要接近灰浆搅拌站位置。

（7）在城市施工时，不可以在现场熬制沥青。

3．运输道路的修筑

应按材料和构件运输的需要，沿着仓库和堆场对运输道路进行布置，使之畅行无阻。道路宽度要符合规定，单行道不小于 3～3.5 m，双车道不小于 5.5～6 m；路基经过设计，转弯半径要满足运输要求；要结合地形在道路两侧设排水沟。总的来说，现场应设环形路，在易燃品附近要尽量设计成进出容易的道路；木材场两侧应有 6 m 宽通道，端头处应有 12 m×12 m 回车场；消防车道宽度不小于 3.5 m。

4．行政管理、文化、生活、福利用临时设施的布置

临时设施的布置应使用方便，不妨碍施工，符合防火、安全的要求，一般设在工地出入口附近。要努力节约，尽量利用已有设施或正式工程，必须修建时要经过计算确定面积。

5．供水设施的布置

临时供水首先要经过计算、设计，然后进行设置。其中包括水源的选择、取水设施、储水设施、用水量计算、配水布置、管径的计算等。单位工程施工组织设计的供水计算和设计可以简化或根据经验进行安排。消防用水一般利用城市或建设单位的永久消防设施，如需自行安排，应按有关规定设置。消防水管线布置应靠近十字路口或道边。高层建筑施工用水要设置蓄水池和加压泵，以满足高处用水需要。管线的布置应尽量减小线路总长度，消防管和生产、生活用水管可以合并设置。

6．临时供电设施

临时供电设施的设计包括用电量计算、电源选择、电力系统选择和配置等。用电量包括电动机、电焊机用电量与室内、室外照明容量。如果是扩建的工程，可计算出施工用电总数，以供建设单位解决，不另设变压器。如果是独立的工程施工，要计算出现场施工用电和照明用电的数量，选用变压器和导线截面及类型。变压器应布置在现场边缘高压线接入处，离地应大于 30 cm，在 2 m 以外四周用高度大于 1.7 m 的铁丝网围住以保安全，但不要布置在交通要道口。

（五）单位工程施工平面图的评价指标

为评价单位工程施工平面图的设计质量，可计算下列技术经济指标并加以分析，有助于最终合理确定施工平面图。

（1）施工用地面积及施工占地系数。其中，施工占地系数按下式计算：

$$施工占地系数 = \frac{施工占地面积}{建筑面积} \times 100\%$$

（2）施工场地利用率。

$$施工场地利用率 = \frac{施工设施占地面积}{施工用地面积} \times 100\%$$

（3）临时设施投资率。

$$临时设施投资率 = \frac{临时设施费用总和}{工程总造价} \times 100\%$$

（六）施工现场管理

1．施工现场管理的目的

施工现场管理的目的：使现场美观整洁、道路畅通、材料放置有序、施工有条不紊、安全有效保障，使现场各种活动有序开展，使利益相关者都满意，从而赢得广泛的社会信誉；

贯彻城市规划、市容整洁、交通运输、消防安全、文物保护、居民生活、文明建设、绿化环保等有关法律法规；处理好各项管理工作的关系。

2. 施工现场管理的总体要求

施工现场管理的总体要求：文明施工、安全有序、卫生整洁、不扰民、不损害公众利益；应公示五牌、二图（工程概况牌，安全纪律牌，防火须知牌，安全无重大事故计时牌，安全生产、文明施工牌，施工总平面图，项目经理部组织机构以及主要管理人员名单图）。

3. 施工现场场容规范化

施工平面图设计要科学合理化，施工场地要规范化。周边按要求设置临时维护设施和排水系统，工地地面做硬化处理。

4. 环境保护

施工可能对环境造成的污染有：大气污染、室内空气污染、水污染、土壤污染、噪声污染、光污染、垃圾污染等。应该根据《环境管理系列标准》建立环境监控体系。

二、工地临时供水计算

临时供水设施设计的主要内容包括计算用水量、选择水源、设计配水管网等。

1. 计算用水量

（1）现场施工生产用水量，可按下式计算：

$$q_1 = k_1 \frac{\sum Q_1 \times N_1}{T_1 t} \times \frac{k_2}{8 \times 3600}$$

式中：q_1 为施工用水量（L/s）；k_1 为未预计的施工用水修正系数，一般为 1.05～1.15；Q_1 为年（季）度工程量（以实物计量单位表示）；N_1 为施工用水定额，可查《施工手册》；T_1 为年（季）度有效作业日；t 为每天工作班数；k_2 为现场生产用水不均衡系数，见表 3-3。

表 3-3　施工用水不平衡系数

系　　数		用水名称
k_2	1.50	现场施工用水
	1.25	附属生产企业用水
k_3	2.00	施工机械、运输机械
	1.05—1.10	动力设备
k_4	1.30—1.50	施工现场生活用水
k_5	2.00—2.50	生活区生活用水

（2）施工机械用水量，可按下式计算：

$$q_2 = k_1 \sum Q_2 N_2 \times \frac{k_3}{8 \times 3600}$$

式中：q_2 为机械用水量（L/s）；Q_2 为同一种机械台数（台）；N_2 为施工机械台班用水定额，可查《施工手册》；k_3 为施工机械用水不均衡系数，见表 3-3；k_1 含义同前。

（3）施工现场生活用水量，可按下式计算：

$$q_3 = \frac{P_1 \times N_3 \times k_4}{t \times 8 \times 3600}$$

式中：q_3 为施工现场生活用水量（L/s）；P_1 为施工现场高峰昼夜人数（人）；N_3 为施工现场生活用水定额，一般为 20～60 L/(人·班)，视当地气候而定；k_4 为施工现场生活用水不均衡系数，见表 3-3；t 为每天工作班数。

（4）生活区生活用水量，可按下式计算：

$$q_4 = \frac{P_2 \times N_4 \times k_5}{24 \times 3600}$$

式中：q_4 为生活区生活用水（L/s）；P_2 为生活区居民人数；N_4 为生活区昼夜全部生活用水定额，每一居民每昼夜为 100～120 L，随地区和有无室内卫生设备而变化，可查《施工手册》；k_5 为生活区用水不均衡系数，见表 3-3。

（5）消防用水量（q_5）：根据工地大小和居住人数确定，例如现场居住 5000 人以内，工地面积 200 000 m^2 内时，消防用水量为 10 L/s。

（6）总用水量（Q）计算：

① 如果工地面积小于 100 000 m^2：

当 $(q_1+q_2+q_3+q_4) \leqslant q_5$ 时，则 $Q = q_5$（失火时停止施工）；

当 $(q_1+q_2+q_3+q_4) > q_5$ 时，则 $Q = q_1+q_2+q_3+q_4$（失火时停止施工）。

② 如果工地面积大于 100 000 m^2：

$$Q = q_5 + \frac{1}{2}(q_1+q_2+q_3+q_4)（失火时只考虑一半工程停止施工）$$

2. 管径的选择

管径的计算公式为

$$d = \sqrt{\frac{4Q}{\pi \times v \times 1000}}$$

式中：d 为配水管直径（m）；Q 为耗水量（L/s）；v 为管网中水流速度（m/s），临时水管经济流速指标可查《施工手册》。

3. 用水量与供水管径计算实例

【例 3-2】 某工程施工现场占地面积共有 15 620 m^2。施工用水主要是现场生产混凝土和砂浆的搅拌用水、现场生活用水、消防用水，日最大混凝土浇筑量为 1000 m^3。不考虑其他施工机械用水，现场不设生活区。试计算该工地用水量，并确定供水管径。

解 （1）用水量的计算：

施工生产用水量：按日用水量最大的浇筑混凝土工程计算 q_1。

$$q_1 = \frac{k_1\left(\sum Q_1 N_1 k_2\right)}{8 \times 3600}$$

式中，k_1 取 1.05，k_2 取 1.5，Q_1 取浇筑混凝土量 1000 m^3，N_1 取 250 L/m^3，则

$$q_1 = \frac{1.05 \times (1000 \times 250 \times 1.5)}{8 \times 3600} = 13.67 \ (\text{L/s})$$

由于施工中不考虑机械用水，故不计算 q_2。

施工现场生活用水量：P_1 取 500 人，N_2 取 60 L/(人·班)，k_4 取 1.5，t 取 2 班，则

$$q_3 = \frac{150 \times 60 \times 1.5}{2 \times 8 \times 3600} = 0.23 \, (\text{L/s})$$

因现场不设生活区，故不计算 q_4。

消防用水量计算：本工程现在面积 15 620 m^2，q_5 取 10 L/s，则

$$q_1 + q_3 = 13.67 + 0.23 = 13.90 > q_5$$

总用水量计算：

因 $q_1 + q_3 > q_5$，则

$$Q = q_1 + q_3 = 13.90 \, (\text{L/s})$$

（2）供水管径计算：

$$d = \sqrt{\frac{4 \times Q}{\pi \times v \times 1000}} = \sqrt{\frac{4 \times 13.9}{3.14 \times 1.5 \times 1000}} = 0.108 \, (\text{m})$$

取 $d \approx 0.1$ m，故选用 $\phi 100$ 的上水管即可。

三、工地临时供电计算

工地临时供电计算包括计算用电量、选择电源、确定变压器、布置配电线路等。

1. 用电量的计算

在计算用电量时，首先要确定施工现场的用电情况，通常从以下几点考虑：

（1）全工地所使用的机械动力设备，其他电器工具及照明用电数量。

（2）施工总进度计划中施工高峰阶段同时用电的机械设备最高数量。

（3）各种机械设备在工作中需用的情况。

总用电量按下式计算：

$$P = (1.05 \sim 1.10) \times \left[\frac{K_1 \sum P_1}{\cos\varphi} + K_2 \sum P_2 + K_3 \sum P_3 + K_4 \sum P_4 \right]$$

式中：P 为供电设备总需要容量（kV·A）；P_1 为电动机额定功率（kW）；P_2 为电焊机额定容量（kV·A）；P_3 为室内照明容量（kW）；P_4 为室外照明容量（kW）；$\cos\varphi$ 为电动机的平均功率因数（在施工现场最高为 0.75～0.78，一般为 0.65～0.75）；K_1、K_2、K_3、K_4 为需要系数，见表 3-4。

表 3-4　需要系数（K 值）

用电分类	用电名称	数量	需要系数		备注
			K	数值	
动力用电	电动机	3～10 台	K_1	0.7	如施工中需要电热时，应将其用电量计算进去。为使计算结果接近实际，式中各项动力和照明用电，应根据不同工作性质分类计算
		11～30 台		0.6	
		30 台以上		0.5	
	电焊机	3～10 台	K_2	0.6	
		10 台以上		0.5	
照明用电	室内照明	—	K_3	0.8	
	室外照明	—	K_4	1.0	

由于照明用电量所占的比重较动力用电量要少得多，所以在估计总用电量时可以简化，只要在动力用电量之外再加 10％ 作为照明用电量即可。

2. 电源选择

在选择施工工地临时供电电源时需考虑的因素主要包括：建筑安装工程量和施工进度；各个施工阶段的电力需要量；施工现场的大小；用电设备在施工工地上的分布情况和距离电源的远近情况；现有电气设备的容量情况等。

可考虑的临时供电电源方案包括：完全由工地附近的电力系统供电，包括在全面开工前把永久性供电外线工程做好，设置变电站（所）；工地附近的电力系统只能供给一部分，尚需自行扩大原有电源或增设临时供电系统以补充其不足；利用附近高压电力网，申请临时配电变压器；工地位于边远地区，没有电力系统时，电力完全由临时电站供给。

3. 电力系统选择

当工地由附近高压电力网输电时，则在工地上设降压变电所把电能降到 10 kV 或 6 kV，再由工地若干分变电所把电能降到 380 V/220 V。常用变压器的性能可查《施工手册》。对于 3 kV、6 kV、10 kV 的高压线路，可用架空裸线，或用地下电缆。户外 380 V/220 V 的低压线路宜采用裸线，只有与建筑物或脚手架等不能保持必要安全距离的地方才宜采用绝缘导线。分支线及引入线均应由电杆处接出，不得由两杆之间接出。配电线路应尽量设在道路一侧，不得妨碍交通和施工机械的装拆及运转，并要避开堆料、挖槽、修建临时工棚用地。室内低压动力线路及照明线路皆用绝缘导线。

4. 配电导线的选择

配电导线截面应满足机械强度、允许电流强度、允许电压降三方面的要求，故先分别按一种要求计算截面积，从三者中选出最大截面作为选定导线截面积，再根据截面积选定导线。一般在道路和给排水施工工地中，由于作业线比较长，因而导线截面可按电压降选定；在建筑工地上因配电线路较短，可按容许电流强度选定；在小负荷的架空线路中，往往以机械强度选定。

5. 用电量的计算实例

【例 3-3】 某住宅小区有 4 栋多层住宅工程，施工前，室外管线均接通至小区干线。在进行施工准备的组织设计时对用电设施进行设计。根据平面布置，用电设施有：塔式起重机 2 台，$36 \times 2 = 72$(kW)；400 L 搅拌机 2 台，$10 \times 2 = 20$(kW)；30 t 卷扬机 2 台，$7.5 \times 2 = 15$(kW)；振捣器 3 台，$3 \times 3 = 9$(kW)；蛙式打夯机 3 台，$3 \times 3 = 9$(kW)；电锯、电刨等 30 kW；电焊机 2 台，$20.5 \times 2 = 41$(kW)；室内照明用电 10 kW，室外照明用电 10 kW。试计算工地用电量。

解 （1）电动机总功率为

$$\sum P_1 = 72 + 20 + 15 + 9 + 9 + 30 = 155(\text{kW})$$

（2）工地用电量为

$$P = 1.05 \times \left[\frac{K_1 \sum P_1}{\cos\varphi} + K_2 \sum P_2 + K_3 \sum P_3 + K_4 \sum P_4 \right]$$
$$= 1.05 \times (0.6 \times 155/0.75 + 0.6 \times 41 + 0.8 \times 10 + 1 \times 15)$$
$$= 180.18(\text{kV} \cdot \text{A})$$

因此，应选用 SL1200/10 变压器一台。

复习思考题

1. 简述施工项目管理规划的作用。
2. 简述施工项目管理规划的基本内容。
3. 简述确定施工顺序应考虑的因素。
4. 简述选择施工机械时应着重考虑的因素。
5. 简述单位工程施工进度计划的编制程序。
6. 简述单位工程施工平面图设计的内容。

第四章 工程项目质量验收及竣工验收阶段的管理

第一节 工程项目质量验收

一、工程项目质量验收的基本术语

1. 验收

在施工单位自行质量检查评定的基础上，参与建设的有关单位共同对检验批、分项工程、分部工程、单位工程的质量进行抽样复验，根据相关标准以书面形式对工程质量达到合格与否作出确认。

2. 检验批

按统一的生产条件或规定的方式汇总起来供检验用的，由一定数量样本组成的检验体。

3. 见证取样检测

在监理单位或建设单位监督下，由施工单位有关人员现场取样，并送至具备相应资质的检测单位进行的检测。

4. 主控项目

建筑工程中对安全、卫生、环境保护和公共利益起决定性作用的检验项目。

5. 一般项目

除主控项目以外的项目都是一般项目。

6. 观感质量

通过观察和必要的量测所反映的工程外在质量。如装饰石材面应无色差。

7. 返修

对工程不符合标准规定的部位采取整修等措施。

8. 返工

对不合格的工程部位采取重新制作、重新施工等措施。

二、工程项目施工质量验收层次的划分

划分项目施工质量验收的层次，可以对工程施工质量的过程控制和终端把关，确保施工质量达到预期的控制目标。

1. 单位工程的划分

一般按以下原则划分单位工程：

（1）具备独立施工条件并能形成独立使用功能的建筑物及构筑物为一个单位工程。

（2）规模较大的单位工程，可将其能形成独立使用功能的部分划分为一个子单位工程。

（3）室外工程可按专业类别、工程规模划分单位（子单位）工程。

2．分部工程的划分

一般按以下原则划分分部工程：

（1）分部工程的划分应按专业性质、建筑部位来确定。如建筑工程划分为地基与基础、主体结构、建筑装饰装修、建筑屋面、建筑给水排水及采暖、建筑电气、智能建筑、通风与空调、电梯等九个分部工程。

（2）当分部工程较大或较复杂时，可按施工程序、专业系统及类别等划分为若干个子分部工程。如智能建筑分部工程中就包含了火灾及报警消防联动系统、安全防范系统、综合布线系统、智能化集成系统、电源与接地、环境、住宅（小区）智能化系统等子分部工程。

3．分项工程的划分

分项工程应按主要工种、材料、施工工艺、设备类别等进行划分。如混凝土结构工程中按主要工种分为模板工程、钢筋工程、混凝土工程等分项工程；按施工工艺又可划分为预应力、现浇结构、装配式结构等分项工程。

4．检验批的划分

分项工程一般由若干个检验批组成，检验批可根据施工及质量控制和专业验收的需要按楼层、施工段、变形缝等进行划分。例如，建筑工程的地基基础分部工程中的分项工程，一般划分为一个检验批；有地下层的基础工程可按不同地下层划分检验批等。

三、工程项目施工质量验收

1．检验批质量验收

批质量验收合格的检验应满足以下条件：主控项目和一般项目的质量经抽样检验合格；具有完整的施工操作依据及质量检验记录。

2．分项工程质量验收

质量验收合格的分项工程应满足以下条件：分项工程所含的检验批均应符合合格质量规定；分项工程所含的检验批的质量验收记录应完整。

3．分部工程质量验收

质量验收合格的分部工程应满足以下条件：分部工程所含分项工程的质量验收均合格；质量控制资料完整；地基与基础、主体结构和设备安装等分部工程有关安全及功能的检验和抽样检测结果符合有关规定；观感质量验收符合要求。

4．单位工程质量验收

质量验收合格的单位工程应满足以下条件：单位工程所含分部工程的质量验收均合格；质量控制资料完整；单位工程所含分部工程有关安全和功能的检验资料完整；主要功能项目的抽查结果符合相关专业质量验收规范的规定；观感质量验收符合要求。

四、工程质量不符合要求时的处理

对于施工质量验收不合格的项目，应按以下原则进行处理：

（1）经返工重做或更换器具、设备的检验批，应重新进行验收。

（2）经有资质的检测单位鉴定达到设计要求的检验批，应予以验收。

（3）经有资质的检测单位鉴定达不到设计要求，但经原设计单位核算认可能满足结构安全和使用功能的检验批，应予以验收。这种情况是指，一般情况下，规范标准给出了满足安全和功能的最低限度要求，而设计往往在此基础上留有一些余量。不满足设计要求和符合相应规范标准的要求，两者并不矛盾。

（4）经返修或加固的分项、分部工程，虽然外形尺寸发生改变，但仍能满足安全使用要求，可按技术处理方案和协商文件进行验收。

（5）通过返修或加固仍不能满足安全使用要求的分部工程、单位工程，严禁验收。

第二节　竣　工　验　收

一、竣工验收的概念及意义

1. 竣工验收的概念

竣工验收是工程完结后，由项目验收主体及交工主体等组成的验收机构，以批准的项目设计文件、国家颁布的施工验收规范和质量检验标准为依据，按照一定的程序和手续，对项目总体质量和使用功能进行检验、评价、鉴定和认证的活动。其中，工程项目竣工验收的交工主体是施工单位，验收主体是项目法人，竣工验收的客体应是设计文件规定、施工合同约定的特定工程对象。

2. 竣工验收的意义

（1）从整体上看，实行竣工验收制度，是国家全面考核工程项目决策、设计、施工及设备制造安装质量，总结项目建设经验，提高项目管理水平的重要环节。

（2）从投资者和建设单位的角度看，通过项目竣工验收，完善档案资料的整理，可为投产企业的经营管理、生产技术和固定资产的保养、维修提供全面系统的技术经济文件、资料和图样，加强了固定资产投资管理，促进项目达到设计目标和使用要求，提高了项目运营效果。

（3）从承包者的角度看，项目竣工验收是承包者所承担的工程建造任务接受建设单位和国家主管部门的全面检查和认可，是承包者完成合同义务的标志。及时办理竣工移交手续，收取工程价款，有利于促进建筑企业健康发展，也有利于企业总结经验教训，提高项目管理水平。

（4）从项目本身看，竣工验收是保证合同任务完成，提高质量水平的最后关口。通过项目竣工验收，全面考查工程质量，保证交付工程符合设计标准、规范等规定的质量标准要求，并能及时发现和解决一些影响正常生产、使用的问题，确保项目能按设计要求的技术、经济指标正常地投入生产、交付使用，避免基本建设项目由于拖期不能投入使用而造成的资金、时间价值的损失，有利于项目及早发挥效益。

二、竣工验收的标准

建设工程管理规范对竣工验收的标准做了四条规定，具体如下：

（1）合同约定的工程质量标准。

工程质量应达到协议书约定的质量标准，质量标准的评定以国家或行业的质量检验评定标准为依据。若因承包人原因工程质量达不到约定的质量标准，承包人应承担违约责任。双方对工程质量有争议，由双方同意的工程质量检测机构鉴定，所需费用及因此造成的损失由责任方承担；若双方均有责任，则由双方根据其责任分别承担。

（2）单位工程应达到竣工验收的合格标准。

单位工程必须符合各专业工程质量验收标准的规定。合格标准是工程验收的最低标准，不合格一律不允许交付使用。

（3）单项工程达到使用条件或满足生产要求。

建设项目的某个单项工程已按设计要求完成，即每个单位工程都已竣工，相关的配套工程整体收尾已完成无影响，能满足生产要求或具备使用条件，工程质量经验收合格，竣工资料整理符合规定，发包人可组织竣工验收。

（4）建设项目能满足建成投入使用或生产的各项要求。

建设项目的全部单项工程均已完成，符合交付竣工验收的要求。在此基础上，项目能满足使用或生产要求并应达到以下标准：

① 生产性工程和辅助公用设施，已按设计要求建成，能满足生产使用。

② 主要设备经试运行合格，形成生产能力，能生产设计文件规定的产品。

③ 必要的设施已按设计要求建设。

④ 生产准备工作能适应投产的需要。

⑤ 其他安全环保设施、消防系统已按设计要求与主体工程同时建成使用。

三、竣工验收项目应达到的基本条件

按照国家规定，建设项目达到竣工验收、交付使用标准，应满足以下基本条件。

（1）设计文件和合同约定的各项施工内容已经施工完毕。包括的内容如下：

① 民用建筑工程完工后，包括单体工程和群体工程，承包人按照施工及验收规范和质量验收标准进行自检，不合格品已自行返修或整改，达到验收标准。水、电、气、设备、智能化、电梯经过试验，符合使用要求。

② 生产性工程、辅助设施及生活设施，按合同约定全部施工完毕，主要工艺设备配套设施经联动负荷试车合格，形成生产能力，能够生产出设计文件所规定的产品。室内工程和室外工程全部完成，建筑物、构筑物周围 2 m 以内的场地平整，障碍物已清除，给排水、动力、照明、通信畅通，达到竣工条件。

③ 各种管道设备、电气、空调、仪表、通信等专业施工内容，已全部安装结束，已做完清洗、试压、吹扫、油漆、保温等，经过试运转，全部符合工业设备安装施工及验收规范和质量标准的要求。

④ 其他专业工程按照合同约定和施工图规定的工程内容，全部施工完毕，已达到相关专业技术标准，质量验收合格，达到了交工的条件。

（2）有完整并经核定的工程竣工资料，符合验收规定。

工程竣工资料的整理符合要求，移交归档的文件应符合《建设工程文件归档整理规范》（GB/T 50328—2001）的规定，分类组卷应符合自然形成规律，并按国家有关规定，将竣工档案资料装订成册，达到归档范围的要求。

（3）有勘察、设计、施工、监理等单位分别签署确认的工程质量合格文件。

工程施工完毕，勘察、设计、施工、监理单位按照《建设工程质量管理条例》的规定，已按各自的质量责任和义务，签署了工程质量合格文件。

承包人按照合同要求，提交的全套竣工资料，应经专业监理工程师审查，确认无误后，由总监理工程师签署认可意见。

（4）有工程使用的主要建筑材料、构配件、设备进场的证明及试验报告。

① 现场使用的主要建筑材料应有材质合格证，必须有符合国家标准、规范要求的抽样试验报告。对水泥、钢材等还应注明主要使用部位。

② 混凝土预制构件、钢构件、铝塑门窗等应有生产单位的出厂合格证书，必要时，应附主要建筑材料的材质证明。

③ 混凝土、砂浆等施工试验报告，应按结构部位和楼层依次填写清楚，取样组数应符合施工及验收规范和设计规定。

④ 设备进场必须开箱检验，并有出厂质量合格证，检验完毕要如实做好各种进场设备的检查验收记录。

（5）有施工单位签署的工程保修书。

四、竣工验收的程序

1. 验收前的准备

竣工验收前的准备工作如下：

（1）依据合同法律规定，施工单位应全面完成合同约定的工程施工任务，包括土建与设备安装、室内外装修、室外环境工程等，不留丝毫首尾。

（2）依据城建档案归档有关法规，建设单位应当通知城建档案机构对有关工程建设的设计、施工过程中应归档的技术资料进行归档资料预验收。

（3）依据建筑工程安全生产监督管理法规，施工单位应当通知建设工程安全监督站进行安全生产和文明施工方面的验收评价。

2. 交工验收

（1）工程完工后，施工单位按照有关工程竣工验收和评定标准，全面检查评定所承建的工程质量，并准备好建筑工程竣工验收有关工程质量评定的统一文表，同时准备好所有的工程质量保证资料，填好工程质量保证资料备查明细表，向建设单位提交工程竣工报告，申请工程竣工验收。

（2）实施监理的工程，工程竣工报告和质量评定文件、工程质量保证资料检查表格须经总监理工程师签署意见。监理单位应准备完整的监理资料，并对该工程的质量进行评估，填写工程质量评估报告。

（3）建设单位收到工程竣工报告后，对符合竣工验收要求的工程，组织勘察、设计、施工、监理等单位和其他有关方面的专家组成验收组，制订验收方案。

（4）建设单位应当在工程竣工验收 7 个工作日（有的地方为 15 个工作日）前将验收的时间、地点、验收组名单书面报送负责监督该工程的工程质量监督站，并向工程质量监督站填交"工程竣工验收条件审核表"。

（5）工程质量监督机构对验收条件进行审核，不符合验收条件的，发出整改通知书，待整改完毕再进行验收。符合验收条件的，可按原计划验收。

（6）建设单位组织工程竣工验收。

（7）工程质量监督机构应当在工程竣工验收后5日内，向备查机关提交"工程质量监督报告"。

（8）移交竣工资料，办理工程移交手续。

3. 政府行政职能部门验收

政府行政职能主管部门验收主要包括城市规划主管部门、消防监督部门、人防主管部门、环保主管部门以及档案管理机构的验收。不同的职能主管部门验收的程序基本一样。验收程序如下：

（1）建设单位分别向有关各主管部门递交验收申请报告。

（2）主管部门安排现场察看，主要是检查项目建成效果是否符合主管部门在项目报建审核时所确定的要求和建设标准。查验出不符合要求的地方，及时提出整改意见。

（3）查验合格或整改合格者，由主管部门核发验收合格证明文件。这类验收合格证明文件，各部门较少有规定统一的格式。

4. 项目主管部门正式验收

对大型或限额以上建设项目，还需要由国家有关部门组成的验收委员会主持，业主及有关单位参加，进行正式验收。听取业主对项目建设的工作报告，审查竣工预验收鉴定报告，签署《国家验收鉴定书》，对整个项目作出验收鉴定和对项目动用的可靠性作出结论。

5. 签署验收评价意见，进行验收备案

验收评价意见是由建设单位组织参与工程的勘察、设计、施工、监理单位，在竣工验收会议上，对工程勘察、设计、施工、设备安装等各方面的管理和质量问题进行全面评价，经参与验收的各方面专家签署后形成的验收文件。验收评价意见要写入工程竣工验收报告中，作为工程质量评价资料，向建设行政主管部门备案后在城建档案馆存档，并长期保存，以备日后需要时作为分析责任的材料，以及建筑物使用、维修、改扩建时参考、查阅。

第三节　工程项目竣工资料移交与归档管理

一、竣工资料及建设档案管理的含义及作用

1. 竣工资料及建设档案管理的含义

对一项工程而言，建设、勘察、设计、施工、监理等单位应将工程文件的形成和积累纳入工程建设管理的各个环节和有关人员的职责范围。建设文档管理有三方面含义：一是建设、勘察、设计、施工、监理等单位对本单位在工程建设过程中形成的文件进行管理并向本单位档案管理机构移交；二是勘察、设计、施工、监理等单位将本单位在工程建设过程中形成的文件向建设单位档案管理机构移交；三是建设单位向当地城建档案馆移交符合规定的工程档案。这里主要介绍施工企业竣工资料管理和建设工程文件资料归档管理。

2. 竣工资料及建设档案管理的作用

竣工资料及建设档案管理有以下作用：

（1）作为建筑物使用过程中发生质量问题的原因分析和核查的依据。

（2）作为建筑物扩建、改建、翻修的依据。

（3）作为周边建筑物整体规划建设时或者类似建筑物异地再建时的参考。

（4）作为城市建设事业整体评价、研究、统计的主要依据。

（5）作为城市建设档案资料，是城市经济发展的重要文献。

二、施工企业竣工资料的管理

1. 施工企业竣工资料管理的基本要求

施工企业竣工资料管理的基本要求如下：

（1）施工项目竣工资料的管理，要在企业总工程师的领导下，由归档管理部门负责日常业务工作，相关的职能部门，如工程、技术等部门要密切配合，督促、检查、指导各项目经理部工程竣工资料收集和整理的基础工作。

（2）施工项目竣工资料的收集和整理，要在项目经理的领导下，由项目技术负责人牵头，安排内业技术员负责收集、整理工作。施工现场的其他管理人员要按时交接资料，统一归档整理，保证竣工资料组卷的有效性。

（3）施工项目实行总承包的，分包项目经理部负责收集、整理分包范围内工程竣工资料，交总包项目经理部汇总、整理。工程竣工验收时，由总包人向发包人移交完整、准确的工程竣工资料。

（4）施工项目实行分别平行发包的，由各承包人项目经理部负责收集、整理所承包工程范围的工程竣工资料。工程竣工报验时，交发包人汇总、整理，或由发包人委托一个承包人进行汇总、整理，竣工验收时进行移交。

（5）工程竣工资料应随施工进度进行及时整理，应按系统和专业分类组卷。实行建设监理的工程，还应具备取得监理机构签署认可的报审资料。

（6）项目经理部在进行工程竣工资料的整理组卷排列时，应达到完整性、准确性、系统性的统一，做到字迹清晰、项目齐全、内容完整。各种资料表式一律按各行业、各部门、各地区规定的统一表格使用。

（7）整理竣工资料的依据：一是国家有关法律法规、规范对工程档案和竣工资料的规定；二是现行建设工程施工及验收规范和质量标准对资料内容的要求；三是国家和地方档案管理部门和工程竣工备案部门对竣工资料移交的规定。

2. 施工项目竣工资料的分类

施工项目竣工资料包含以下几类：

（1）工程施工技术资料，主要包括以下几类：

① 施工技术准备文件；

② 施工现场准备文件；

③ 地基处理记录；

④ 工程图纸变更记录；

⑤ 施工记录；

⑥ 设备及产品检查安装记录；

⑦ 预检记录；

⑧ 工程质量事故处理记录；

⑨ 室外工程施工技术资料；

⑩ 工程竣工文件。

（2）工程质量保证资料。工程质量保证资料是施工过程中全面反映工程质量控制和保证的证明资料，如原材料、构配件、器具及设备等质量证明、出厂合格证明、进场材料复试试验报告、隐蔽工程检查记录、施工试验报告等。根据行业和专业的特点不同，依据的施工及验收规范和质量检验标准不同，具体又分为土建工程、建筑给排水及采暖工程、建筑电气安装工程、通风与空调工程、电梯安装工程、建筑智能化工程以及其他专业工程质量保证资料。

（3）工程检验评定资料，主要包括以下几类：

① 单位工程质量竣工验收记录；

② 分部工程质量验收记录；

③ 分项工程质量验收记录；

④ 检验批质量验收记录。

（4）竣工图。竣工图是工程施工完毕的实际成果和反映，是建设工程竣工验收的重要备案资料。竣工图的编制整理、审核盖章、交接验收应按国家对竣工图的要求办理。承包人应根据施工合同的约定，提交合格的竣工图。

（5）其他资料构成，主要有以下几类：

① 建设工程施工合同；

② 施工图预算、竣工结算；

③ 工程施工项目经理部及负责人名单；

④ 引进技术和引进设备的图纸、文件的收集和整理；

⑤ 地方行政法规、技术标准已有规定和施工合同约定的其他应交资料；

⑥ 工程质量保修书；

⑦ 施工项目管理总结。

三、施工项目竣工资料的移交验收

承包人应从施工准备开始就建立工程档案，收集、整理有关资料，把这项工作贯穿到施工全过程，直到交付竣工验收为止。凡是列入归档范围的竣工资料，都必须按规定的竣工验收程序、建设工程文件归档整理规范和工程档案验收办法进行正式审定。承包人在工程承包范围内的竣工资料应按分类组卷的要求移交发包人，发包人则按照竣工备案制的规定，汇总整理全部竣工资料，向档案主管部门移交备案。

四、建设工程文件资料归档管理

1. 建设单位在工程文档管理工作中应履行的职责

（1）在工程招标以及与勘察、设计、施工、监理等单位签订合同时，应对工程文件的套数、费用、质量、移交时间等提出明确要求。

（2）收集和整理工程准备阶段、竣工验收阶段形成的文件，并进行立卷归档。

（3）负责监督和检查勘察、设计、施工、监理等单位的工程文件的形成、积累和立卷归档工作。

（4）收集汇总勘察、设计、施工、监理等单位立卷归档的工程档案。

（5）在组织工程竣工验收前，应提请当地的城建档案管理机构对工程档案进行预验收；未取得工程档案验收认可文件，不得组织工程竣工验收。

（6）对列入城建档案馆接收范围的工程，工程竣工验收后 3 个月内，应向当地城建档案馆移交一套符合规定的工程档案。

2. 勘察、设计、施工、监理等单位在工程文件档案管理工作中应履行的职责

（1）勘察、设计、施工、监理等单位应将本单位形成的工程文件立卷后向建设单位移交。

（2）工程项目实行总承包的，总包单位负责收集汇总各分包单位形成的工程档案，并应及时向建设单位移交，各分包单位应将本单位形成的工程文件整理立卷后及时移交总包单位。工程项目由几个单位承包的，各承包单位负责整理、立卷其承包项目的工程文件，并应及时向建设单位移交。

3. 城建档案管理机构在工程文件档案管理工作中应履行的职责

（1）应对工程文件的立卷归档工作进行监督、检查、指导。在工程竣工验收前，应对工程档案进行预验收，验收合格后，须出具工程档案认可文件。

（2）在工程竣工验收后，应督促建设单位及时移交工程档案资料，并进行妥善保管。

第四节 工程项目回访与质量保修

一、工程项目回访

工程项目回访是保证工程保修制度实施的前提。通过回访可以了解使用单位对工程施工质量的评价和建议，能及时发现和解决问题，维护施工单位的声誉。

1. 回访的方式

回访的方式有以下几种：

（1）季节性回访。大多数是雨季回访屋面、墙面的防水情况，冬期回访锅炉房及采暖系统的情况。如发现问题，应采取有效措施，及时解决。

（2）技术性的回访。技术性回访主要了解在工程施工过程中所采用的新材料、新技术、新工艺、新设备等的技术性能和使用后的效果，若发现问题及时补救和解决。

（3）保修期届满前的回访。这种回访一般是在保修期即将届满之前，既可以解决出现的问题，又标志着保修期即将结束，使业主单位注意建筑物的维修和使用。

2. 回访的方法

回访可以采用书信、面谈、实测等多种手段，可视工程规模大小和问题多少而定。一般常采用座谈会和实测手段。一般由业主单位组织座谈会，施工单位的领导组织生产、技术、质量等有关方面的人员参加，并察看建筑物和设备的运转情况等。回访必须认真，必须解决问题，并应写出回访纪要。

二、工程项目质量保修

工程项目质量保修指工程竣工验收后在保修期内出现质量缺陷或质量问题，由施工单位依照法律规定或合同约定予以修改。

1．工程质量保修书

工程承包单位在向建设单位提交工程竣工验收报告时，应当向建设单位出具质量保修书。质量保修书中应当明确工程的保修范围、保修期限和保修责任。

2．工程保修期限

按照《建设工程质量管理条例》，在正常使用条件下，建设工程最低保修期限的规定如下：

（1）基础设施工程、房屋建筑的地基基础工程和主体结构工程，保修期限为设计文件规定的该工程的合理使用年限。

（2）屋面防水工程、有防水要求的卫生间、房间和外墙面的防渗漏，保修期限为 5 年。

（3）供热与供冷系统，保修期限为 2 个采暖期、供冷期。

（4）电气管线、给排水管道、设备安装和装修工程，保修期限为 2 年。

（5）其他项目的保修期限由发包方和承包方约定。

3．工程质量保修金

为了体现施工单位对试投产期间的工程质量仍负有责任，国家有关法规规定采用质量保证金作为保障措施。在办理竣工结算时，业主应将合同工程款总价的 3% ～5% 留作质量保证金，并以专门账户存入银行。工程保修期满后 14 天内，双方办理质量保证金结算手续，由业主出具证明，通过银行将剩余保修金和按合同内约定的利率计算的利息一起拨付给承包单位，不足部分由承包单位交付。如果合同内约定承包单位向业主提交履约保函或有其他保证形式时，可不再扣留质量保证金。

4．工程质量保修责任

在保修范围和保修期限内发生质量问题的工程，施工单位应当履行保修义务，并对造成的损失承担赔偿责任。《房屋建筑工程质量保修办法》规定因使用不当或第三方及不可抗力造成的质量缺陷三种情况不属于保修范围。

根据国家有关规定及行业惯例，就工程质量保修事宜，建设单位和施工单位应遵守如下基本程序：

（1）保修期内工程在试运行条件下发现质量缺陷时，业主应及时向承建单位发出工程质量返修通知书，说明发现的质量问题和工程部位。

（2）不论工程保修期内出现质量缺陷的原因属于哪一方责任，承建单位均负有修复工程缺陷的义务，在接到工程质量返修通知书后两周内，应派人到达现场与业主共同确定返修内容，尽快进行修理。发生涉及结构安全或者严重影响使用功能的紧急抢修事故，施工单位接到保修通知后，应立即到达抢修现场。

（3）承建单位在收到返修通知书后两周内未能派人到现场修理，业主应再次发出通知，若在接到第二次通知书后一周内仍不能到达现场时，业主有权在不提高工程标准的前提下，自行修理或委托其他单位修理，修理费用由质量缺陷的责任方承担。如果质量缺陷原因属于承建单位责任，在修复工作结束后，业主应书面将返修的项目、返修工程量和费用清单通知承建单位。承建单位由于未能派人到场，对所发生的费用不得提出异议，该项费用由业主在保修金内扣除，不足部分由承建单位进一步支付。

（4）承建单位派人到现场后，与业主共同查找质量缺陷原因，确定修复方案。如果修复工作需要部分或全部停产时，双方还应约定返修的期限。

（5）承建单位修复缺陷工程时，业主应给予配合，提供必要的方便条件，包括部分或全部停止试运行。

（6）缺陷工程修复所需的材料、构配件，由承担修建任务的单位解决，即可能是原承建单位，也可能是业主委托的其他施工单位。

（7）返修工程质量验收合格后，业主应出具返修合格证明书，或在工程质量返修通知书内的相应栏目，填写对返修结果的意见。

（8）保修费用由造成质量缺陷的责任方承担。如果质量缺陷是由于施工单位未按照工程建设强制性标准和合同要求施工造成的，则施工单位不仅要负责保修，还要承担保修费用。但是如果质量缺陷是由于设计单位、勘察单位或建设单位、监理单位的原因造成的，施工单位应负责保修，但其有权对由此发生的保修费用向建设单位索赔。建设单位向施工单位承担赔偿责任后，有权向造成质量缺陷的责任方追偿。

复习思考题

1. 简述工程项目施工质量验收层次的划分方法。
2. 简述竣工验收项目应达到的基本条件。
3. 简述竣工验收的程序。
4. 简述施工项目竣工资料的分类方法。
5. 简述工程项目回访的方法。

下

篇

第五章　工程项目组织管理

第一节　工程项目组织结构概述

一、组织的概念

组织是管理的一项重要职能。在管理领域中，通常认为组织一词有两方面的含义：

（1）表现为组织形式，即按照一定的体制、部门设置、层次划分及职责分工、规章制度和信息系统等构成的有机整体，例如一个企事业单位或社会团体。

（2）表现为组织行为，即为实现一定目标，通过组织所赋予的权力和影响力，对所需的资源进行合理的配置，强调组织关系建立的行为和方式。

不论是哪一种含义，其目的都是处理好人与人、人与事、人与物之间的关系。

二、工程项目组织及项目管理组织

1. 工程项目组织

工程项目组织是指为完成工程任务而建立起来的，从事项目工作的组织系统，它包括两个层面：一是项目业主、承包商等管理主体之间的相互关系，即通常意义上的项目管理模式；二是某一管理主体内部针对具体工程项目所建立的组织关系。

2. 工程项目组织的特点

工程项目组织有以下特点：

（1）组织目标单一，工作内容庞杂。

（2）项目组织是一个临时性机构，具有临时组合性特点，是一次性的、暂时性的。

（3）项目组织应精干高效。

（4）项目组织的管理既要研究项目各参与单位之间的相互关系，又要研究某一单位内部的项目组织形式，这是项目组织有别于企业组织的又一大特点。

（5）项目经理是项目组织的关键。

3. 项目管理组织的概念

广义的项目管理组织是在整个项目中从事各种管理工作的人员的组合。在工程项目中，业主建立的或委托的项目经理部居于整个项目组织的中心位置，在整个项目实施过程中起决定性作用。项目经理部以项目经理为核心，有自己的组织结构和组织规则。

4. 项目管理组织的作用

从组织与项目目标关系的角度看，项目管理组织的根本作用是保证项目目标的实现，主要体现在以下几个方面：

（1）项目管理组织的合理确定，有利于项目目标的分解与完成。

（2）合理的项目管理组织可以优化资源配置，避免资源浪费。

（3）合理的项目管理组织可以提高项目团队的工作效率。

（4）有利于项目工作的管理。

（5）有利于项目内外关系的协调。

5．建立工程项目管理组织的原则及步骤

1）建立工程项目管理组织的原则

工程项目管理组织的建立应遵循下列原则：

（1）组织结构科学合理。

（2）有明确的管理目标和责任制度。

（3）组织成员具备相应的职业资格。

（4）保持相对稳定，并根据实际需要进行调整。

2）建立工程项目管理组织的步骤

工程项目管理组织的建立步骤如下：

（1）确定合理的项目目标。

（2）确定项目工作内容。

（3）确定组织目标和组织工作内容、组织结构设计。

（4）确定工作岗位与工作职责。

（5）配置人员。

（6）编制工作流程与信息流程。

（7）制定考核标准等。

第二节　工程项目组织结构的基本形式及选择

一、工程项目组织结构的基本形式

工程项目组织结构的基本形式有四种：职能式组织、项目式组织、矩阵式组织、复合式组织。

（一）职能式组织

职能式组织是指按专业分工设置管理职能部门，各部门在其业务范围内有权向下级发布命令；每一级组织既服从上级直接部门的指挥，也听从上级职能部门的指挥。它既有直线部门，又有职能部门，且职能部门拥有直线指挥权。这是以工作方法和技能作为部门划分的依据。现代企业中许多业务活动都需要有专门的知识和能力。通过将专业技能紧密联系的业务活动归类组合到一个单位内部，可以更有效地开发和使用技能，提高工作的效率。职能式组织结构如图 5-1 所示。

1．职能式组织结构的优点

职能式组织结构的优点如下：

（1）资源利用上具有较大的灵活性。各职能部门主管可以根据项目需要灵活调配人力等资源的强度，待所分配的工作完成后，可做其他日常工作，降低了资源闲置成本。尤其是技术专家在本部门内可同时为其他项目服务，提高了资源利用率。

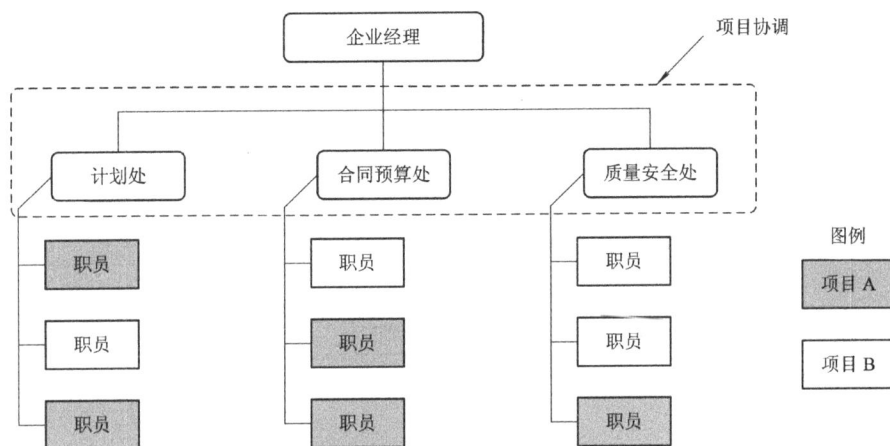

图 5-1　职能式组织结构

（2）有利于提高企业技术水平。职能式项目组织形式是以职能的相似性划分部门的，同一部门人员可交流经验，共同研究，提高业务水平。并且，还可保证项目不会因人员的更换而中断，从而保证项目技术的连续性。

（3）有利于协调企业的整体活动。由于职能部门主管只向企业领导负责，企业领导可以从全局出发协调各部门的工作。

2. 职能式组织结构的缺点

职能式组织结构的缺点如下：

（1）责任不明，协调困难。由于各职能部门只负责项目的一部分，没有一个人承担项目的全部责任，各职能部门内部人员责任也比较淡化。并且，各部门常从其局部利益出发，对部门之间的冲突很难协调。

（2）不能以项目和客户为中心。职能部门的工作方式常常是面向本部门的，不是以项目为关注焦点，分配给项目的人员积极性也不高，项目和客户的利益往往得不到优先考虑。

（3）对于技术复杂的项目，跨部门之间的沟通更为困难，职能式项目组织结构较难适用。

3. 职能式组织结构的应用

职能式组织结构适用于中小型、产品品种比较单一、生产技术发展变化较慢、外部环境比较稳定、综合平衡能力较强的企业或企业子组织。工程承包企业和监理企业较少单纯采用这一组织形式，项目监理部或项目经理部常采用这种形式。项目监理部的职能式组织结构如图 5-2 所示。

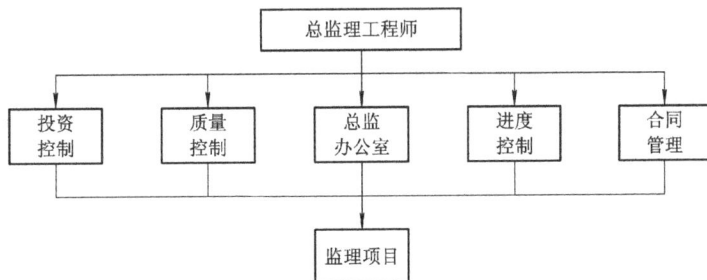

图 5-2　项目监理部职能式组织结构

（二）项目式组织

项目式组织是指一切工作都围绕项目进行，通过项目创造价值并达成自身战略目标的组织，包括企业、企业内部的部门、政府或其他机构。在这里所说的项目式组织，不同于我们日常所说的项目部，项目式组织是指一种专门的组织结构，如图5-3所示。

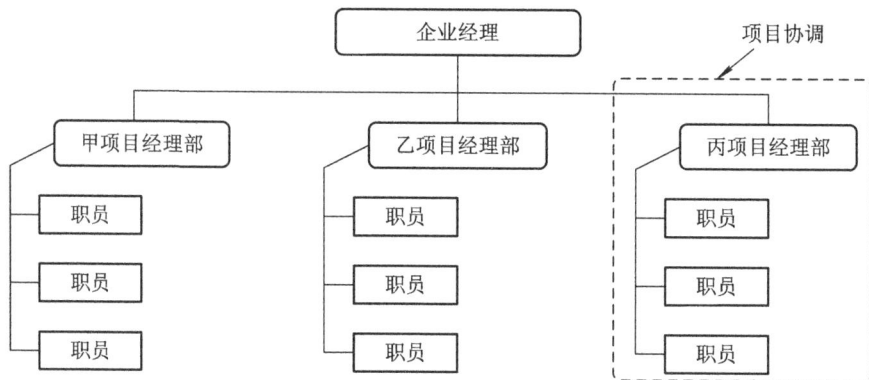

图 5-3　项目式组织结构

1. 项目式组织结构的优点

项目式组织结构的优点如下：

（1）以项目为中心，目标明确。项目式组织是基于项目而组建的，项目组成员的中心任务是按合同完成工程项目，目标明确单一，所需资源也是依据项目划分的，便于协调。

（2）权利集中，命令一致，决策迅速。项目经理对项目全权负责，项目组成员对项目经理负责，避免了多重领导、无所适从的局面。

（3）项目式组织结构简单灵活，易于操作。项目组织从职能部门分离出来，使得沟通变得更为简洁。

（4）有利于全面型管理人才的成长。

2. 项目式组织结构的缺点

项目式组织结构的缺点如下：

（1）机构重复，资源闲置。项目式组织按项目设置机构，分配资源，每个项目都有自己的一套机构，这会造成人力、技术、设备等的重复配置。

（2）项目式组织结构较难给成员提供企业内项目组之间相互交流的机会，不利于企业技术水平的提高。

（3）不利于企业领导整体协调，项目经理容易各自为政，忽视企业整体利益。

（4）项目成员与项目有着很强的依赖关系，不利于项目与外界的沟通。

（5）项目式组织形式不允许同一资源同时分属不同的项目，对项目成员来说，缺乏工作的连续性和保障性，加剧了企业的不稳定性。

3. 项目式组织结构的适用范围

项目式组织结构适用于同时进行多个项目，但不生产标准产品的企业，常见于一些涉及大型项目的公司，如建筑业、航空航天业等。项目式组织结构也能应用到非营利机构，如募捐活动的组织、小镇百年庆祝活动、大型聚会等。

（三）矩阵式组织

矩阵式组织是指参加项目的人员由各职能部门负责人安排，在项目工作期间，项目工作内容上服从项目团队的安排，人员不独立于职能部门之外，是一种暂时的、半松散的组织形式。项目团队成员之间的沟通不需通过其职能部门领导，项目经理往往直接向公司领导汇报工作。

根据项目团队中的情况，矩阵式组织结构又可分成弱矩阵式结构、强矩阵式结构和平衡矩阵式结构三种形式。

其中弱矩阵式和强矩阵式的主要区别在于是否有一个专职的项目经理负责项目的管理与运作。而平衡矩阵式是介于强矩阵式与弱矩阵式二者之间的一种组织形式。矩阵式组织结构（以强矩阵为例）如图5-4所示。

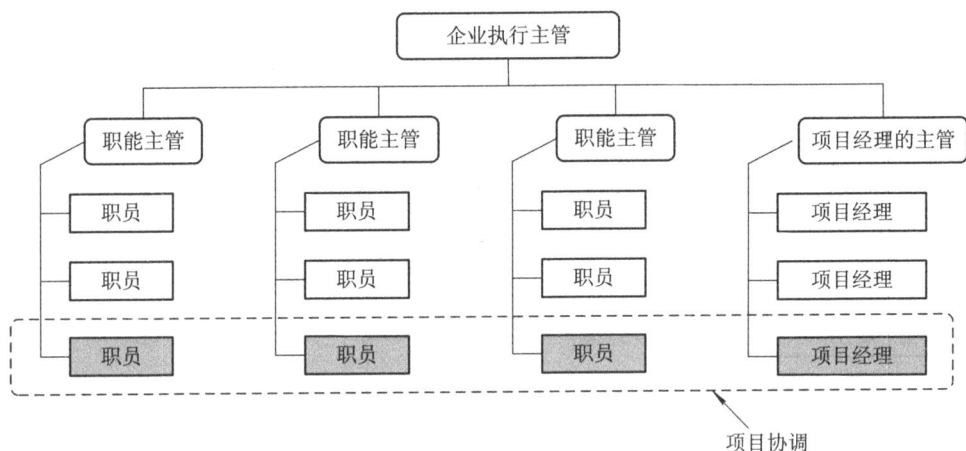

图5-4 矩阵式组织结构（以强矩阵为例）

1. 矩阵式组织结构的优点

矩阵式组织结构的优点如下：

（1）矩阵式组织结构可以克服职能式组织结构责任不明，无人承担项目全部责任和协调困难的被动局面。

（2）矩阵式组织结构可以共享各个部门的技术储备，摆脱项目式组织形式资源闲置的困境，从而可以大大减少像项目式组织中出现的资源冗余。

（3）项目组成员对项目结束后的忧虑减少了，当指定的项目不再需要时，大都返回原来的职能部门。

（4）对环境的变化以及项目的需要能迅速地作出反应，而且对公司组织内部的要求也能较快地作出响应。

（5）矩阵式组织结构平衡了职能经理和项目经理的权力，企业领导可从总体上对资源进行统筹安排，以保证系统总目标的实现。

2. 矩阵式组织结构的缺点

矩阵式组织结构的缺点如下：

（1）矩阵式组织结构容易加剧项目经理和职能经理之间的紧张局面。

（2）多个项目在资源方面能够取得平衡，既是其优点，又是其缺点，跨项目分享资源容易导致冲突和对稀缺资源的竞争。

（3）矩阵式组织结构与命令统一的管理原则相违背，项目成员至少有两个上级领导，即项目经理和部门经理。

（4）项目经理需要花费相当多的时间用于与各职能部门之间的协调，因而影响决策的速度和效率。

3. 矩阵式组织结构的应用

矩阵式组织结构适用于大型企业及高科技企业，也适用于工程总承包企业，以及从事大型建设项目的公司。图 5-5 是三峡一期工程现场监理部采用的矩阵式组织结构图。

值得注意的是，实践中较难有单纯而规则的矩阵式组织结构，可能出现不规则的鱼网状形态或其他形式。另外，矩阵式项目的管理难度有时足以抵消其低成本和易获得广泛技术支持所带来的好处。

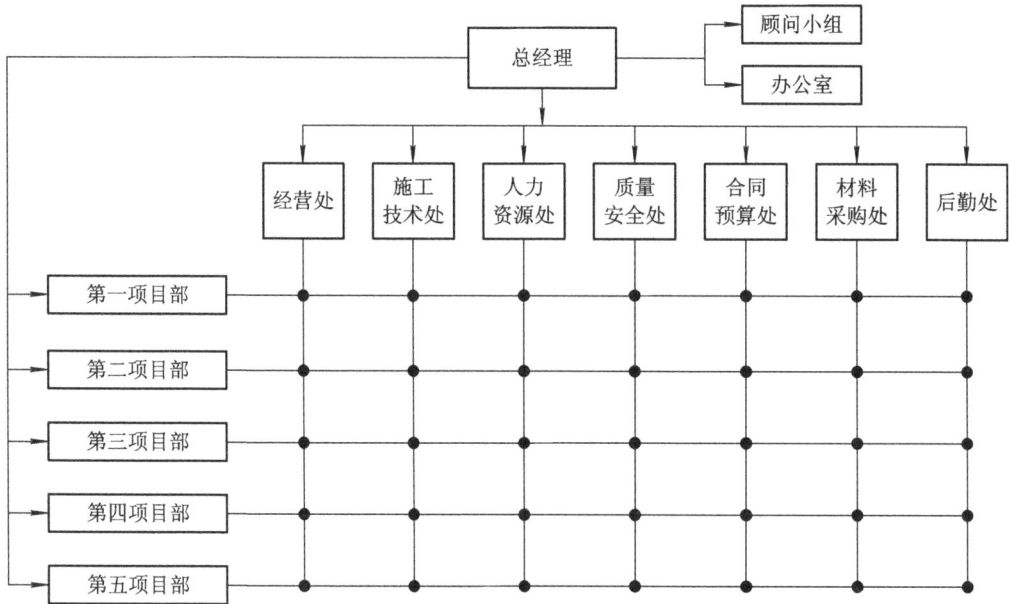

图 5-5　三峡一期工程现场监理部矩阵式组织结构

（四）复合式组织

1. 复合式组织的含义

复合式组织有两种含义：一是指在公司的项目组织形式中有职能式、项目式或矩阵式两种以上的组织形式；二是指在一个项目的组织形式中包含上述两种结构以上的模式。

2. 复合式组织结构的优缺点

（1）优点：方式灵活，不受现有模式的限制，公司可根据具体项目和公司的情况确定项目管理的组织形式。

（2）缺点：公司的项目管理方面容易造成管理混乱，项目的信息流及项目的沟通容易产生障碍。

二、项目组织结构的选择

1. 影响项目组织结构选择的关键因素

影响项目组织结构选择的关键因素包括不确定性、所用技术、复杂程度、持续时间、规模、重要性、客户类型、对内部依赖性、对外部依赖性、时间限制性等，具体影响程度的大小如表 5-1 所示。

表 5-1　影响项目组织结构选择的关键因素

影响因素	职能式组织	矩阵式组织	项目式组织
不确定性	低	高	高
所用技术	标准	复杂	新
复杂程度	低	中等	高
持续时间	短	中等	长
规模	小	中等	大
重要性	低	中等	高
客户类型	各种各样	中等	单一
对内部依赖性	弱	中等	强
对外部依赖性	强	中等	强
时间限制性	弱	中等	强

2. 不同项目组织结构的相对有效性

不同项目组织结构的相对有效性如图 5-6 所示。

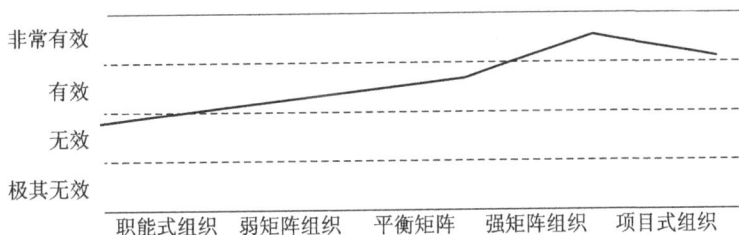

图 5-6　不同项目组织结构的相对有效性

第三节　项目经理部与项目团队建设

一、项目经理部

项目经理部是项目管理的重要组成部分，加强项目经理部的管理对实现项目的质量、进度、成本等目标有至关重要的作用。

1. 项目经理部的设置原则

设置项目经理部的原则如下：

（1）项目经理部应为一次性组织机构，其设置应严格按照组织管理制度和项目特点，随项目的产生而产生，随项目的完成而解体。

（2）要根据所设置的项目组织形式设置项目经理部。

（3）要根据项目的规模、复杂程度和专业特点设置项目经理部。

（4）项目经理部是一个具有弹性的一次性管理组织，应随工程任务的变化进行调整。

（5）项目经理部的人员配置应面向现场，满足现场的计划与调度、技术与质量、成本与核算、劳务与物资安全及文明作业的需要。

（6）在项目管理机构建成以后，应建立有益于组织运转的工作制度。

2. 项目经理部的结构

对常规的项目设置项目经理部或项目小组。它们的组织或人员设置与所承担的项目管理任务相关。对大型、特大型的项目，必须设置一个管理集团（如项目指挥部）。

3. 项目经理部的运作

建设有效的组织是项目经理的首要职责，它是一个持续的过程，需要领导技巧以及对组织结构、组织界面、权力结构和激励的理解。

二、项目经理

（一）项目经理概述

1. 项目经理的定义

项目经理又称项目负责人、总指挥、课题组长等。项目经理是项目管理的主角，是决定项目成功与失败的关键。项目经理必须明确自己在项目管理中的地位、作用、职责和权限。

工程项目的项目经理是工程项目承担单位的法定代表在该工程项目上的全权委托代理人，是负责项目组织、计划及实施过程，处理有关内外关系，保证项目目标实现的项目负责人，是项目的直接领导与组织者。

2. 项目经理的地位和角色

项目经理部是项目组织的核心，而项目经理领导着项目经理部工作。所以项目经理居于整个项目的核心地位。项目经理扮演着项目的领导者、沟通者、计划者、组织者及控制者的角色。

3. 项目经理的特点

（1）项目经理与部门经理的区别。

部门经理为专业人才，对该部门的业务非常精通，能够对下属的专业工作进行指导，在权限方面能对项目技术的选择、完成某项工作的人员安排等施加影响；项目经理为通才，并不一定要求他必须是某一领域的专家，但他必须具备丰富的经验与广阔的知识背景。项目经理具体负责项目的组织、人员的组成、项目预算，以及项目实施的指导、计划和控制等。

（2）项目经理与公司总经理的区别。

项目经理必须取得公司总经理的支持与信任，否则在资源获得等方面容易遇到困难；项目经理一般由公司高层领导任命，工作绩效也由高层考核，因此其培养与发展也往往由高层决定；项目经理的权限也往往由公司高层决定。

（二）项目经理责任制

所谓项目经理责任制，是指以项目经理为责任主体的项目管理目标责任制，用以确认项目经理部与企业、职工之间的责、权、利关系。

项目经理责任制是以工程项目为对象，以项目经理全面负责为前提，以项目目标责任书为依据，以创优质工程为目标，以求得项目产品的最佳经济效益为目的，实行从项目开工到竣工验收交工的一次性全过程的管理。

（1）项目经理责任制应作为项目管理的基本制度，是评价项目经理绩效的依据。

（2）项目经理责任制的核心是项目经理承担实现项目管理目标责任书确定的责任，目标责任书是确定项目经理及其领导成员的职责、义务和项目管理目标的制度性文件。

1. 项目管理目标责任书的内容

项目管理目标责任书包含以下内容：

（1）项目管理实施的目标。

（2）组织与项目经理部之间的责任、权限和利益分配。

（3）项目设计、采购、施工、试运行等管理的内容和要求。

（4）项目需用资源的提供方式和核算办法。

（5）法定代表人向项目经理委托的特殊事项。

（6）项目经理部应承担的风险。

（7）项目管理目标评价的原则、内容和方法。

（8）对项目经理部进行奖惩的依据、标准和办法。

（9）项目经理解职和项目经理部解体的条件及办法。

2. 确定项目管理目标应遵循的原则

确定项目管理目标应遵循的原则如下：

（1）满足组织管理目标的要求。

（2）满足合同的要求。

（3）预测相关的风险。

（4）具体且可操作性强。

（5）便于考核。

3. 组织对项目管理目标责任书完成情况的考核

组织应对项目管理目标责任书的完成情况进行考核，根据考核结果和项目管理目标责任书的奖惩规定，提出奖惩意见，对项目经理部进行奖励或处罚。

（三）项目经理的职责

项目经理的职责如下：

（1）计划。项目经理在接受项目管理委托后第一步应当做的工作就是制订项目计划。项目计划对于项目各项工作所需要的时间、费用和资源投入等方面必须有明确具体的规定。

（2）组织。项目经理应把项目和项目管理所需要的人员集合在一起，让他们共同努力，完成该项目的各项工作。必须将人力、资金和实体资源精心地搭配起来，才能成功地完成项目。

（3）领导。项目经理是否具备领导的能力是完成项目的关键。我国目前尚缺乏大量的具有卓越领导能力、方法和艺术的项目领导者。

（4）控制。项目经理应要求班子成员按照项目计划行事，并随时了解项目的进展状况，评价项目各项工作是否符合要求。在发现任何偏离计划的情况时，要及时采取措施使项目回归到正确的轨道上来。

（5）协调。项目经理的协调功能主要是识别、记载、安排、沟通和监视与项目成果和项目有关的界面。

（四）项目经理的权力

一定的权力是确保项目经理承担相应责任的先决条件，也是项目经理取得成功的保证。项目经理的权力来源于三个方面：权限、感化影响力和知情力。

（1）权限：包括处罚权、奖赏权和决策权。

（2）感化影响力：包括说服力，是由项目经理个人的知识、经验、人格、气质、社会关系等而产生的权力。项目经理的感化影响力可以让项目班子和其他利害关系者共同努力，创造出希望得到的结果。

（3）知情力：能够使项目经理对于个人既无法控制也无法影响的结果主动预先规划和作出反应，或者在长时期内逐渐建立起影响。

（五）项目经理应具备的管理技能

1. 项目经理应具备的基本管理知识

项目经理应掌握以下管理知识：

（1）财务和会计、销售和营销、研究和开发、制造和分销等方面的知识。

（2）制订战略规划、战术规划和经营规划的能力。

（3）有关组织结构、组织行为、人事管理、补偿、福利和终身职业培养等方面的能力。

（4）工作关系管理技能，如激励、委托、监督、班子建设、冲突管理和其他技能。

（5）自我管理技能，如工作压力管理、个人时间管理等。

2. 项目经理应具备的主要管理技能

项目经理应具备以下管理技能：

（1）领导技能。

领导技能主要体现在：

① 确定方向。

② 动员、统一人们的意志。

③ 激励和鼓舞斗志。

（2）沟通技能。

沟通技能涉及范围很广的知识面，并非仅限于项目管理。项目经理的一个重要工作就是与顾客和项目委托人沟通，因此，项目经理必须善于宣传，必须让客户和项目委托人随时了解项目的技术、预算和进度等情况。

（3）谈判技能。

谈判就是达成使所有当事人都积极支持的一致意见的过程。

谈判的内容包括费用、时间变更，合同条款和条件，岗位的分派，资源的分配和动用等。

（4）解决问题的技能。

项目管理中可能遇到技术问题、管理问题、人际关系问题等，这些都需要项目经理具备解决问题的能力。

（5）对组织施加影响的技能。

对组织施加影响的能力是一种潜在的能力，可以影响行为、改变事情的发展，可以克服阻力，让人们去做他们本不愿做的事情。它要求项目经理对所有的有关组织（母体组织、顾客、合作伙伴、分包商等）的正式和非正式结构有透彻的了解。

（六）项目经理的选聘

项目经理可以在公司或部门内部产生，也可以从外部聘用。项目经理聘用的途径包括以下几种：

（1）竞争上岗。

（2）由承约商和客户协调选择。

（3）由组织高层领导委派。

（4）挑选职业项目经理。

三、项目团队

1. 团队与团队精神

团队就是指一组项目个体成员为了实现一个共同的目标，按照一定的分工和工作程序协同工作而组成的有机整体。

（1）团队包括以下特性：

① 目的性：团队的目的是为完成某项特定的任务。

② 临时性：任务中止或完成时，组织解散。

③ 团队性：强调团队精神与合作。

④ 双重领导性：一个团队成员由两个上级来领导，比如职能式组织和项目式组织中都存在这个特性。双重领导会对团队绩效造成负面影响。

⑤ 灵活性：项目团队成员的数量和结构会随着项目进展而调整。

（2）培养团队精神，关键是项目经理要身先士卒，倡导和推动团队精神的形成，也可以通过少数核心人员的行动来带动团队精神的形成，并使之影响和扩展到整个团队。

2. 项目团队建设

项目团队建设是指通过对项目团队成员进行培训、绩效考核和激励等方式，来提高项目团队成员个人的能力以及整个项目团队的绩效。造成团队绩效差的主要因素包括以下几点：

（1）项目经理领导不力。

（2）项目团队目标不明。

（3）项目团队成员职责不清。

（4）项目团队缺乏沟通。

（5）项目团队激励不足。

（6）规章不全和约束无力。

3. 项目团队的发展过程

项目团队的形成、发展需要经历一个过程，这个过程对有的项目来说可能时间很长，对有的项目则可能很短。但总体来说都要经过形成、磨合、规范、表现与休整几个阶段，如

图 5-7 所示。

图 5-7　项目团队的发展过程

1）形成阶段

团队的形成阶段主要是组建团队的过程。在这一过程中，主要依靠项目经理来指导和构建团队。团队形成的基础有两种：一是以整个运行的组织为基础，即一个组织构成一个团队的基础框架，团队的目标为组织的目标，团队的成员为组织的全体成员；二是在组织中的一个有限范围内，为完成某一特定任务或为某一共同目标等形成的团队。在项目管理中，这两种团队的形式都会出现。

构建项目团队一般的过程在项目经理的工作程序中已作了介绍，这里需要强调的是除前面提到的内容外，在构建项目团队时还要注意建立起团队与外部的联系，包括团队与其上一级或所在组织的联系方式和渠道、与客户的联系方式和渠道，同时明确团队的权限等。

2）磨合阶段

磨合阶段是团队从组建到规范阶段的过渡过程。在这一过程中，团队成员之间、成员与内外环境之间、团队与所在组织、团队与上级或客户之间都要进行一段时间的磨合。

（1）成员与成员之间的磨合。由于成员之间文化、教育、家庭、专业等各方面的背景和特点不同，使之观念、立场、方法和行为等都会有各种差异。在工作初期成员相互之间可能会出现不同程度和不同形式的冲突。

（2）成员与内外环境之间的磨合。成员与环境之间的磨合包括成员对具体任务的熟悉和专业技术的掌握与运用，成员对团队管理与工作制度的适应与接受，成员与整个团队的融合及与其他部门关系的重新调整。

（3）团队与所在组织、团队与上级或客户之间的磨合。一个团队与其所在组织之间有一个衔接、建立、调整、接受和确认的过程；同样，团队与其上级和客户之间也有一个类似的磨合过程。

在以上的磨合阶段中，可能有的团队成员因不适应而退出团队。为此，团队要进行重新调整与补充。在实际工作中应尽可能缩短磨合时间，使团队早日形成合力。

3）规范阶段

经过磨合阶段，团队进入了规范阶段。在这一阶段团队的工作开始进入有序化状态，团队的各项规则经过建立、补充与完善，成员之间经过认识、了解与相互定位，形成了自己的团队文化和新的工作规范，培养了初步的团队精神。

这一阶段的团队建设要注意以下几点：

（1）团队工作规则的调整与完善。工作规则要在使工作高效率完成、工作规范合情合理、成员乐于接受之间寻找最佳的平衡点。

（2）团队价值取向的倡导。团队成员要创建共同的价值观。

（3）团队文化的培养。注意鼓励团队成员个性的发挥，为个人成长创造条件。

（4）团队精神的奠定。团队成员要相互信任、互相帮助、尽职尽责。

4）表现阶段

经过上述三个阶段，团队进入了表现阶段，这是团队最好状态的时期。团队成员彼此高度信任、相互默契，工作效率有了很大的提高，工作效果明显，这时团队已比较成熟。

这一阶段团队建设需要注意以下问题：

（1）牢记团队的目标与工作任务。不能单纯为了团队的建设而忘记了团队的组建目的。要时刻记住，团队是为项目服务的。

（2）警惕出现一种情况，即有的团队在经过前三个阶段后，在第四阶段很可能并没有形成高效的团队状态，团队成员之间迫于工作规范的要求与管理者权威而出现一些成熟的假象，使团队没有达到最佳状态，无法完成预期的目标。

5）休整阶段

休整阶段包括休止与整顿两个方面的内容。

团队休止指团队经过一段时期的工作，任务即将结束，这时团队将面临着总结、表彰等工作，所有这些暗示着团队前一时期的工作已经基本结束。团队可能面临马上解散的状况，团队成员要为自己的下一步工作考虑。

团队整顿指在团队的原工作任务结束后，团队也可能准备接受新的任务。为此团队要进行调整和整顿，包括工作作风、工作规范、人员结构等各方面。如果这种调整比较大，那么实际上是构建一个新的团队。

第四节　工程项目承发包模式

工程建设和运行过程由前期策划、规划、勘察、设计、施工、采购（供应）、运行维护、工程管理等工作组成，这些工作还可以细分到各个专业工程的设计、供应、施工、运营维护和各个阶段的工程管理等工作。这些工作都是由具体的单位或人员完成的。投资者和业主都不是自己完成这些工作的，而是通过工程合同将它们委托出去。委托的方式对工程的规划、控制、协调起着重要作用。不同的组织管理模式有不同的合同体系和管理特点。

本节主要介绍平行承发包模式、设计或施工总分包模式、项目总承包模式和项目总承包管理模式。

一、平行承发包模式

所谓平行承发包，是指业主将建设工程的设计、施工以及材料和设备采购等任务，经过分解分别发包给若干个设计单位、施工单位、材料和设备供应单位，并分别与各方签订合同。各设计单位、施工单位、材料和设备供应单位之间的关系是平行的。其合同结构如图5-8所示。

采用这种模式首先应合理地分解建设项目的任务，然后进行分类综合，确定每个合同的发包内容，以便选择适当的承建单位。

在进行任务分解与确定合同数量、内容时应考虑以下因素：

（1）工程情况。建设工程的性质、规模、结构等是决定合同数量和内容的重要因素。规

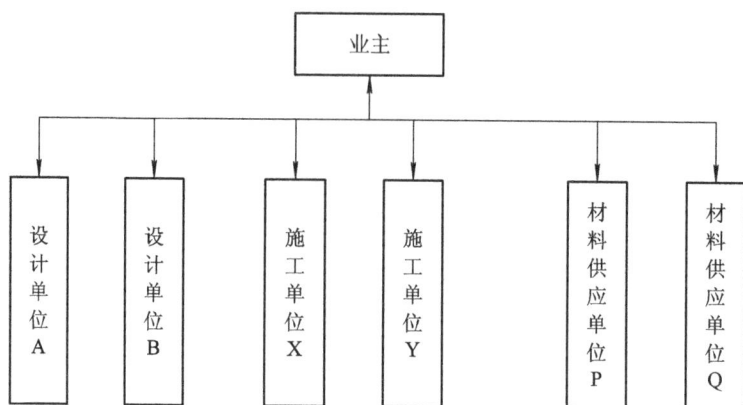

图 5-8　平行承发包模式合同结构

模大、范围广、专业多的建设工程往往比规模小、范围窄、专业单一的建设工程合同数量要多。建设工程实施时间的长短、计划的安排也会影响合同数量。例如，对分期建设的两个单项工程，就可以考虑分成两个合同分别发包。

（2）市场情况。首先，由于各类承建单位的专业性质、规模大小在不同市场的分布状况不同，建设工程的分解发包应力求使其与市场结构相适应；其次，合同任务和内容要对市场具有吸引力。中小合同对中小型承建单位有吸引力，又不妨碍大型承建单位参与竞争；另外，还应按市场惯例、市场范围和有关规定来决定合同内容和大小。

（3）贷款协议要求。对于两个以上贷款人的情况，可能贷款人对贷款使用范围、承包人资格等有不同要求，因此，需要在确定合同结构时予以考虑。

平行承发包模式的优点有以下几点：

（1）有利于缩短工期。由于设计和施工任务经过分解分别发包，设计阶段与施工阶段有可能形成搭接关系，从而缩短整个建设项目工期。

（2）有利于质量控制。整个工程经过分解分别发包给各承建单位，合同约束与相互制约使每一部分都能够较好地实现质量要求。如主体工程与装修工程分别由两个施工单位承包，当主体工程不合格时，装修单位是不会同意在不合格的主体工程上进行装修的，这就形成了一种有利于质量控制的约束机制。

（3）有利于业主选择承建单位。在大多数国家的建筑市场中，专业性强、规模小的承建单位一般占有较大比重。平行承发包模式的合同内容比较单一，合同价值小、风险小，这使许多提供专业化服务的中小企业有机会参与竞争。因此，业主可以在很大范围内选择承建单位，为择优选择承建单位创造了条件。

平行承发包模式也有其缺点，表现在以下两方面：

（1）合同数量多，会造成合同管理困难。合同关系复杂，使建设项目系统内结合部位数量增加，组织协调工作量大。因此，应加强合同管理的力度，加强各承建单位之间的横向协调工作，沟通各种渠道，使工程有条不紊地进行。

（2）投资控制难度大。这主要表现在：一是总合同价不易确定，影响投资控制实施；二是工程招标任务量大，需控制多项合同价格，增加了投资控制难度；三是在施工过程中设计变更和修改较多，会导致投资增加。

二、设计或施工总分包模式

所谓设计或施工总分包，是指业主将全部设计或施工任务发包给一个设计单位或一个施工单位作为总包单位，总包单位可以将其部分任务再分包给其他承包单位，形成一个设计总包合同或一个施工总包合同以及若干个分包合同的结构模式。图 5-9 所示是设计和施工均采用总分包模式合同结构图。

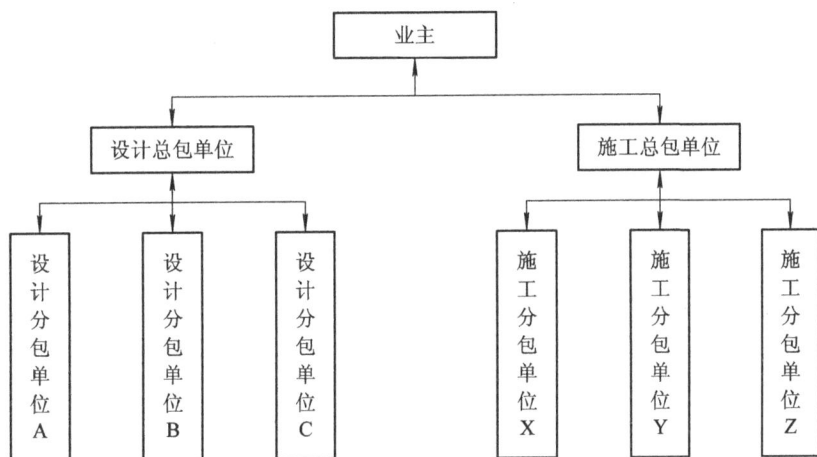

图 5-9 设计或施工总分包模式合同结构

设计或施工总分包模式的优点有以下几点：

（1）有利于建设工程的组织管理。由于业主只与一个设计总包单位或一个施工总包单位签订合同，工程合同数量比平行承发包模式要少很多，有利于业主的合同管理，也使业主协调工作量减少，可发挥监理与总包单位多层次协调的积极性。

（2）有利于投资控制。总包合同价格可以较早确定，并且监理单位也易于控制。

（3）有利于质量控制。在质量方面，既有分包单位的自控，又有总包单位的监督，还有工程监理单位的检查认可，对质量控制有利。

（4）有利于工期控制。总包单位有控制的积极性，分包单位之间也有相互制约的作用，有利于总体进度的协调控制，也有利于监理工程师控制进度。

设计或施工总分包模式也有其缺点，表现在以下两个方面：

（1）建设周期较长。由于设计图纸要全部完成后才能进行施工总包的招标，不仅不能将设计阶段与施工阶段搭接，而且施工招标需要的时间也较长。

（2）总包报价可能较高。一方面，对于规模较大的建设工程，通常只有大型承建单位才具有总包的资格和能力，竞争相对不甚激烈；另一方面，对于分包出去的工程内容，总包单位都要在分包报价的基础上加收管理费并向业主报价。

三、项目总承包模式

所谓项目总承包模式，是指业主将工程设计、施工、材料和设备采购等工作全部发包给一家承包公司，由其进行实质性设计、施工和采购工作，最后向业主交出一个已达到动用条件的工程。按这种模式发包的工程也称"交钥匙工程"。这种模式下的合同结构如图5-10所示。

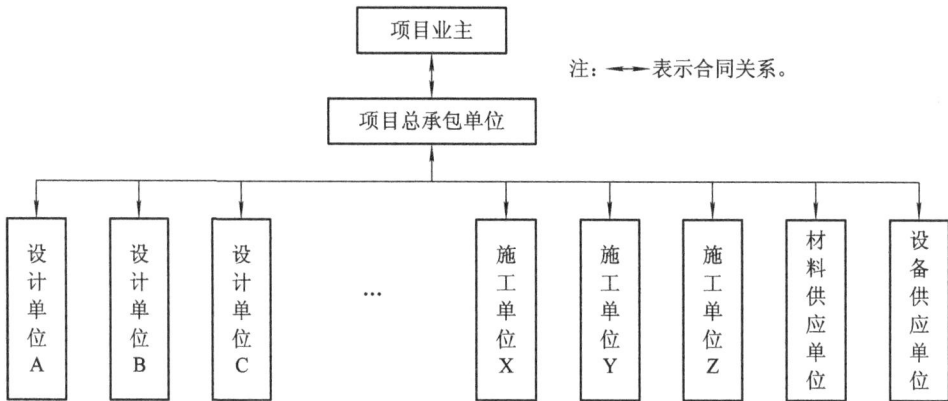

图 5-10　项目总承包模式合同结构

项目总承包模式的优点有以下几点：

（1）合同关系简单，组织协调工作量小。业主只与项目总承包单位签订一个合同，合同关系大大简化。监理工程师主要与项目总承包单位进行协调。许多协调工作转移到项目总承包单位内部及其与分包单位之间，这就使建设工程监理的协调量大为减少。

（2）缩短建设周期。由于设计与施工由一个单位统筹安排，使两个阶段能够有机地融合，一般都能做到设计阶段与施工阶段相互搭接，因此有利于控制进度目标。

（3）有利于投资控制。通过设计与施工的统筹考虑可以提高项目的经济性，从价值工程或全寿命周期费用的角度可以取得明显的经济效果，但这并不意味着项目总承包的价格低。

项目总承包模式的缺点表现在以下几个方面：

（1）招标发包工作难度大。由于合同条款不易准确确定，容易造成较多的合同争议，因此，虽然与业主方签订的合同量最少，但是合同管理的难度一般较大。

（2）业主择优选择承包方范围小。由于承包范围大，介入项目时间早，未确定的工程信息较多，因此承包方要承担较大的风险，而有此能力的承包单位数量相对较少，这往往会导致合同价格较高。

（3）质量控制难度大。一是由于质量标准和功能要求不易做到全面、具体、准确，故质量控制标准制约性受到影响；二是"他人控制"机制薄弱。

四、项目总承包管理模式

所谓项目总承包管理，是指业主将工程建设任务发包给专门从事项目组织管理的单位，再由它分包给若干设计、施工和材料设备供应单位，并在实施中进行项目管理。

项目总承包管理与项目总承包模式的不同之处在于：前者不直接进行设计与施工，没有自己的设计和施工力量，而是将承接的设计与施工任务全部分包出去，他们专心致力于建设项目管理；后者有自己的设计、施工实体，是设计、施工、材料和设备采购的主要力量。项目总承包管理模式下的合同结构如图 5 - 11 所示。

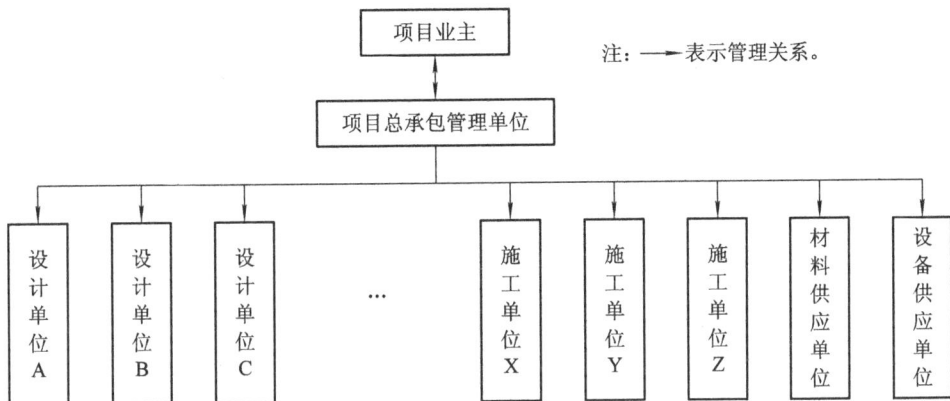

注：—→ 表示管理关系。

图 5 - 11　项目总承包管理模式合同结构

项目总承包管理模式的优点是：合同关系简单，有利于组织协调比较，也有利于进度控制。其缺点表现在以下两个方面：

（1）由于项目总承包管理单位与设计、施工单位是总包与分包关系，后者才是项目实施的基本力量，所以监理工程师对分包的确认工作十分关键。

（2）项目总承包管理单位自身经济实力一般比较弱，而承担的风险相对较大，因此建设工程采用这种承发包模式应持慎重态度。

复习思考题

1. 简述工程项目组织的概念和特点。

2. 简述建立工程项目管理组织的步骤。

3. 简述项目组织结构类型及各种类型的使用条件和优缺点。

4. 简述工程项目组织结构设计的原则。

5. 简述项目经理的职责及权利。

6. 简述项目团队的发展过程。

7. 简述工程项目承发包模式。

第六章　工程项目进度管理

第一节　工程项目进度控制概述

一、建设工程进度控制的概念

建设工程进度控制指对工程项目建设各阶段的工作内容、工作程序、持续时间和衔接关系，根据进度总目标及资源优化配置的原则，编制进度计划并付诸实施，然后在进度计划的实施过程中检查实际进度是否按计划要求进行，对出现的偏差情况进行分析，采取补救措施或调整、修改原计划后再付诸实施，如此循环，直到建设工程竣工验收交付使用。建设工程进度控制的最终目的是确保建设项目按预定的时间动用或提前交付使用，建设工程进度控制的总目标是建设工期。

二、建设工程进度控制的原理

进度控制必须遵循动态控制原理，在计划执行过程中不断检查，并将实际状况与计划安排进行对比，在分析偏差及其产生原因的基础上，通过采取纠偏措施，使之能正常实施。如果采取措施后不能维持原计划，则需要对原进度计划进行调整或修正，再按新的进度计划实施。

工程项目进度的控制可以概括为三大系统的相互作用，这三大系统分别为进度计划系统、进度监测系统及进度调整系统，它们共同作用构成了进度控制的基本过程。建设工程进度控制的基本过程如图 6-1 所示。

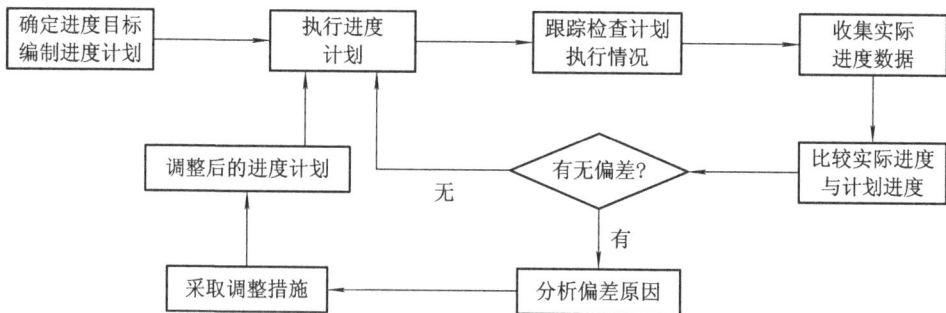

图 6-1　建设工程进度控制基本过程

三、影响建设工程进度的因素

为了对工程施工进度进行有效的控制，监理工程师必须在施工进度计划实施之前对影响工程施工进度的因素进行分析，以实现对工程施工进度的主动控制。影响建设工程施工进度的因素很多，归纳起来，主要有以下几个方面：

(1) 建设工程相关单位的影响。影响建设工程施工进度的单位不只是施工单位。事实上，只要是与建设工程有关的单位(如政府部门、业主、设计单位、资金贷款单位，以及运输、通信、供电部门等)，其工作进度的拖延都将对施工进度产生影响。因此，控制施工进度仅仅考虑施工单位是不够的，必须充分发挥监理的作用，协调各相关单位之间的进度关系。

(2) 物资供应进度的影响。施工过程中需要的材料、构配件、机具和设备等，如果不能按期运抵施工现场或者是运抵施工现场后发现其质量不符合有关标准的要求，都会对施工进度产生影响。因此，监理工程师应严格把关，采取有效的措施控制好物资供应进度。

(3) 资金的影响。工程施工的顺利进行必须有足够的资金作保障。一般来说，资金的影响主要来自业主没有及时拨付工程预付款，或者拖欠了工程进度款，这些都会影响到承包单位流动资金的周转，进而影响到施工进程。监理工程师应根据业主的资金供应能力，安排好施工进度计划，并督促业主及时拨付工程预付款和工程进度款，以免因资金供应不足而拖延进度，导致工期索赔。

(4) 设计变更的影响。在施工过程中，若原设计有问题需要修改，或者业主提出了新的要求，则设计变更是难免的。监理工程师应加强图纸的审查，严格控制随意变更。

(5) 施工条件的影响。在施工过程中一旦遇到气候、水文、地质及周围环境等方面的不利因素，必然会影响到施工进度。此时，监理工程师应积极疏通关系，协助承包单位解决那些自身不能解决的问题。

(6) 各种风险因素的影响。风险因素包括政治、经济、技术及自然等方面的各种可预见或不可预见的因素。政治方面的风险包括战争、内战、罢工、拒付债务、制裁等；经济方面的风险包括延迟付款、汇款浮动、换汇控制、通货膨胀、分包单位违约等；技术方面的风险包括工程事故、试验失败、标准变化等；自然方面的风险包括地震、洪水等。监理工程师必须对各种风险因素进行分析，提出控制风险、减少风险损失及保障施工进度的措施，并对发生的风险事件给予恰当的处理。

(7) 承包单位自身管理水平的影响。施工现场的情况千变万化，如果承包单位的施工方案不当、计划不周、管理不善、解决问题不及时等，都会影响建设工程的施工进度。监理工程师应及时提供服务，协助承包单位解决问题，以确保施工进度控制目标的实现。

正是由于上述因素的影响，才使得施工阶段的进度控制显得非常重要。在施工进度计划的实施过程中，只要监理工程师及时掌握工程的实际进展情况并分析产生问题的原因，其影响是可以得到控制的。当然，上述某些影响因素，如自然灾害等是无法避免的，但在大多数情况下，其损失可以通过有效的进度控制得到弥补。

四、工程项目进度计划系统的构成

工程项目进度计划是各参建单位控制进度的依据，对保证建设工程目标的实现至关重要。建设工程进度控制计划系统主要包括建设单位的计划系统、监理单位的计划系统、设计单位的计划系统和施工单位的计划系统。

1. 建设单位的进度计划系统

建设单位编制（也可委托监理单位编制）的进度计划包括工程项目前期工作计划、工程项目建设总进度计划及工程项目年度计划。

（1）工程项目前期工作计划。工程项目前期工作计划是指对工程项目可行性研究、项目评估及初步设计的工作进度安排。工程项目前期工作计划需要在预测的基础上编制。

（2）工程项目建设总进度计划。工程项目建设总进度计划是指初步设计被批准后，在编报工程项目年度计划之前，根据初步设计，对工程项目全过程的统一部署。其主要目的是安排各单位工程的建设进度，合理分配年度投资，组织各方面的协作，保证初步设计所确定的各项建设任务的完成。工程项目建设总进度计划对于保证工程项目建设的连续性，增强工程建设的预见性，确保工程项目按期动用，都具有十分重要的作用。

工程项目建设总进度计划是编报工程建设年度计划的依据，它主要由文字和表格两部分组成。文字部分包括工程概况和特点，建设总进度的编制原则和依据，建设投资来源和资金年度安排情况，技术设计、施工图设计、设备交付和施工力量进场的时间安排，道路、供电、供水等方面的协助配合及进度的衔接，计划中存在的主要问题及采取的措施，需要上级及有关部门解决的重大问题等；表格部分包括工程项目一览表、工程项目总进度计划表、投资计划年度分配表及工程项目进度平衡表。

（3）工程项目年度计划。工程项目年度计划是依据工程项目建设总进度计划和已批准的设计文件进行编制的。它既要满足工程项目建设总进度计划的要求，又要与当年可能获得的资金、设备、材料、施工力量相适应。应根据分批配套投产或交付使用的要求，合理安排本年度建设的工程项目。该计划主要由文字和表格两部分组成。文字部分包括年度计划编制的依据和原则，建设进度、本年计划投资额及计划建造的建筑面积，施工图、设备、材料、施工力量等建设条件的落实情况，动力资源情况，对外协作配合项目，建设进度的安排或要求，需要上级主管部门协助解决的问题，计划中存在的其他问题，以及为完成计划而采取的各项措施等；表格部分包括年度计划项目表、年度竣工投产交付使用计划表、年度建设资金平衡表及年度设备平衡表。

2. 监理单位的进度计划系统

监理单位除对前述几种计划进行监控外，还应编制以下两种计划：

（1）监理总进度计划。在对建设工程实施全过程监理的情况下，监理总进度计划是依据工程项目可行性研究报告、工程项目前期工作计划和工程项目建设总进度计划编制的，其目的是对建设工程进度控制总目标进行规划，明确建设工程前期准备、设计、施工、动用前准备及项目动用等各个阶段的进度安排。

（2）监理总进度分解计划。按工程进展阶段分解计划，包括设计准备阶段进度计划、设计阶段进度计划、施工阶段进度计划、动用前准备阶段进度计划；按时间分解计划，包括年度进度计划、季度进度计划、月度进度计划等。

3. 设计单位的进度计划系统

设计单位的进度计划系统包括以下三种计划：

（1）设计总进度计划。它主要用于安排从设计准备到施工图设计完成的全过程中，各个具体阶段的开始、完成时间。

（2）阶段性设计进度计划。它主要用于控制设计准备、初步设计（扩大初步设计）、施工图设计等阶段的设计进度及时间要求。

（3）专业性设计进度计划。它主要用于控制建筑、结构、水、暖、电气、设备、产品生产工艺等各专业的设计进度及时间要求。

4. 施工单位的进度计划系统

施工单位的进度计划系统包括以下四种计划：

（1）施工准备工作计划。施工准备工作计划是为了统筹安排施工力量、施工现场，并给工程施工创造必要的技术、物资条件而编制的，其内容一般包括技术准备、物资准备、劳动组织准备、施工现场准备及施工场外准备等。

（2）施工总进度计划。施工总进度计划是根据施工方案、施工顺序，对各单位工程作出的时间方面的总体安排。通过它还可以明确施工现场劳动力、材料、成品、半成品、施工机械的需要数量与调配情况，以及现场临时设施的数量、水电供应量与能源、交通的需要量等。

（3）单位工程施工进度计划。单位工程施工进度计划是在既定施工方案、工期与各种资源供应条件的基础上，遵循合理的施工顺序对单位工程内部各个施工过程作出的时间、空间方面的安排。

（4）分部分项工程进度计划。分部分项工程进度计划是针对工程量较大、施工技术比较复杂的分部分项工程，依据具体的施工方案，对各施工过程所作出的时间安排。

五、工程项目进度计划的编制流程

工程项目进度计划一般可用横道图或网络图表示，具体编制方法可参考流水作业原理和网络计划技术。其编制流程如下：

（1）进度计划编制前的调查研究。调查研究的目的是掌握足够充分、准确的资料，从而为确定合理的进度目标和编制科学的进度计划提供可靠依据。调查研究的内容包括：工程任务情况、实施条件、设计资料；有关标准、定额、规程、制度；资源需求与供应情况；资金需求与供应情况；有关统计资料、经验总结及历史资料等。

（2）目标工期的设定。进度控制目标主要分为项目的建设周期、设计周期和施工工期。其中建设周期可根据国家基本建设统计资料确定；对于设计周期，国家已制定颁布了设计周期定额可供查阅；施工工期可参考国家颁布的施工工期定额，并综合考虑工程特点及合同要求等确定。

（3）工程项目进度计划的编制。工程项目进度计划一般可用横道图或网络图表示。当应用网络图编制工程项目进度计划时，其编制程序一般包括四个阶段 10 个步骤，如表 6-1 所示。

某工程项目的
项目结构图

表 6 - 1　工程项目进度计划编制程序

编　制　阶　段	编　制　步　骤
Ⅰ. 计划准备阶段	1. 调查研究
	2. 确定网络计划目标
Ⅱ. 绘制网络图阶段	3. 进行项目分解
	4. 分析逻辑关系
	5. 绘制网络图
Ⅲ. 计算时间参数及确定关键线路阶段	6. 计算工作持续时间
	7. 计算网络计划时间参数
	8. 确定关键线路和关键工作
Ⅳ. 编制正式网络计划阶段	9. 优化网络计划
	10. 编制正式网络计划

六、工程项目进度计划表示方法

（一）工程进度的表示方式

1. 横道图

横道图是用水平线条表示工作流程的一种图表。它是由美国管理学家甘特于 1900 年左右提出的，故横道图也称甘特图。某分部工程横道图如图 6 - 2 所示，图中横向表示时间进度，纵向表示作业过程，水平线条的长度表示作业持续时间。

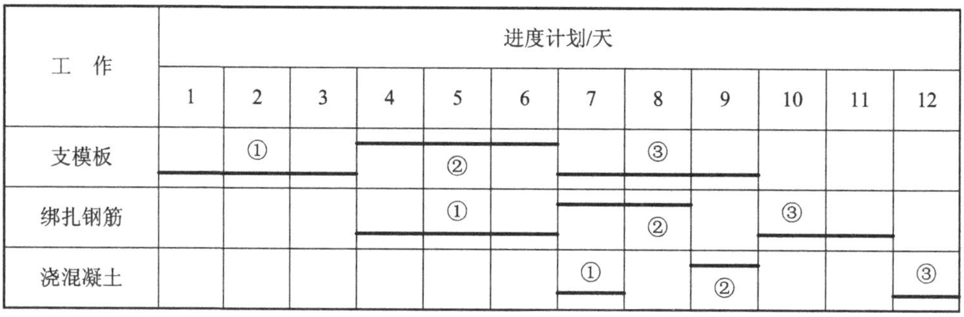

工　作	进度计划/天											
	1	2	3	4	5	6	7	8	9	10	11	12
支模板		①			②			③				
绑扎钢筋					①			②		③		
浇混凝土							①		②			③

图 6 - 2　某分部工程横道图

1）横道图的优点

（1）能够清楚地表达各项工作的起止时间，内容排列整齐有序，形象直观。

（2）可直接根据横道图计算各时段的资源需要量，并绘制资源需要量计划。

（3）使用方便，易于掌握。

正是由于横道图这些非常明显的优点，使横道图自发明以来被广泛应用于各行各业的生产管理活动中，直到现在仍被普遍使用。

2）横道图的局限性

（1）不能明确地反映出各项工作之间错综复杂的相互关系，因而在计划执行过程中，当某些工作的进度由于某种原因提前或拖延时，不便于分析其对其他工作及总工期的影响程度，不利于建设工程进度的动态控制。

（2）不能明确地反映出影响工期的关键工作和关键线路，也就无法反映出整个工程项目的关键所在，因而不便于进度控制人员抓住主要矛盾。

（3）不能反映出工作所具有的机动时间，看不到计划的潜力所在，无法进行最合理的组织和指挥。

（4）不能反映工程费用与工期之间的关系，因而不便于缩短工期和降低工程成本。在横道图计划的执行过程中，对其进行调整也是十分繁琐和费时的。

2. 网络图

为了克服横道图的局限性，1956 年由美国杜邦公司的摩根·沃克与赖明顿兰德公司的詹姆斯·凯利合作开发了一种面向计算机安排进度计划的方法，即关键线路法。后来在此方法的基础上陆续开发了一些新的其他计划方法，统称为网络图计划。

1）网络图的优点

（1）能全面明确地反映工作之间的逻辑关系，便于分析进度偏差和调整进度计划。

（2）能进行工作时间参数计算，确定关键工作和关键线路。

（3）能应用计算机对计划进行优化、调整和管理。

2）网络图的局限性

（1）除双代号时标网络计划以外，其他网络图计划没有横道图简单、直观。

（2）不能直接根据网络图计算资源需要量。

（二）作业的组织方式

在所有的生产领域中，组织产品生产的方法很多，归纳起来有三种基本方式，分别是依次作业、平行作业和流水作业。

1. 依次作业

依次作业是指将拟建工程项目的整个建造过程分解成若干个施工过程，按照一定的施工顺序，前一个施工过程完成后，后一个施工过程才开始施工的一种作业组织方式。它是一种最基本的、最原始的施工作业组织方式。依次作业施工方式具有以下特点：

（1）没有充分地利用工作面进行施工，工期长；

（2）如果按专业成立工作队，则各专业队不能连续作业，有时间间歇，劳动力及施工机具等资源无法均衡使用；

（3）如果由一个工作队完成全部施工任务，则不能实现专业化施工，不利于提高劳动生产率和工程质量；

（4）单位时间内投入的劳动力、施工机具、材料等资源量较少，有利于资源供应的组织；

（5）施工现场的组织、管理比较简单。

2. 平行作业

平行作业是指组织几个劳动组织相同的工作队，在同一时间、不同的空间，按施工工艺要求完成各施工对象。平行作业施工方式具有以下特点：

（1）能充分地利用工作面进行施工，工期短；

(2) 如果每一个施工对象均按专业成立工作队，则各专业队不能连续作业，劳动力及施工机具等资源无法均衡使用；

(3) 如果由一个工作队完成一个施工对象的全部施工任务，则不能实现专业化施工，不利于提高劳动生产率和工程质量；

(4) 单位时间内投入的劳动力、施工机具、材料等资源量成倍地增加，不利于资源供应；

(5) 施工现场的组织、管理比较复杂。

3. 流水作业

流水作业是指将拟建工程在水平方向上划分成若干个作业段，在竖向上划分成若干个作业层，再给每个作业过程配以相应的专业队组，各专业队组按照一定的作业顺序依次连续地投入到各作业段，完成各自的任务，从而保证拟建工程在时间和空间上，有节奏、连续均衡地进行下去，直到完成全部作业任务的一种作业组织方式。

流水作业施工方式具有以下特点：

(1) 尽可能地利用工作面进行施工，工期比较短；

(2) 各工作队实现了专业化施工，有利于提高技术水平和劳动生产率，也有利于提高工程质量；

(3) 专业工作队能够连续施工，同时使相邻专业队的开工时间能够最大限度地搭接；

(4) 单位时间内投入的劳动力、施工机具、材料等资源量较为均衡，有利于资源供应；

(5) 为施工现场的文明施工和科学管理创造了有利条件。

以上各种作业组织方式的横道图示例见图 6-3。

编号	施工过程	人数	施工周数	进度计划/周									进度计划/周			进度计划/周				
				5	10	15	20	25	30	35	40	45	5	10	15	5	10	15	20	25
Ⅰ	挖土方	10	5																	
	浇基础	16	5																	
	回填土	8	5																	
Ⅱ	挖土方	10	5																	
	浇基础	16	5																	
	回填土	8	5																	
Ⅲ	挖土方	10	5																	
	浇基础	16	5																	
	回填土	8	5																	
资源需要量/人				10 16 8 10 16 8 10 16 8									30 48 24			10 26 34 24 8				
作业组织方式				依次作业									平行作业			流水作业				
工期/周				T=45									T=15			T=25				

图 6-3　某分部工程施工作业组织方式

第二节　流水作业原理

一、流水作业的基本概念

流水作业是将拟建工程在水平方向上划分成若干个作业段，在竖向上划分成若干个作业层，再给每个作业过程配以相应的专业队组，各专业队组按照一定的作业顺序依次连续地投入到各作业段，完成各自的任务，从而保证拟建工程在时间和空间上，有节奏、连续均衡地进行下去，直到完成全部作业任务。

二、流水作业参数

（一）工艺参数

工艺参数主要是指在组织流水作业时，用以表达流水作业在施工工艺方面进展状态的参数，通常包括施工过程和流水强度两个参数。

1. 施工过程

根据施工组织及计划安排的需要将计划任务划分成子项，每个子项称为一个施工过程。当编制控制性施工进度计划时，施工过程可以划分得粗一些，可以是单位工程，也可以是分部工程；当编制实施性施工进度计划时，施工过程可以划分得细一些，可以是分项工程，甚至可以是将分项工程按照专业工种不同分解而成的施工工序。

施工过程的数目一般用 n 表示，它是流水施工的主要参数之一。施工过程一般分为三类，即建造类施工过程、运输类施工过程和制备类施工过程。

（1）建造类施工过程：指在施工对象的空间上直接进行砌筑、安装与加工，最终形成建筑产品的施工过程。它是建设工程施工中占有主导地位的施工过程，如建筑物或构筑物的地下工程、主体结构工程、装饰工程等。

（2）运输类施工过程：指将建筑材料、各类构配件、成品、制品和设备等运到工地仓库或施工现场使用地点的施工过程。

（3）制备类施工过程：指为了提高建筑产品生产的工厂化、机械化程度和生产能力而形成的施工过程，如砂浆、混凝土、各类制品、门窗等的制备过程和混凝土构件的预制过程。

由于建造类施工过程占有施工对象的空间，直接影响工期的长短，因此，必须列入施工进度计划，并且大多在其中作为主导施工过程或关键工作。运输类与制备类施工过程一般不占有施工对象的工作面，不影响工期，故不需要列入流水施工进度计划之中。只有当其占有施工对象的工作面，影响工期时，才列入施工进度计划之中。例如，对于采用装配式钢筋混凝土结构的建设工程，钢筋混凝土构件的预制过程就需要列入施工进度计划之中；同样，结构安装中的构件吊运施工过程也需要列入施工进度计划之中。

2. 流水强度

流水强度是指流水作业的某施工过程（专业工作队）在单位时间内所完成的工程量，也称为流水能力或生产能力。例如，浇筑混凝土施工过程的流水强度是指每工作班浇筑的混凝土立方数。流水强度一般以 V_i 表示，可由下式计算求得：

$$V_i = R_i \times S_i$$

式中：V_i 为某施工过程 i 的人工(或机械)操作流水强度；R_i 为投入施工过程 i 的某种专业工作队工人数(或施工机械台数)；S_i 为投入施工过程 i 的专业工作队(或施工机械)产量定额。

例如，某饰面工程每日安排 4 名工人，其产量定额为 5($\mathrm{m^2/工日}$)，则该饰面工程流水强度 $V_i = 5 \times 4 = 20(\mathrm{m^2/日})$。

（二）空间参数

空间参数是指在组织流水作业时，用以表达流水作业在空间布置上开展状态的参数，通常包括工作面和施工段。

1. 工作面

工作面是指供某专业工种的工人或某种施工机械进行施工的活动空间。工作面的大小，表明能安排施工人数或机械台数的多少。每个作业的工人或每台施工机械所需工作面的大小，取决于单位时间内其完成的工程量和安全施工的要求。工作面确定的合理与否，直接影响专业工作队的生产效率。因此，必须合理确定工作面。

2. 施工段

将施工对象在平面或空间上划分成若干个劳动量大致相等的施工段落，称为施工段或流水段。施工段的数目一般用 m 表示，它是流水作业的主要参数之一。

1）划分施工段的目的

划分施工段的目的就是为了组织流水作业。由于建设工程体形庞大，可以将其划分成若干个施工段，从而为组织流水作业提供足够的空间。在组织流水作业时，专业工作队完成一个施工段上的任务后，遵循施工组织顺序又到另一个施工段上作业，产生连续流动施工的效果。在一般情况下，一个施工段在同一时间内，只安排一个专业工作队施工，各专业工作队遵循施工工艺顺序依次投入作业，同一时间内在不同的施工段上平行施工，使流水作业均衡地进行。组织流水作业时，可以划分足够数量的施工段，充分利用工作面，避免窝工，尽可能缩短工期。

2）划分施工段的原则

由于施工段内的施工任务由专业工作队依次完成，因而在两个施工段之间容易形成一个施工缝。同时，施工段数量的多少将直接影响流水作业的效果。为使施工段划分得合理，一般应遵循下列原则：

（1）同一专业工作队在各个施工段上的劳动量应大致相等，相差幅度不宜超过 10%～15%。

（2）每个施工段内要有足够的工作面，以保证相应数量的工人、主导施工机械的生产效率，满足合理劳动组织的要求。

（3）施工段的界限应尽可能与结构界限(如沉降缝、伸缩缝等)相吻合，或设在对建筑结构整体性影响小的部位，以保证建筑结构的整体性。

（4）施工段的数目要满足合理组织流水作业的要求。施工段数目过多，会降低施工速度，延长工期；施工段过少，不利于充分利用工作面，可能造成窝工。

（5）对于多层建筑物、构筑物或需要分层施工的工程，应既分施工段，又分施工层，各专业工作队依次完成第一施工层中各施工段任务后，再转入第二施工层的施工段上作业，依此类推，以确保相应专业队在施工段与施工层之间，组织连续、均衡、有节奏地流水作业。

（三）时间参数

时间参数是指在组织流水作业时，用以表达流水作业在时间安排上所处状态的参数，主要包括流水节拍、流水步距和流水作业工期等。

1. 流水节拍

流水节拍是指在组织流水作业时，某个专业工作队在一个施工段上的施工时间。第 j 个专业工作队在第 i 个施工段的流水节拍一般用 $t_{j,i}$ 来表示（$j=1, 2, 3, \cdots, n$；$i=1, 2, \cdots, m$）。流水节拍是流水作业的主要参数之一，它表明流水作业的速度和节奏性。流水节拍小，其流水速度快，节奏感强；反之则相反。流水节拍决定着单位时间的资源供应量，同时，流水节拍也是区别流水作业组织方式的特征参数。

同一施工过程的流水节拍，主要由所采用的施工方法、施工机械以及在工作面允许的前提下投入施工的工人数、机械台数和采用的工作班次等因素确定。有时，为了均衡施工和减少转移施工段时消耗的工时，可以适当调整流水节拍，其数值最好为半个班的整数倍。

流水节拍可按以下两种方法确定。

1）定额计算法

如果已有定额标准，可按如下公式确定流水节拍：

$$t_{j,i} = \frac{Q_{j,i}}{S_j \times R_j \times N_j} = \frac{P_{j,i}}{R_j \times N_j}$$

或

$$t_{j,i} = \frac{Q_{j,i} \times H_j}{R_j \times N_j} = \frac{P_{j,i}}{R_j \times N_j}$$

式中：$t_{j,i}$ 为第 j 个专业工作队在第 i 个施工段的流水节拍；$Q_{j,i}$ 为第 j 个专业工作队在第 i 个施工段要完成的工程量或工作量；S_j 为第 j 个专业工作队的计划产量定额；H_j 为第 j 个专业工作队的计划时间定额；$P_{j,i}$ 为第 j 个专业工作队在第 i 个施工段需要的劳动量或机械台班数量；R_j 为第 j 个专业工作队所投入的人工数或机械台数；N_j 为第 j 个专业工作队的工作班次。

如果根据工期要求采用倒排进度的方法确定流水节拍时，可用上式反算出所需要的工人数或机械台班数。但在此时，必须检查劳动力、材料和施工机械供应的可能性，以及工作面是否足够等。

2）经验估算法

经验估算法是指根据以往的施工经验进行估算，多适用于采用新工艺、新方法和新材料等没有定额可循的工程。一般为了提高其准确程度，往往先估算出该流水节拍的最长值 a、最短值 b 和正常值 c 三种时间，然后据此求出期望时间 t 作为某专业工作队在某施工段上的流水节拍，这种方法也称为三点时间估算法。其计算公式如下：

$$t = \frac{a + 4c + b}{6}$$

2. 流水步距

流水步距是指组织流水作业时，相邻两个施工过程（或专业工作队）相继开始施工的最小间隔时间。流水步距一般用 $K_{j,j+1}$ 来表示，其中 $j(j=1,2,\cdots,n-1)$ 为专业工作队或施工过程的编号，它是流水施工的主要参数之一。流水步距的数目取决于参加流水的施工过程数。如果施工过程数为 n 个，则流水步距的总数为 $n-1$ 个。流水步距的大小取决于相邻两个施工过程（或专业工作队）在各个施工段上的流水节拍及流水作业的组织方式。

1）确定流水步距应满足的基本要求

（1）各施工过程按各自流水速度施工，始终保持工艺先后顺序；

（2）各施工过程的专业工作队投入施工后尽可能保持连续作业；

（3）相邻两个施工过程（或专业工作队）在满足连续施工的条件下，能最大限度地实现合理搭接。

根据以上基本要求，在不同的流水作业组织形式中，可以采用不同的方法确定流水步距。

2）确定流水步距的方法

流水步距一般随流水组织方式而定，有以下几种情况：

（1）当组织全等节拍流水时，流水步距是常数且等于流水节拍；

（2）当组织成倍节拍流水时，流水步距等于流水节拍的最大公约数；

（3）当组织不定节拍流水时，流水步距是变数，其值的确定参见本节后面的无节奏流水施工的相关内容。

3. 流水作业工期

流水作业工期是指从第一个专业工作队投入流水作业开始，到最后一个专业工作队完成流水作业为止的整个持续时间。由于一项建设工程往往包含有许多流水组，故流水作业工期一般均不是整个工程的总工期。

三、流水作业的基本组织方式

按照流水节拍的节奏特征，流水作业主要包括全等节拍流水作业、成倍节拍流水作业和分别流水作业三种方式。

（一）全等节拍流水作业

1. 组织全等节拍流水作业的条件

全等节拍流水作业是指在有节奏流水作业中，各施工过程的流水节拍都相等的流水作业，也称等节奏流水作业。

全等节拍流水作业是一种最理想的流水作业方式，其特点如下：

（1）所有施工过程在各个施工段上的流水节拍均相等。

（2）相邻施工过程的流水步距相等，且等于流水节拍。

（3）专业工作队数等于施工过程数，即每一个施工过程成立一个专业工作队。

（4）各个专业工作队在各个施工段上能够连续作业，施工段之间没有空闲时间。

组织这种流水，需要满足如下条件：

（1）尽量使各施工段的工程量基本相等。

（2）要先确定主导施工过程的流水节拍。

（3）使其他施工过程的流水节拍与主导施工过程的流水节拍相等。

要满足以上条件的办法主要是调节各专业工作队的人数。

2．组织方法

全等节拍流水作业的组织流程如下：

（1）确定项目施工起点流向，分解施工过程。

（2）确定施工顺序，划分施工段。

（3）确定流水节拍。根据全等节拍流水要求，应使各流水节拍相等。

（4）确定流水步距，$k=t$。

（5）计算流水作业的工期。

其流水作业的工期可按下式进行计算：

$$T = (j \times m + n - 1) \times k + \sum z_1 - \sum c$$

式中：T 为流水作业总工期；j 为施工层数；m 为施工段数；n 为施工过程数；k 为流水步距；z_1 为两施工过程在同一层内的技术组织间歇时间；c 为同一层内两施工过程间的平行搭接时间。

（6）绘制流水作业指示图表。

3．应用举例

（1）单层无技术间歇和搭接。

【例6-1】 某分部工程由 4 个分项工程组成，划分成 5 个施工段，流水节拍均为 3 天，无技术组织间歇，试确定流水步距，计算工期，并绘制流水作业进度表。

解　由已知条件知，宜组织全等节拍流水。

① 确定流水步距。

由全等节拍专业流水的特点知：$k=t=3$（天）。

② 计算工期。

$$T = (m + n - 1) \times k = (5 + 4 - 1) \times 3 = 24 \text{（天）}$$

③ 绘制流水作业进度表，如图 6-4 所示。

分项工程编号	施工进度/天							
	3	6	9	12	15	18	21	24
A	①	②	③	④	⑤			
B	k	①	②	③	④	⑤		
C		k	①	②	③	④	⑤	
D			k	①	②	③	④	⑤

$$T = (m+n-1) \times k = 24$$

图 6-4　单层无技术间歇和搭接流水作业进度表

（2）多层建筑物无技术间歇和搭接。

【例 6-2】 某二层现浇钢筋混凝土工程，有支模板、绑扎钢筋和浇混凝土三个施工过程，即 $n=3$。在竖向上划分为两个施工层，即结构层与施工层相一致。如流水节拍都是 3 天（可通过调整劳动力人数来实现），试分别按以下三种情况组织全等节拍流水：

① 施工段数 $m=4$；

② 施工段数 $m=3$；

③ 施工段数 $m=2$。

解 按全等节拍流水作业组织方法，则流水作业的开展状况分别如图 6-5(a)、(b)、(c)所示。由图 6-5 可以看出：

① 当施工段数 m 大于施工过程数 n 时，各施工段上不能连续有工作队在工作，但各工作队能连续工作，不会产生窝工现象。

施工层	施工过程名称	施工进度/天									
		3	6	9	12	15	18	21	24	27	30
I 层	支模板	①	②	③	④						
	绑扎钢筋		①	②	③	④					
	浇混凝土			①	②	③	④				
II 层	支模板					①	②	③	④		
	绑扎钢筋						①	②	③	④	
	浇混凝土							①	②	③	④

(a) $m > n$ 时流水作业开展状况

施工层	施工过程名称	施工进度/天							
		3	6	9	12	15	18	21	24
I 层	支模板	①	②	③					
	绑扎钢筋		①	②	③				
	浇混凝土			①	②	③			
II 层	支模板				①	②	③		
	绑扎钢筋					①	②	③	
	浇混凝土						①	②	③

(b) $m = n$ 时流水作业开展状况

施工层	施工过程名　　称	施工进度/天						
		3	6	9	12	15	18	21
Ⅰ层	支模板	①	②					
	绑扎钢筋		①	②				
	浇混凝土			①	②			
Ⅱ层	支模板				①	②		
	绑扎钢筋					①	②	
	浇混凝土						①	②

（c）$m < n$ 时流水作业开展状况

图 6-5　流水作业开展状况

② 当施工段数 m 等于施工过程数 n 时，各工作队都能连续工作，且各施工段上都能连续有工作队在工作。

③ 当施工段数 m 小于施工过程数 n 时，各工作队不能连续工作，产生窝工现象，但各施工段上能连续地有工作队在工作。

（3）多层建筑物有技术间歇和平行搭接。

组织多层建筑物有技术间歇和平行搭接的流水作业时，为保证工作队在层间连续施工，施工段数目 m 应满足以下条件：

$$m \geqslant n + \frac{\sum z_1}{k} + \frac{\sum z_2}{k} - \frac{\sum c}{k}$$

式中：z_1 为一个楼层内各施工过程间的技术组织间歇时间；z_2 为楼层间技术组织间歇时间；k 为流水步距；c 为一个楼层内平行搭接时间。

【例6-3】　某项目有Ⅰ、Ⅱ、Ⅲ、Ⅳ四个施工过程，分两个施工层组织流水作业，施工过程Ⅱ完成后需养护1天，然后下一个施工过程Ⅲ才能施工，且层间技术间歇为1天，流水节拍均为1天。试确定施工段数，计算工期，并绘制流水作业进度表。

解　① 确定流水步距：

$$k = t = t_i = 1（天）$$

② 确定施工段数：

$$m = n + \frac{\sum z_1}{k} + \frac{Z_2}{K} = 4 + \frac{1}{1} + \frac{1}{1} = 6（段）$$

③ 计算工期：

$$T = (j \times m + n - 1) \times k + \sum z_1 - \sum c$$
$$= (2 \times 6 + 4 - 1) \times 1 + 1 - 0 = 16（天）$$

④ 绘制流水作业进度表，如图6-6所示。

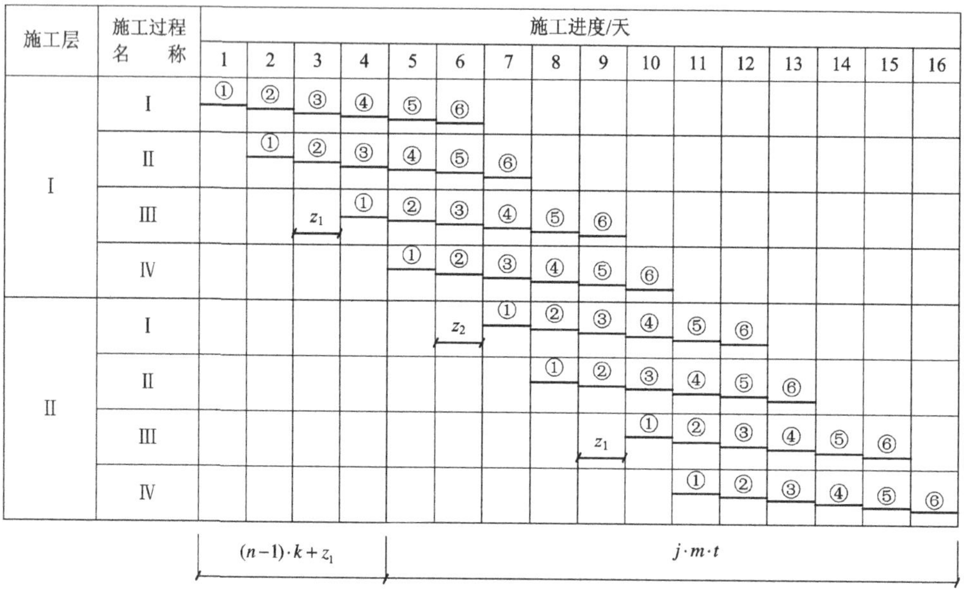

施工层	施工过程名称	1	2	3	4	5	6	7	8	9	10	11	12	13	14	15	16
								施工进度/天									
I	I	①	②	③	④	⑤	⑥										
	II		①	②	③	④	⑤	⑥									
	III			z_1		①	②	③	④	⑤	⑥						
	IV						①	②	③	④	⑤	⑥					
II	I						z_2		①	②	③	④	⑤	⑥			
	II									①	②	③	④	⑤	⑥		
	III									z_1		①	②	③	④	⑤	⑥
	IV												①	②	③	④	⑤⑥

$(n-1)\cdot k+z_1$ ←→ | $j\cdot m\cdot t$

图 6-6　多层建筑物有技术间歇和平行搭接流水作业进度表

（二）成倍节拍流水作业

1. 组织成倍节拍流水作业的条件

当同一施工过程在各施工段上的流水节拍都相等，不同施工过程之间彼此的流水节拍全部或部分不相等但互为倍数时，可组织成倍节拍流水作业。

成倍节拍流水作业的特点如下：

（1）同一施工过程在其各个施工段上的流水节拍均相等；不同施工过程的流水节拍不等，但其值为倍数关系。

（2）相邻施工过程的流水步距相等，且等于流水节拍的最大公约数。

（3）专业工作队数大于施工过程数，即有的施工过程只成立一个专业工作队，而对于流水节拍大的施工过程，可按其倍数增加相应专业工作队数目。

（4）各个专业工作队在施工段上能够连续作业，施工段之间没有空闲时间。

2. 组织方法

成倍节拍流水作业的组织流程如下：

（1）确定施工起点流向，分解施工过程。

（2）确定流水节拍。

（3）确定流水步距 k_b，其中 k_b 为各流水节拍最大公约数。

（4）确定专业工作队数，其计算公式为

$$n_1 = \sum_{j=1}^{n} b_j = \sum_{j=1}^{n} \frac{t_j}{k_b}$$

式中：t_j 为施工过程 j 在各施工段上的流水节拍；b_j 为施工过程 j 所要组织的专业工作队数；n_1 为专业工作队总数。

（5）确定施工段数。

① 不分施工层时，可按划分施工段的原则确定施工段数，不一定要求 $m \geqslant n$。

② 分施工层时，施工段数应满足：

$$m \geqslant n + \frac{\sum z_1}{k_b} + \frac{\sum z_2}{k_b} - \frac{\sum c}{k_b}$$

式中，z_1、z_2、c、k_b 的含义同前。

（6）确定计划总工期：

$$T = (j \times m + n_1 - 1) \times k_b + \sum z_1 - \sum c$$

式中：j 为施工层数；n_1 为专业施工队数；k_b 为流水步距；其他符号含义同前。

（7）绘制流水作业进度表。

3. 应用举例

【例 6 - 4】　某工程由 Ⅰ、Ⅱ、Ⅲ 三个施工过程组成，流水节拍分别为 $t_1 = 2$ 天，$t_2 = 6$ 天，$t_3 = 4$ 天，试组织成倍节拍流水作业，并绘制流水作业的横道图进度表。

解　① 确定流水步距：

$$k_b = 最大公约数\{2, 6, 4\} = 2（天）$$

② 求专业工作队数：

$$b_1 = \frac{t_1}{k_b} = \frac{2}{2} = 1（队），\quad b_2 = \frac{t_2}{k_b} = \frac{6}{2} = 3（队），\quad b_3 = \frac{t_3}{k_b} = \frac{4}{2} = 2（队）$$

$$n_1 = \sum_{j=1}^{3} b_j = 1 + 3 + 2 = 6（队）$$

③ 求施工段数：为了使专业工作队都能连续有节奏地工作，取 $m = n_1 = 6$（段）。

④ 计算工期：$T = (6 + 6 - 1) \times 2 = 22$（天）。

⑤ 绘制流水作业图，如图 6 - 7 所示。

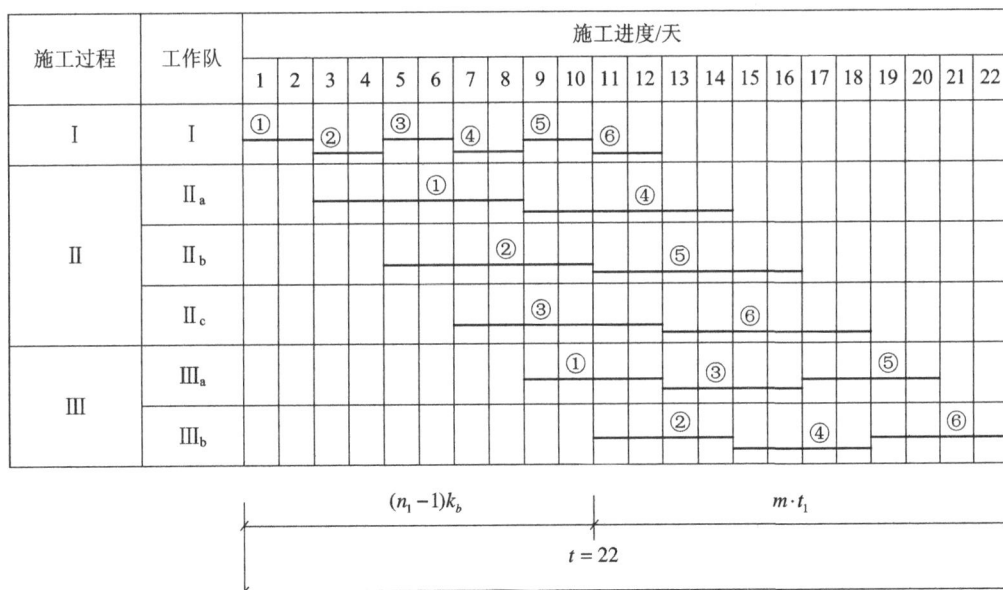

图 6 - 7　单层建筑物成倍节拍流水作业横道图进度表

【例 6 - 5】　某二层现浇钢筋混凝土工程，有支模板、绑扎钢筋、浇混凝土三道工序，

流水节拍分别为 $t_1=4$ 天，$t_2=2$ 天，$t_3=2$ 天。绑扎钢筋与支模板可搭接 1 天。层间技术间歇 1 天。试组织成倍节拍流水作业，并绘制流水作业的横道图进度表。

解　① 确定流水步距：

$$k_b = 各流水节拍的最大公约数 = 2（天）$$

② 求工作队数：

$$b_1 = \frac{t_1}{k_b} = \frac{4}{2} = 2（队）$$

$$b_2 = \frac{t_2}{k_b} = \frac{2}{2} = 1（队）$$

$$b_3 = \frac{t_3}{k_b} = \frac{2}{2} = 1（队）$$

$$n_1 = \sum_{j=1}^{3} b_j = 2+1+1 = 4（队）$$

③ 求施工段数：

$$m = n_1 + \frac{\sum z_1}{k_b} + \frac{\sum z_2}{k_b} - \frac{\sum c}{k_b} = 4 + \frac{0}{2} + \frac{1}{2} - \frac{1}{2} = 4（段）$$

④ 求总工期：

$$T = (j \times m + n_1 - 1)k_b + \sum z_1 - \sum c = (2 \times 4 + 4 - 1) \times 2 + 0 - 1 = 21（天）$$

⑤ 绘制流水作业进度表，如图 6-8 所示。

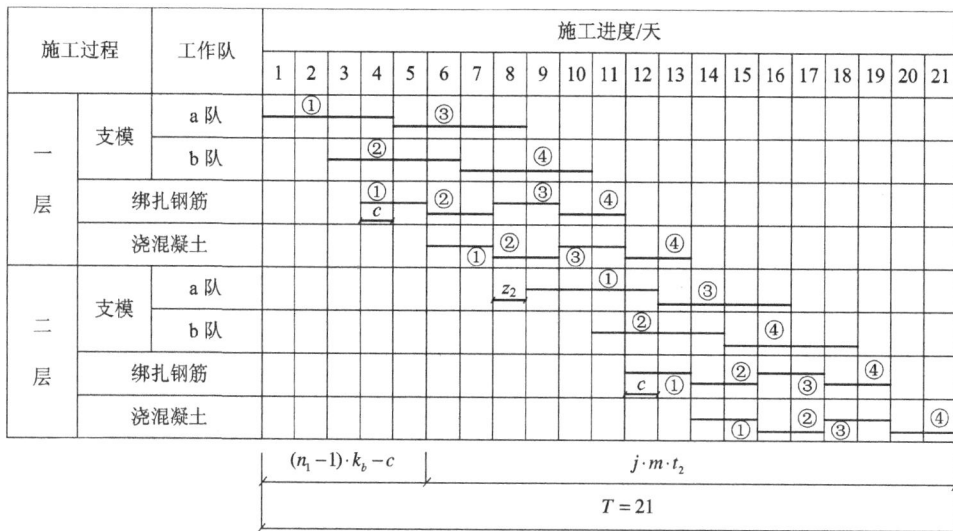

施工过程		工作队	施工进度/天																				
			1	2	3	4	5	6	7	8	9	10	11	12	13	14	15	16	17	18	19	20	21
一层	支模	a 队		①				③																
		b 队				②				④														
	绑扎钢筋					①　c		②		③		④												
	浇混凝土							①	②		③		④											
二层	支模	a 队							z₂		①			③										
		b 队											②			④								
	绑扎钢筋											c　①		②		③		④					
	浇混凝土														①		②	③		④			

图 6-8 多层建筑物成倍节拍流水作业横道图进度表

（三）无节奏流水作业（分别流水）

无节奏流水作业是指在组织流水作业时，全部或部分施工过程在各个施工段上的流水节拍不相等的流水作业。这种施工是流水作业中最常见的一种。

1. 无节奏流水作业的特点

无节奏流水作业的特点如下：

（1）各施工过程在各施工段的流水节拍不全相等。

（2）相邻施工过程的流水步距不尽相等。

（3）专业工作队数等于施工过程数。

（4）各专业工作队能够在施工段上连续作业，但有的施工段之间可能有空闲时间。

2. 组织无节奏流水作业的条件

在组织流水作业时，经常由于工程结构形式、施工条件不同等原因，使得各施工过程在各施工段上的工程量有较大差异，导致各施工过程的流水节拍差异很大，无任何规律。这时，可组织无节奏流水作业，最大限度地实现连续作业。这种无节奏流水，亦称分别流水，是工程项目流水作业的普遍方式。

3. 组织方法

组织分别流水作业的方法有两种：一种是保证空间连续（工作面连续）；另一种是保证时间连续（工人队组连续）。组织方法如下：

（1）确定施工起点流向，分解施工过程。

（2）确定施工顺序，划分施工段。

（3）按相应的公式计算各施工过程在各个施工段上的流水节拍。

（4）按空间连续或时间连续的组织方法确定相邻两个专业工作队之间的流水步距。

4. 流水步距的确定

保证空间连续时，按流水作业的概念确定流水步距。保证时间连续时，按潘特考夫斯基定理计算流水步距，由于这种方法是由潘特考夫斯基（译音）首先提出的，故又称为潘特考夫斯基法，简称累加数列错位相减取大差法。这种方法简捷、准确，便于掌握。方法如下：

（1）根据专业工作队在各施工段上的流水节拍，求累加数列。累加数列是指同一施工过程或同一专业工作队在各个施工段上的流水节拍的累加。

（2）根据施工顺序，对所求相邻的两累加数列，错位相减。

（3）取错位相减结果中数值最大者作为相邻专业工作队之间的流水步距。

（4）绘制流水作业进度表。

5. 流水作业工期的确定

流水作业工期可按如下公式计算：

$$T = \sum K + \sum t_n + \sum Z + \sum G - \sum C$$

式中：T 为流水施工工期；$\sum K$ 为各施工过程（或专业工作队）在各施工段流水节拍之和；$\sum t_n$ 为最后一个施工过程（或专业工作队）在各施工段流水节拍之和；$\sum Z$ 为组织间歇时间之和；$\sum G$ 为工作间歇时间之和；$\sum C$ 为提前插入时间之和。

6. 应用举例

【例 6 - 6】 某屋面工程有三道工序：保温层→找平层→卷材层，分三段进行流水作业，试分别绘制该工程时间连续和空间连续的横道图进度计划。各工序在各施工段上的作业持续时间如表 6 - 2 所示。

表 6-2 各工序作业持续时间表

施工过程	第一段	第二段	第三段
保温层	3 天	3 天	4 天
找平层	2 天	2 天	3 天
卷材层	1 天	1 天	2 天

解 （1）按时间连续组织流水作业。

确定流水步距：

首先由潘特考夫斯基法求保温层与找平层两施工过程之间的流水步距。

$$
\begin{array}{r}
3,\ 6,\ 10 \\
-)\quad\ \ 2,\ 4,\ 7 \\
\hline
3,\ 4,\ \ 6,-7
\end{array}
$$

则

$$k_{a,b}=\max\{3,4,6,-7\}=6\ \text{天}$$

同理，可求出找平层与卷材层之间的流水步距，结果为 $k_{b,c}=5$ 天。

（2）绘制时间连续横道图进度计划，如图 6-9 所示。

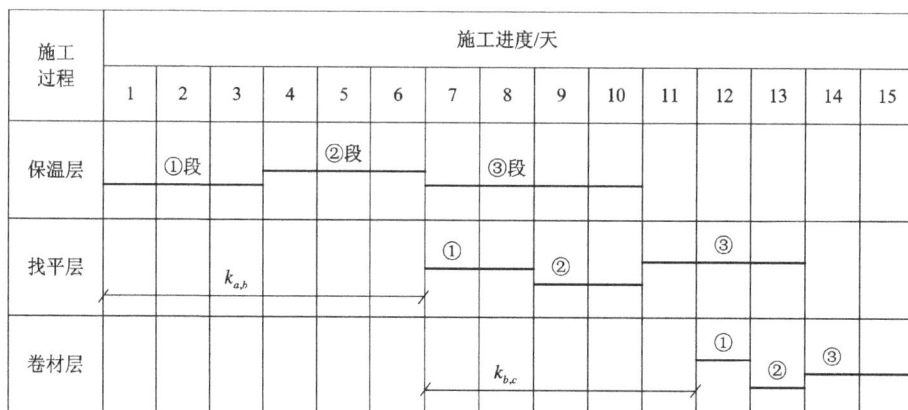

图 6-9 时间连续的横道图进度计划

（3）绘制空间连续横道图进度计划，如图 6-10 所示。

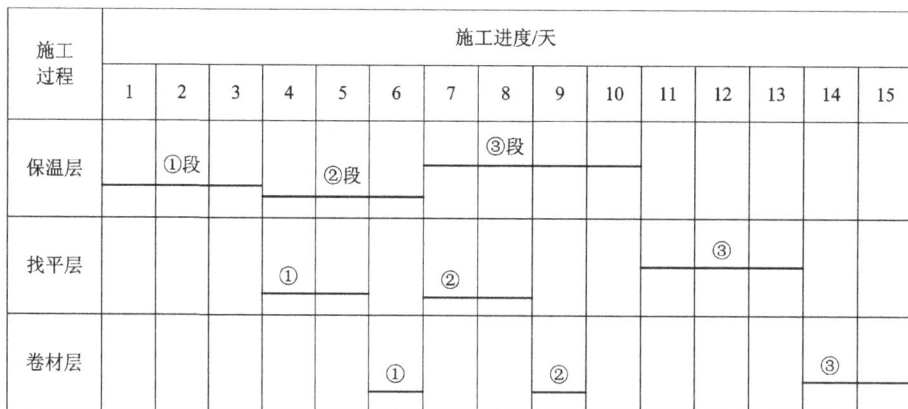

图 6-10 空间连续的横道图进度计划

第三节　网络计划编制——双代号网络计划

一、网络计划概述

（一）网络图概念

网络图是由箭线和节点组成的，用来表示工作流程的有向、有序网状图形。一个网络图表示一项计划任务。网络图中的工作是计划任务按需要粗细程度划分而成的，消耗时间或同时也消耗资源的一个子项目或子任务。工作可以是单位工程，也可以是分部工程、分项工程，一个施工过程也可以作为一项工作。在一般情况下，完成一项工作既需要消耗时间，也需要消耗劳动力、原材料、施工机具等资源。但也有一些工作只消耗时间而不消耗资源，如混凝土浇筑后的养护过程和墙面抹灰后的干燥过程等。网络图有双代号网络图和单代号网络图两种。双代号网络图又称箭线式网络图，它以箭线及其两端节点的编号表示工作，节点表示工作的开始或结束以及工作之间的连接状态；单代号网络图又称节点式网络图，它以节点及其编号表示工作，以箭线表示工作之间的逻辑关系。

（二）网络计划技术的发展

最早应用的网络计划技术是关键线路法（CPM）和计划评审法（PERT）。关键路线法是由美国杜邦公司在1956年提出的，并在1957年首先应用于一个价值一千多万美元的化工厂建设工程，取得了良好的效果。计划评审法是由美国海军部武器局的特别计划室在1958年提出的，应用于制订美国海军北极星导弹研制计划，并使其研制工作在时间和成本控制方面取得了显著的效果。

我国从60年代初在华罗庚教授的倡导下，对网络技术也进行了研究和应用，并取得了一定的效果。我国现行采用的国家标准是1992年颁布的《网络计划技术》（GB/T13400.1～3—92），现采用的行业标准是《工程网络计划技术规程》（JGJ/T121—99），这使得工程网络计划技术在实际应用中有了一个可以遵循的、统一的技术标准。

（三）网络计划技术的种类

1）按逻辑关系及工作持续时间是否确定划分

按各项工作持续时间和各项工作之间的逻辑关系是否确定，网络计划可分为肯定型和非肯定型两类。肯定型网络计划的类型主要有关键线路法（CPM）、搭接网络计划、有时限的网络计划、多级网络计划和流水网络计划。非肯定型网络计划的类型主要有计划评审技术（PERT）、图示评审技术（GERT）、风险评审技术（VERT）、决策网络技术（DN）、随机网络计划技术（QERT）和仿真网络计划技术等。

2）按工作的表示方式不同划分

按工作的表示方式不同，网络计划可分为双代号网络计划和单代号网络计划。

3）按目标的多少划分

按目标的多少，网络计划可分为单目标网络计划和多目标网络计划。

4）按其发展过程划分

按其发展过程，网络计划可分为关键线路法（CPM）、计划评审技术（PERT）、图示评审技术(GERT)、风险评审技术(VERT)、决策网络技术法(DN)和随机网络计划技术(QERT)。

5）按其应用对象不同划分

按其应用对象的不同，网络计划可分为分部工程网络计划、单位工程网络计划和群体工程网络计划。

二、双代号网络图

（一）双代号网络图的概念

用箭线及箭线两端节点的编号表示工作、节点表示工作的开始或结束及工作之间的连接状态的网络图，称为双代号网络图。通常把工作的名称写在箭线上方，工作的持续时间写在箭线下方。箭尾表示工作的开始，箭尾节点称始节点；箭头表示工作的结束，箭头节点称末节点。网络图中工作的表示方法及示意图分别如图6-11和图6-12所示。

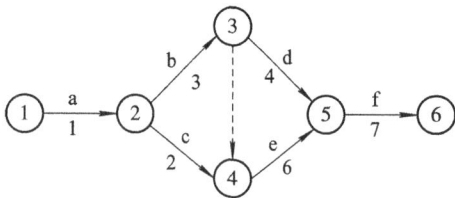

图6-11　双代号表示法　　　　　　　图6-12　双代号网络示意图

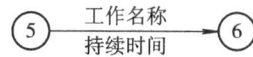

（二）双代号网络图基本术语

（1）内向箭线。对于节点而言，箭头指向该节点的箭线，称为该节点的内向箭线。

（2）外向箭线。对于节点而言，箭头背向该节点的箭线，称为该节点的外向箭线。

（3）紧前工作。紧安排在本工作之前进行的工作称为本工作的紧前工作。如图6-11中工作b的紧前工作为工作a。

（4）紧后工作。紧安排在本工作之后进行的工作称为本工作的紧后工作。如6-11所示，工作a的紧后工作为工作b和c。

（5）先行工作。自开始节点至本工作之前各条线路上的所有工作称为本工作的先行工作。如图6-11所示，工作e的先行工作为工作a、工作b和工作c。

（6）后续工作。本工作之后至结束节点各条线路上的所有工作称为本工作的后续工作。如图6-11所示，工作b的后续工作为工作d、工作e和工作f。

（7）平行工作。可与本工作同时进行的工作称为平行工作。如图6-11所示，工作b的平行工作为工作c。

（8）逻辑关系。工作之间的先后顺序关系称为逻辑关系，分为工艺关系和组织关系两种。

① 工艺关系：由生产工艺或工作程序决定的先后顺序关系称工艺上的逻辑关系，简称工艺关系。如柱绑扎钢筋应在柱支模之前进行。

② 组织关系：由组织安排或资源调配的需要而规定的先后顺序关系称组织上的逻辑关系，简称组织关系。如不同施工段的先后施工顺序。

（9）虚工作。既不消耗资源，又不占用时间，仅表示逻辑关系的工作称为虚工作。如图6-11所示，工作③→④为虚工作。

（10）线路。网络图从开始节点沿箭线方向连续通过若干个中间节点，最后到达结束节点所经过的道路称为线路。如图 6-11 中，①→②→③→⑤→⑥即为一条线路。

（三）双代号网络图的绘制

1. 双代号网络图的绘制规则

双代号网络图的绘制规则如下：

（1）网络图必须按照既定的逻辑关系绘制。

（2）网络图中严禁出现从一个节点出发，顺箭头方向又回到原出发点的循环回路，如图 6-13（a）所示，其正确的回路如图 6-13（b）所示。

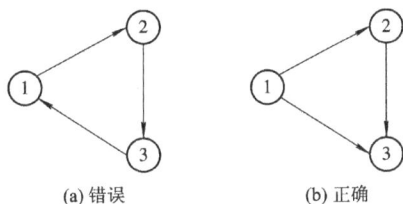

(a) 错误　　　　　　　　　(b) 正确

图 6-13　网络图中的循环回路

（3）网络图中严禁出现双向箭头或无箭头的连线，如图 6-14 所示即为错误的画法。

(a) 双向箭头　　　　　　　　　　　　(b) 无箭头

图 6-14　网络图中的箭头错误

（4）网络图中严禁出现没有箭尾节点或箭头节点的连线，如图 6-15 所示即为错误的画法。

(a) 存在没有箭尾节点的箭线　　　　　　　　(b) 存在没有箭头节点的箭线

图 6-15　网络图中的节点错误

（5）网络图中只允许有一个开始节点和一个结束节点，不应该出现两个以上的开始或结束节点。

（6）网络图中节点必须由小到大编号，编号严禁重复，但可以不连续。

（7）网络图中不允许出现相同编号的箭线。

（8）网络图中同一项工作只能用一对节点代号表示。

（9）绘制网络图时，应尽量避免箭线交叉，当交叉不可避免时，可采用过桥法、断线法、指向法等几种表示方法，如图 6-16 所示。

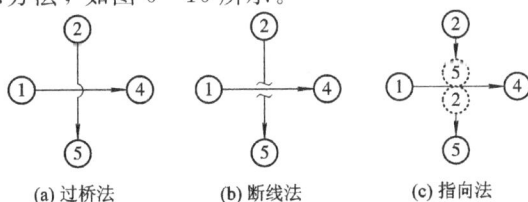

(a) 过桥法　　　　　(b) 断线法　　　　　(c) 指向法

图 6-16　交叉箭线示意图

（10）当网络图的开始节点有多条外向箭线或结束节点有多条内向箭线时，为使图形简洁，可采用母线法绘制，如图 6-17 所示。

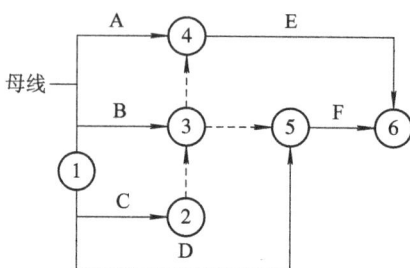

图 6-17　绘图示例（母线法）

（11）网络图应条理清楚、布局合理，箭线尽量横平竖直，节点排列均匀。

2. 双代号网络图的绘制方法

双代号网络图的绘制方法如下：

（1）绘制无紧前工作的工作箭线，使它们具有相同的开始节点，以保证网络图只有一个起点节点。

（2）依次绘制其他工作箭线。在绘制这些工作箭线时，应按以下四种情况分别予以考虑：

① 对于所要绘制的工作（本工作）而言，如果在其紧前工作之中存在一项只作为本工作紧前工作的工作（即在紧前工作栏目中，该紧前工作只出现一次），则应将本工作箭线直接画在该紧前工作箭线之后，然后用虚箭线将其他紧前工作箭线的箭头节点与本工作箭线的箭尾节点分别相连。

② 对于所要绘制的工作（本工作）而言，如果在其紧前工作之中存在多项只作为本工作紧前工作的工作，应先将这些紧前工作箭线的箭头节点合并，再从合并后的节点开始，画出本工作箭线，最后用虚箭线将其他紧前工作箭线的箭头节点与本工作箭线的箭尾节点分别相连。

③ 对于所要绘制的工作（本工作）而言，如果不存在上述情况①和情况②时，应判断本工作的所有紧前工作是否都同时作为其他工作的紧前工作（即在紧前工作栏目中，这几项紧前工作是否均同时出现若干次）。如果上述条件成立，应先将这些紧前工作箭线的箭头节点合并，再从合并后的节点开始画出本工作箭线。

④ 对于所要绘制的工作（本工作）而言，如果不存在上述情况①、②和③时，则应将本工作箭线单独画在其紧前工作箭线之后的中部，然后用虚箭线将其各紧前工作箭线的箭头节点与本工作箭线的箭尾节点分别相连，以表达它们之间的逻辑关系。

（3）当各项工作箭线都绘制出来之后，应合并那些没有紧后工作的工作箭线的箭头节点，以保证网络图只有一个终点节点（多目标网络计划除外）。

（4）当确认所绘制的网络图正确后，即可进行节点编号。网络图的节点编号在满足前述要求的前提下，有时采用不连续的编号方法，以避免以后因增加工作而改动整个网络图的节点编号。

3. 双代号网络图的绘制示例

【例 6-7】　已知各工作之间的逻辑关系如表 6-3 所示，绘制其双代号网络图。

表 6 - 3　各工作之间的逻辑关系

工作名称	A	B	C	D
紧前工作	—	—	A、B	B

解　(1) 绘制工作箭线 A 和工作箭线 B，如图 6 - 18(a)所示。

(2) 按前述原则绘制工作箭线 C，如图 6 - 18(b)所示。

(3) 按前述原则绘制工作箭线 D 后，将工作箭线 C 和 D 的箭头节点合并，以保证网络图只有一个终点节点。当确认给定的逻辑关系表达正确后，再进行节点编号。表 6 - 3 所给定的逻辑关系对应的双代号网络图如图 6 - 18(c)所示。

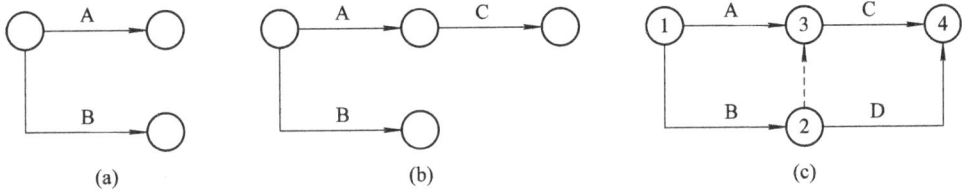

图 6 - 18　双代号网络示例

(四) 双代号网络图时间参数的概念及计算

1. 双代号网络图时间参数的概念

所谓时间参数，是指网络计划、工作及节点所具有的各种时间值。

1) 工作持续时间

工作持续时间是指一项工作从开始到完成的时间，常用 D_{i-j} 表示。

2) 工期

工期泛指完成一项任务所需要的时间。在网络计划中，工期一般有以下三种：

(1) 计算工期。计算工期是根据网络计划时间参数计算而得到的工期，用 T_c 表示。

(2) 要求工期。要求工期是任务委托人所提出的指令性工期，用 T_r 表示。

(3) 计划工期。计划工期是根据要求工期所确定的预期工期，用 T_p 表示。

当已规定了要求工期时，计划工期不应超过要求工期，即 $T_p \leqslant T_r$。

当未规定要求工期时，可令计划工期等于计算工期，即 $T_p = T_c$。

3) 工作的六个基本时间参数

在网络计划中，工作的六个基本时间参数是：工作最早开始时间(ES_{i-j})、工作最早完成时间(EF_{i-j})、工作最迟完成时间(LF_{i-j})、工作最迟开始时间(LS_{i-j})、工作总时差(TF_{i-j})和工作自由时差(FF_{i-j})。

4) 节点最早时间和最迟时间

(1) 节点最早时间：指双代号网络计划中，以该节点为始节点的工作的最早开始时间。

(2) 节点最迟时间：指双代号网络计划中，以该节点为末节点的工作的最迟完成时间。

5) 相邻两项工作之间的时间间隔

相邻两项工作之间的时间间隔是指本工作的最早完成时间与其紧后工作最早开始时间之间的差值。

2. 双代号网络图时间参数的计算方法

双代号网络图时间参数的计算方法有按工作计算法和按节点计算法两种。

1）按工作计算法

按工作计算法是指以网络计划中的工作为对象，直接计算各项工作的时间参数。

（1）按工作计算法标注的步骤如下：

① 计算工作的最早开始时间 ES_{i-j} 和最早完成时间 EF_{i-j}，其计算公式为

$$ES_{i-j} = \max\{EF_{h-i}\} = \max\{ES_{h-i} + D_{h-i}\}$$

$$EF_{i-j} = ES_{i-j} + D_{i-j}$$

② 确定计算工期 T_c，其计算公式为

$$T_c = \max\{EF_{i-n}\}$$

③ 计算工作最迟完成时间 LF_{i-j} 和最迟开始时间 LS_{i-j}，其计算公式为

$$LF_{i-n} = T_p = T_c$$

$$LF_{i-j} = \min\{LS_{j-k}\} = \min\{LF_{j-k} - D_{j-k}\}$$

$$LS_{i-j} = LF_{i-j} - D_{i-j}$$

④ 计算工作的总时差，其计算公式为

$$TF_{i-j} = LF_{i-j} - EF_{i-j} = LS_{i-j} - ES_{i-j}$$

⑤ 计算工作的自由时差。

工作自由时差的计算应按以下两种情况分别考虑。

a. 对于有紧后工作的工作，其计算公式为

$$FF_{i-j} = \min\{ES_{j-k} - EF_{i-j}\}$$

b. 对于无紧后工作的工作，也就是以网络计划终点节点为完成节点的工作，其自由时差等于计划工期与本工作最早完成时间之差，即

$$FF_{i-n} = T_p - EF_{i-n}$$

当 $T_p = T_c$ 时，则

$$FF_{i-n} = TF_{i-n}$$

⑥ 确定关键工作和关键线路。

在网络计划中，没有机动时间或总时差等于零的工作称为关键工作。自始至终全部由关键工作组成的线路或线路上总的工作持续时间最长的线路称为关键线路。在关键线路上可能有虚工作存在。关键线路一般用粗箭线或双箭线表示。关键线路上各项工作的持续时间总和应等于网络计划的计算工期，这一特点也是判别关键线路是否正确的准则。

（2）应用举例。

【例 6-8】 已知某双代号网络图如图 6-19 所示，按工作计算法标注其时间参数。

解 按工作计算法计算结果如图6-20所示。

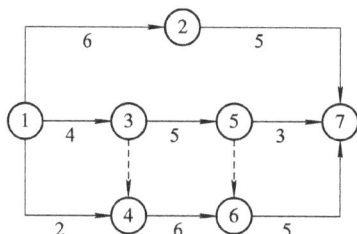

图 6-19　双代号网络图

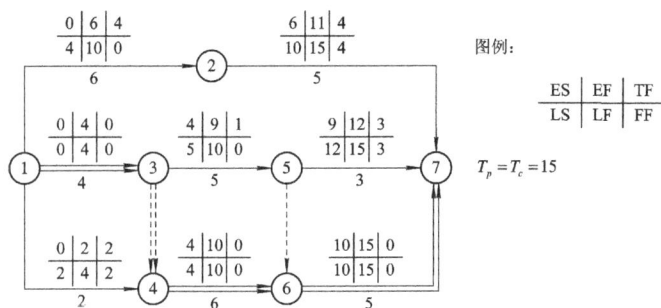

图 6-20　用工作计算法标注的双代号网络计划

2）按节点计算法

所谓按节点计算法，就是先计算网络计划中各个节点的最早时间（ET）和最迟时间（LT），然后再据此计算各项工作的时间参数和网络计划的计算工期。

（1）按节点计算法标注的步骤如下：

① 计算节点的最早时间，其计算公式为

$$\mathrm{ET}_i = 0, \quad \mathrm{ET}_j = \max\{\mathrm{ET}_i + D_{i-j}\}$$

② 确定网络计划的计算工期。

计算工期等于网络计划终点节点的最早时间，即

$$T_c = \mathrm{ET}_n$$

④ 计算节点的最迟时间，其计算公式为

$$\mathrm{LT}_n = T_p = T_c, \quad \mathrm{LT}_i = \min\{\mathrm{LT}_j - D_{i-j}\}$$

⑤ 根据节点的最早时间和最迟时间判定工作的六个时间参数，其计算公式为

$$\mathrm{ES}_{i-j} = \mathrm{ET}_i \quad \mathrm{EF}_{i-j} = \mathrm{ET}_i + D_{i-j}$$

$$\mathrm{LF}_{i-j} = \mathrm{LT}_j \quad \mathrm{LS}_{i-j} = \mathrm{LT}_j - D_{i-j}$$

$$\mathrm{TF}_{i-j} = \mathrm{LF}_{i-j} - \mathrm{EF}_{i-j} = \mathrm{LS}_{i-j} - \mathrm{ES}_{i-j}$$

$$\mathrm{FF}_{i-j} = \min\{\mathrm{ES}_{j-k} - \mathrm{EF}_{i-j}\}$$

（2）应用举例。

【例 6-9】 已知某双代号网络图如图 6-19 所示，按节点计算法标注结果。

解　按节点计算法标注的结果如图 6-21 所示。

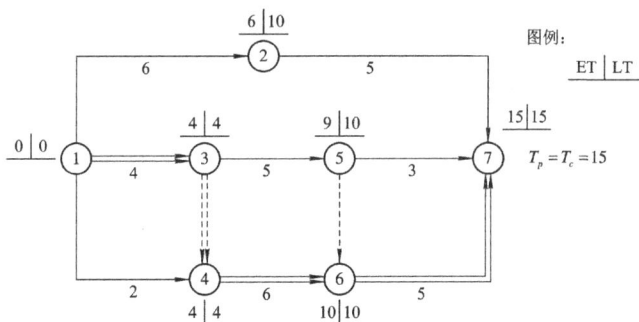

图 6-21　用节点法标注的双代号网络计划

3. 标号法

标号法是一种快速寻求网络计划计算工期和关键线路的方法。它利用按节点计算法的

基本原理，对网络计划中的每一个节点进行标号，然后利用标号值确定网络计划的计算工期和关键线路。

（1）标号法的计算步骤如下：

① 网络计划起点节点的标号值为零；

② 其他节点的标号值应根据以下公式按节点编号从小到大的顺序逐个进行计算：

$$b_j = \max\{b_j + D_{i-j}\}$$

③ 对节点进行标号；

④ 应用标号法确定计算工期；

⑤ 应用标号法确定关键工作和关键线路。

（2）应用举例。

【例 6 - 10】 已知双代号网络图如图 6 - 19 所示，用标号法计算工期，并标注关键线路。

解 结果如图 6 - 22 所示。

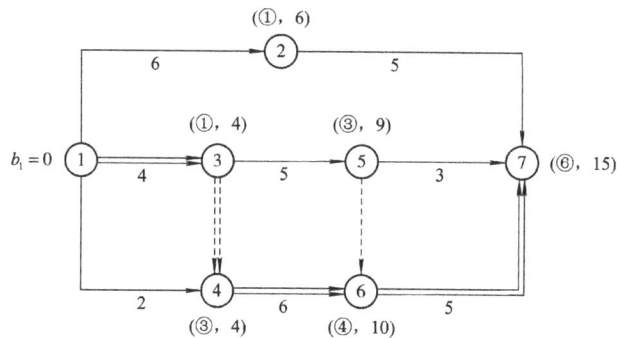

图 6 - 22　标号法计算的双代号网络计划

第四节　网络计划编制——单代号网络计划

一、单代号网络计划的概念及特点

用节点或节点的编号表示工作，以箭线表示工作之间的逻辑关系的网络图，称为单代号网络图，其示例如图 6 - 23 所示。

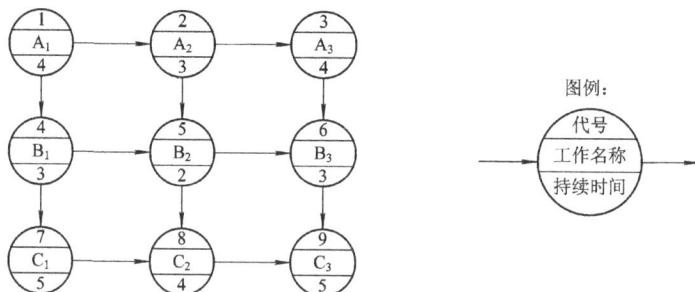

图 6 - 23　单代号网络图示例

与双代号网络图相比，单代号网络图的特点如下：

（1）单代号网络图以节点及其编号表示工作，以箭线表示工作之间的逻辑关系。

（2）单代号网络图中箭线无虚实之分。

（3）由于工作的持续时间表示在节点之中，没有长度，故不够形象，也不便于绘制时标网络计划，更不能直接根据单代号网络进行工期资源优化。

（4）表示工作之间逻辑关系的箭线可能产生较多的纵横交叉现象，这时可通过增加虚节点解决。

二、单代号网络图的绘制规则与方法

1. 单代号网络图的绘图规则

单代号网络图的绘图规则与双代号网络图的绘图规则基本相同。与双代号网络图不同的是，在单代号网络图中，当有两个以上的开始工作或结束工作时，为清楚地表示它们同时开始或同时结束，需增加一个虚拟的开始或结束节点。

2. 单代号网络图的绘制方法

单代号网络图的绘制步骤与双代号网络图的绘制步骤基本相同，此处不再赘述。

3. 单代号网络图的绘制示例

【例 6 - 11】　已知各工作之间的逻辑关系如表 6 - 4 所示，绘制其单代号网络图。

表 6 - 4　工作逻辑关系表

工作	A	B	C	D	E	G	H	I
紧前工作	—	—	—	B	B、C	A	D	D、E
持续时间	6	4	2	5	6	5	3	5

解　根据表 6 - 4 的工作逻辑关系，绘制单代号网络图，结果如图 6 - 24 所示。

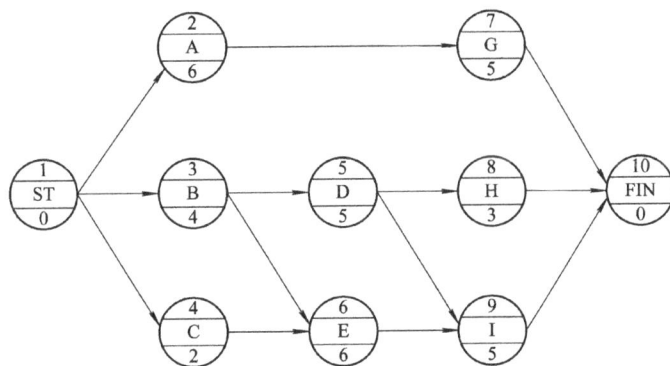

图 6 - 24　单代号网络图

三、单代号网络计划时间参数计算

单代号网络计划与双代号网络计划只是表现形式不同，它们所表达的内容完全一样。因此，两者时间参数计算方法是相同的，以图 6 - 24 所示单代号网络计划为例，来说明其参数计算过程。

1. 计算工作的最早开始时间和最早完成时间

工作最早开始时间和最早完成时间的计算应从网络计划的起点节点开始，顺着箭线方向按节点编号从小到大的顺序依次进行。其计算步骤如下：① 网络计划起点节点所代表的工作，其最早开始时间未规定时取值为零；② 工作的最早完成时间应等于本工作的最早开始时间与其持续时间之和；③ 其他工作的最早开始时间应等于其紧前工作最早完成时间的最大值；④ 网络计划的计算工期等于其终点节点所代表的工作的最早完成时间。

（1）工作的最早开始时间 ES：

$$ES_1 = 0$$
$$ES_j = \max\{EF_i\}$$

（2）工作的最早完成时间 EF：

$$EF_i = ES_i + D_i$$

在本例中，工作 A 的最早完成时间和工作 E 的最早开始时间分别为

$$EF_2 = ES_2 + D_2 = 0 + 6 = 6$$
$$ES_6 = \max\{EF_3, EF_4\} = \max\{4, 2\} = 4$$

（3）网络计划的计算工期等于其终点节点所代表的工作的最早完成时间。

在本例中，其计算工期为

$$T_c = EF_{10} = 15$$

2. 计算相邻两项工作之间的时间间隔 LAG

相邻两项工作之间的时间间隔是指其紧后工作的最早开始时间与最早完成时间的差值，其计算公式为

$$LAG_{i,j} = ES_j - EF_i$$

在本例中，工作 C 与工作 E 的时间间隔为

$$LAG_{4,6} = ES_6 - EF_4 = 4 - 2 = 2$$

3. 计算工作的总时差

工作总时差的计算应从网络计划的终点节点开始，逆着箭线方向按节点编号从大到小的顺序依次进行。

（1）网络计划终点节点 n 所代表的工作的总时差应等于计划工期与计算工期之差。当计划工期等于计算工期时，该工作的总时差为零。

（2）其他工作的总时差应等于本工作与其各紧后工作之间的时间间隔加该紧后工作的总时差所得之和的最小值。

其计算公式分别为

$$TF_n = T_p - T_c$$
$$TF_i = \min\{LAG_{i,j} + TF_j\}$$

在本例中，工作 H 和工作 D 的总时差分别为

$$TF_8 = LAG_{8,10} + TF_{10} = 3 + 0 = 3$$
$$TF_5 = \min\{LAG_{5,8} + TF_8, LAG_{5,9} + TF_9\} = \min\{0+3, 1+0\} = 1$$

4. 计算工作的自由时差

（1）网络计划终点节点 n 所代表的工作的自由时差等于计划工期与本工作的最早完成时间之差。

（2）其他工作的自由时差等于本工作与其紧后工作之间时间间隔的最小值。其计算公式分别为

$$FF_n = T_p - EF_n \quad 或 \quad FF_n = T_c - EF_n$$

$$FF_i = \min\{LAG_{i,j}\}$$

在本例中,工作 D 和工作 G 的自由时差分别为

$$FF_5 = \min\{LAG_{5,8}, LAG_{5,9}\} = \min\{0, 1\} = 0$$

$$FF_7 = LAG_{7,10} = 4$$

5. 计算工作的最迟完成时间和最迟开始时间

工作的最迟完成时间和最迟开始时间的计算可按以下两种方法进行。

1) 根据总时差计算

(1) 工作的最迟完成时间等于本工作的最早完成时间与其总时差之和。

(2) 工作的最迟开始时间等于本工作的最早开始时间与其总时差之和。

其计算公式分别为

$$LF_i = EF_i + TF_i$$

$$LS_i = ES_i + TF_i$$

在本例中,工作 G 的最迟完成时间和最迟开始时间分别为

$$LF_7 = EF_7 + TF_7 = 11 + 4 = 15$$

$$LS_7 = ES_7 + TF_7 = 6 + 4 = 10$$

2) 根据计划工期计算

工作最迟完成时间和最迟开始时间的计算应从网络计划的终点节点开始,逆着箭线方向按节点编号从大到小的顺序依次进行。

(1) 网络计划终点节点所代表的工作 n 的最迟完成时间等于计划工期,无计划工期时等于计算工期,即

$$LF_n = T_p \quad 或 \quad LF_n = T_c$$

(2) 工作的最迟开始时间等于本工作的最迟完成时间与其持续时间之差,即

$$LS_i = LF_i - D_i$$

式中:LS_i 为工作 i 的最迟开始时间;LF_i 为工作 i 的最迟完成时间;D_i 为工作 i 的持续时间。

(3) 其他工作的最迟完成时间等于该工作各紧后工作最迟开始时间的最小值,即

$$LF_i = \min\{LS_j\}$$

式中:LS_j 为工作 i 的紧后工作 j 的最迟开始时间。

在本例中,虚拟工作 FIN 和工作 G 的最迟开始时间分别为

$$LS_{10} = LF_{10} - D_{10} = 15 - 0 = 15$$

$$LS_7 = LF_7 - D_7 = 15 - 5 = 10$$

工作 H 和工作 D 的最迟完成时间分别为

$$LF_8 = LS_{10} = 15$$

$$LF_5 = \min\{LS_8, LS_9\} = \min\{12, 10\} = 10$$

6. 确定网络计划的关键线路

(1) 利用关键工作确定关键线路:如前所述,总时差最小的工作为关键工作。将这些关键工作相连,并保证相邻两项关键工作之间的时间间隔为零而构成的线路就是关键线路。

(2) 利用相邻两项工作之间的时间间隔确定关键线路:从网络计划的终点节点开始,

逆着箭线方向依次找出相邻两项工作之间时间间隔为零的线路就是关键线路。网络计划中,关键线路可以用粗箭线或双箭线标出,也可以用彩色箭线标出。

按照以上过程,其计算结果如图 6 - 25 所示。

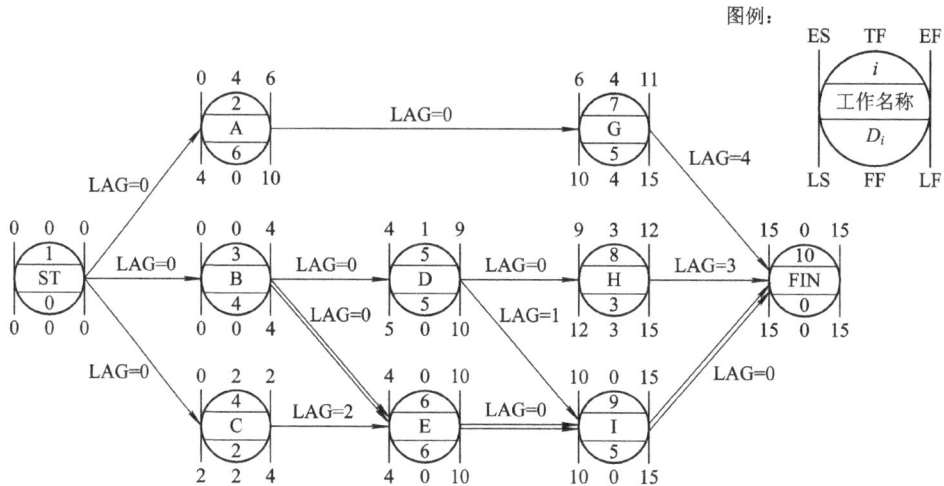

图 6 - 25　单代号网络计划

第五节　网络计划编制——双代号时标网络计划

一、双代号时标网络计划的概念及特点

时标网络计划又称为日历网络计划,是指以时间坐标为尺度绘制的网络计划。时标单位可分为小时、天、周、旬、月、季、年等,应根据需要选定。在普通网络计划中,箭线的长度并不表示时间的长短,但在时标网络计划中,箭线的长短和位置表示工作的时间长短和进程安排。

将表示工作的箭线的水平投影长度按该工作持续时间长短成比例绘制而成的双代号网络计划称双代号时标网络计划,简称时标网络计划。在时标网络计划中,必须以水平时间坐标为尺度表示工作的持续时间长短,并以实箭线表示工作,以虚箭线表示虚工作,以波形线表示工作与其紧后工作之间的时间间隔。

时标网络计划既具有网络计划的优点,又具有横道图直观易懂的优点,它能将网络计划的时间参数直观地表示出来。

二、时标网络计划的分类

根据工作开始和完成时间的不同,时标网络计划分为早时标网络计划和迟时标网络计划。

(1)早时标网络计划:指各项工作均按最早开始和最早完成绘制的时标网络计划。

(2)迟时标网络计划:指各项工作均按最迟开始和最迟完成绘制的时标网络计划。

三、时标网络计划的绘制方法

时标网络计划的绘制有间接绘制法和直接绘制法两种方法。以早时标网络计划的绘制为例介绍如下。

1. 间接绘制法

间接绘制法是指先根据无时标的网络计划计算其时间参数并确定关键线路，然后在时标网络计划表中进行绘制。在绘制时应先将所有节点按其最早时间定位在时标网络计划表中的相应位置，然后再用规定线型按比例绘出实工作和虚工作。当某些工作箭线的长度不足以到达该工作的完成节点时，须用波形线补足，箭头应画在与该工作完成节点的连接处。

2. 直接绘制法

直接绘制法是指不计算时间参数而直接按无时标的网络计划草图绘制时标网络计划。

现仍以图 6 - 24 所示网络计划为例，说明时标网络计划的绘制过程。

（1）将网络计划的起点节点定位在时标网络计划表的起始刻度线上。如图 6 - 26(a)所示，节点①就是定位在时标网络计划表的起始刻度线 0 位置上。

（2）按工作的持续时间绘制以网络计划起点节点为开始节点的工作箭线，分别绘出工作箭线 A、B 和 C，如图 6 - 26(a)所示。

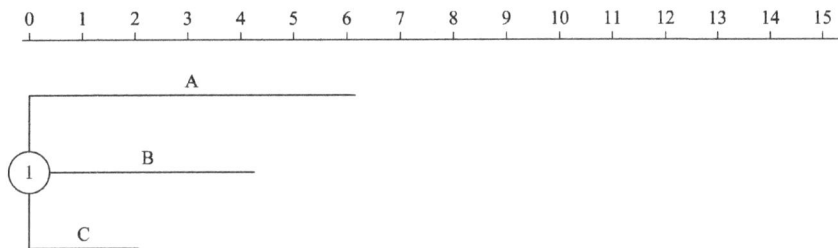

图 6 - 26(a) 直接绘制法第(1)、(2)步

（3）除网络计划的起点节点外，其他节点必须在所有以该节点为完成节点的工作箭线均绘出以后，定位在这些工作箭线最早完成时间中相对而言结束最迟的箭线末端。当某些工作箭线的长度不足以到达该节点时，需用波形线补足，箭头画在与该节点的连接处。在本例中，节点②直接定位在工作箭线 A 的末端；节点③直接定位在工作箭线 B 的末端；节点④的位置需要在绘出虚箭线 3→4 之后，定位在工作箭线 C 和虚箭线 3→4 中最迟的箭线末端，即刻度 4 的位置上。此时，工作箭线 C 的长度不足以到达节点④，因而用波形线补足，如图 6 - 26(b)所示。

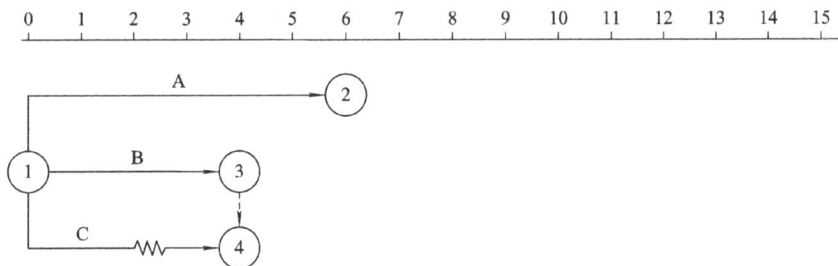

图 6 - 26(b) 直接绘制法第(3)步

（4）当某个节点的位置确定之后，即可绘制以该节点为开始节点的工作箭线。本例中，在图 6 - 26(b)的基础上，可以分别以节点②、节点③和节点④为开始节点绘制工作箭线 G、工作箭线 D 和工作箭线 E，如图 6 - 26(c)所示。

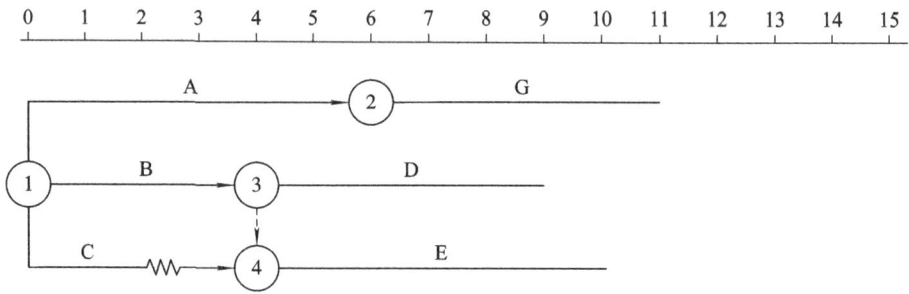

图 6－26(c)　直接绘制法第(4)步

(5) 利用上述方法，从左至右依次确定其他各个节点的位置，直至绘出网络计划的终点节点。本例中，在图 6－26(c)的基础之上，可以分别确定节点⑤和节点⑥的位置，并在它们之后分别绘制工作箭线 H 和工作箭线 I，如图 6－26(d)所示。

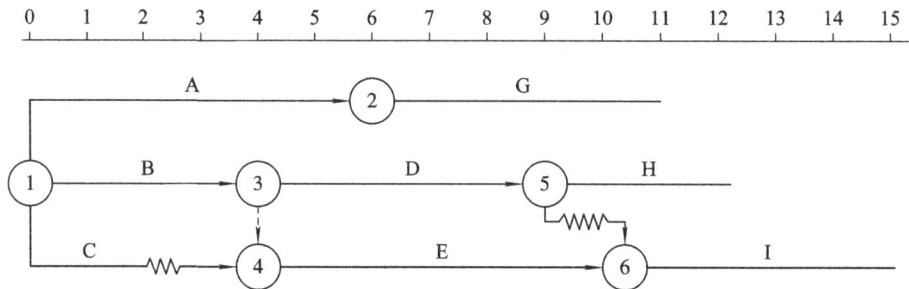

图 6－26(d)　直接绘制法第(5)步

(6) 根据工作箭线 G、工作箭线 H 和工作箭线 I 确定出终点节点的位置，所对应的时标网络计划如图 6－26(e)所示，图中双箭线表示的线路为关键线路。

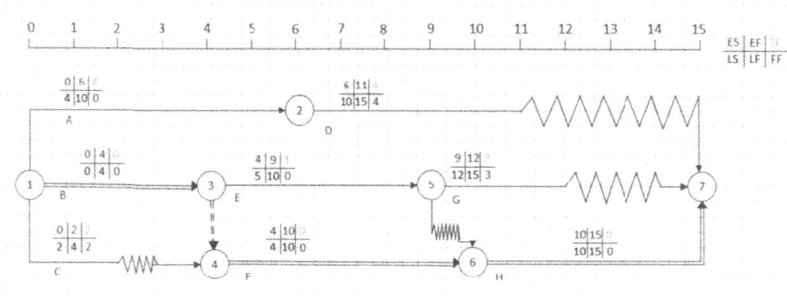

图 6－26(e)　直接绘制法第(6)步——双代号时标网络计划

四、时标网络计划中时间参数的判定

1. 关键线路和计算工期的判定

(1) 关键线路的判定。

时标网络计划中的关键线路可从网络图的终点节点开始，逆着箭线方向进行判定。凡自始至终不出现波形线的线路即为关键线路。因为不出现波形线，就说明在这条线路上相邻两项工作之间的时间间隔全部为零，也就是在计算工期等于计划工期的前提下，这些工作的总时差和自由时差全部为零。例如在图 6-26(e) 所示的时标网络计划中，线路①→③→④→⑥→⑦即为关键线路。

（2）计算工期的判定。

网络计划的计算工期应等于终点节点所对应的时标值与起点节点所对应的时标值之差。例如图 6-26(e) 中所示时标网络计划的计算工期为

$$T_c = 15 - 0 = 15$$

2. 相邻两项工作之间时间间隔的判定

除以终点节点为完成节点的工作外，工作箭线中波形线的水平投影长度表示本工作与其紧后工作之间的时间间隔。例如图 6-26(e) 中，工作 C 和工作 E 之间的时间间隔为 2，工作 D 和工作 I 之间的时间间隔为 1，其他工作之间的时间间隔均为零。

3. 工作的六个时间参数的判定

1）工作最早开始时间和最早完成时间的判定

工作箭线左端节点中心所对应的时标值为该工作的最早开始时间。当工作箭线中不存在波形线时，其右端节点中心所对应的时标值为该工作的最早完成时间；当工作箭线中存在波形线时，工作箭线实线部分右端点所对应的时标值为该工作的最早完成时间。例如在图 6-26(e) 所示的时标网络计划中，工作 A 和工作 H 的最早开始时间分别为 0 和 9，而它们的最早完成时间分别为 6 和 12。

2）工作总时差的判定

工作总时差的判定应从网络计划的终点节点开始，逆着箭线方向依次进行。

（1）以终点节点为完成节点的工作，其总时差应等于计划工期与本工作最早完成时间之差，即

$$TF_{i-n} = T_p - EF_{i-n}$$

式中，TF_{i-n} 为以网络计划终点节点 n 为完成节点的工作的总时差；T_p 为网络计划的计划工期；EF_{i-n} 为以网络计划终点节点 n 为完成节点的工作的最早完成时间。

例如在图 6-26(e) 中，假设计划工期为 15，则工作 G 和工作 I 的总时差分别为

$$TF_{2-7} = T_p - EF_{2-7} = 15 - 11 = 4$$
$$TF_{6-7} = T_p - EF_{6-7} = 15 - 15 = 0$$

（2）其他工作的总时差等于其紧后工作的总时差加本工作与该紧后工作之间的时间间隔所得之和的最小值，即

$$TF_{i-j} = \min\{TF_{j-k} + LAG_{i-j,j-k}\}$$

例如在图 6-26(e) 所示的时标网络计划中，工作 D 的总时差为

$$TF_{3-5} = \min\{TF_{5-7} + LAG_{3-5,5-7}, TF_{6-7} + LAG_{3-5,6-7}\} = \min\{3+0, 0+1\} = 1$$

3）工作自由时差的判定

（1）以终点节点为完成节点的工作，其自由时差等于计划工期与本工作最早完成时间之差，即

$$FF_{i-n} = T_p - EF_{i-n}$$

（2）其他工作的自由时差就是该工作箭线中波形线的水平投影长度。但当工作之后只紧接虚工作时，则该工作箭线上一定不存在波形线，而其紧接的虚箭线中波形线水平投影长度的最短者为该工作的自由时差。

例如，在图 6-26(e)所示的时标网络计划中，工作 A、工作 B、工作 D 和工作 E 的自由时差均为零，而工作 C 的自由时差为 2。

4）工作最迟开始时间和最迟完成时间的判定

（1）工作的最迟开始时间等于本工作的最早开始时间与其总时差之和，即

$$LS_{i-j} = ES_{i-j} + TF_{i-j}$$

例如，在图 6-26(e)中，$LS_{1-2} = ES_{1-2} + TF_{1-2} = 0 + 4 = 4$

（2）工作的最迟完成时间等于本工作的最早完成时间与其总时差之和，即

$$LF_{i-j} = EF_{i-j} + TF_{i-j}$$

例如，在图 6-26(e)中，$LF_{1-2} = EF_{1-2} + TF_{1-2} = 6 + 4 = 10$。

第六节　网络计划优化

网络计划的优化是指在一定约束条件下，按既定目标对网络计划进行不断改进，以寻求满意方案的过程。网络计划的优化目标应按计划任务的需要和条件选定，包括工期目标、费用目标和资源目标。根据优化目标的不同，网络计划的优化可分为工期优化、费用优化和资源优化三种。

一、工期优化

所谓工期优化，是指网络计划的计算工期不满足要求工期时，通过压缩关键工作的持续时间以满足要求工期的过程。

（一）工期优化的方法

网络计划工期优化的基本方法是在不改变网络计划中各项工作之间逻辑关系的前提下，通过压缩关键工作的持续时间来达到优化目标。在工期优化过程中，按照经济合理的原则，不能将关键工作压缩成非关键工作。此外，当工期优化过程中出现多条关键线路时，必须将各条关键线路的总持续时间压缩相同数值，否则，不能有效地缩短工期。

网络计划的工期优化可按下列步骤进行：

（1）确定初始网络计划的计算工期和关键线路。

（2）按要求工期计算应缩短的时间 ΔT_i，其计算公式为

$$\Delta T_i = T_a - T_r$$

式中，ΔT_i 为第 i 次优化时应缩短的时间；T_a 为第 i 次优化前网络计划的计算工期；T_r 为要求工期。

（3）选择应缩短持续时间的关键工作。

选择压缩对象时宜在关键工作中考虑下列因素：

① 缩短持续时间对质量和安全影响不大的关键工作；

② 有充足备用资源的关键工作；

③ 缩短持续时间所需增加的费用最少的关键工作。

（4）压缩选定的关键工作的持续时间，其缩短值的确定必须符合下列两条原则：

① 缩短后工作的持续时间不能小于其最短持续时间；

② 不能将原关键工作因持续时间压缩而变成非关键工作。

压缩时间用公式表示为

$$\Delta t = \min\{D_n - D_c, \ TF^f_{\min}, \ \Delta T_i\}$$

式中，Δt 为某关键工作可压缩的时间；D_n 为该工作正常作业时间；D_c 为该工作最短作业时间；$TF^f_{\min}$ 为所有非关键工作总时差的最小值。

（5）重新确定计算工期和关键线路。

（6）当计算工期仍超过要求工期时，重复上述步骤（2）～（5），直至计算工期满足要求工期或计算工期已不能再缩短为止。

（7）当所有关键工作的持续时间都已达到其能缩短的极限而仍寻求不到继续缩短工期的方案时，若网络计划的计算工期仍不能满足要求工期，则应对网络计划的原技术方案、组织方案进行调整，或对要求工期重新审定。

注意：一般情况下，双代号网络计划图中箭线下方括号外数字为工作的正常持续时间，括号内数字为最短持续时间；箭线上方括号内数字为优选系数，该系数综合考虑质量、安全和费用增加情况而确定。选择关键工作压缩其持续时间时，应选择优选系数最小的关键工作。若需要同时压缩多个关键工作的持续时间，则它们的优选系数之和（组合优选系数）最小者应优先作为压缩对象。

（二）压缩关键工作持续时间的措施

为压缩工作持续时间，必须采取一定措施。以建筑施工为例，这些措施主要包括以下几个方面：

（1）组织措施：增加工作面，增加劳动力或机械数量，增加工作时间或班次，组织流水作业等。

（2）技术措施：改变施工工艺，采用更先进的施工方法或机械设备，缩短技术间歇时间等。

（3）经济措施：实行经济及包干奖励，对所采用的技术措施进行经济补偿，提高奖金数额等。

（4）其他配套措施：改善劳动条件，加强协调，加强合同管理和信息管理等。

如果这些方法均不能奏效，则应改变要求工期或改变施工方案。

（三）应用举例

【例 6 - 12】已知某工程双代号网络计划如图 6 - 27 所示，图中箭线下方括号外数字为工作的正常持续时间，括号内数字为最短持续时间，箭线上方括号内数字为优选系数。现假设要求工期为 15 时间单位，试对其进行工期优化。

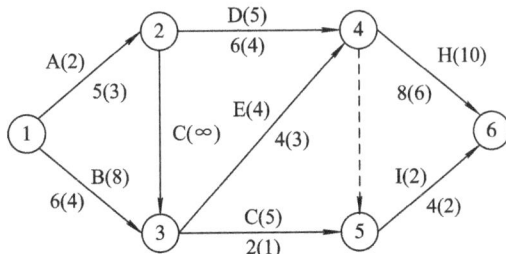

图 6 - 27　初始网络计划图

解　该网络计划的工期优化可按以下步骤进行：

（1）根据各项工作的正常持续时间，用标号法确定网络计划的计算工期和关键线路，如图 6-28 所示。此时关键线路为①→②→④→⑥，$T_0=19$。

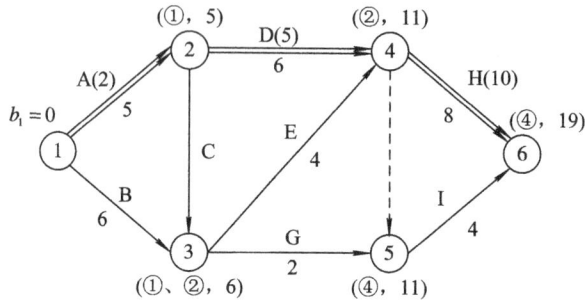

图 6-28　初始网络计划中的关键线路

（2）第一次优化。

① 需要缩短的时间：$\Delta T_1=19-15=4$。

② 选择压缩对象。

由于此时关键工作为工作 A、工作 D 和工作 H，而其中工作 A 的优选系数最小，故应将工作 A 作为优先压缩的对象。

③ 确定工作 A 可压缩的时间。

$$\Delta t = \min\{D_n - D_c, \text{TF}_{\min}^f, \Delta T_1\} = \min\{5-3, 1, 4\} = 1$$

④ 确定新的计算工期和关键线路，如图 6-29 所示，此时网络计划出现两条关键线路，即①→②→④→⑥和①→③→④→⑥，工期 $T_1=18$。

⑤ 由于此时计算工期为 18，仍大于要求工期，故需继续压缩。

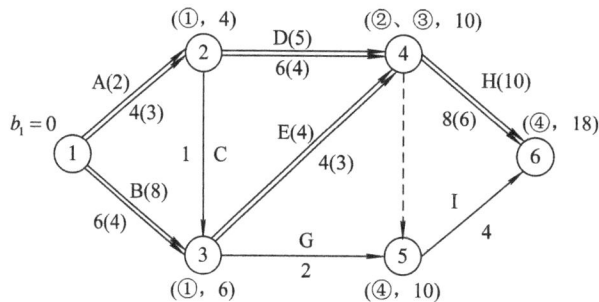

图 6-29　第一次压缩后的网络计划

（3）第二次优化。

① 需要压缩的时间：$\Delta T_2=18-15=3$。

② 选择压缩对象。在图 6-29 中所示网络计划中，有以下五个压缩方案：

a. 同时压缩工作 A 和工作 B，组合优选系数为 2+8=10；

b. 同时压缩工作 A 和工作 E，组合优选系数为 2+4=6；

c. 同时压缩工作 B 和工作 D，组合优选系数为 8+5=13；

d. 同时压缩工作 D 和工作 E，组合优选系数为 5+4=9；

e. 单独压缩工作 H，优选系数为 10。

在上述压缩方案中，选择同时压缩工作 A 和工作 E 的方案，即选择方案 b。

③ 确定工作 A 和工作 E 可压缩的时间：

$$\Delta t = \min\{D_n^a - D_c^a, \ D_n^e - D_c^e, \ \mathrm{TF}_{\min}^f, \ \Delta T_2\} = \min\{4-3, \ 4-3, \ 1, \ 3\} = 1$$

④ 确定新的计算工期和关键线路，如图 6-30 所示。此时，关键线路仍为两条，即 ①→②→④→⑥ 和 ①→③→④→⑥，工期 $T_1 = 17$。

（4）由于此时计算工期为 17，仍大于要求工期，故需继续压缩。

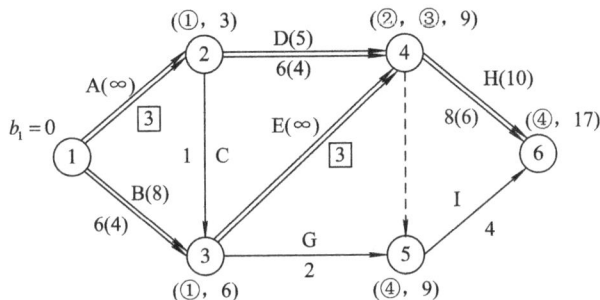

图 6-30 第二次压缩后的网络计划

（5）第三次优化。

① 需要压缩的时间：$\Delta T_3 = 17 - 15 = 2$。

② 选择压缩对象。此时，在图 6-30 中关键工作 A 和工作 E 的持续时间已达最短，不能再压缩，故只有两个方案可供选择：

a. 同时压缩工作 B 和工作 D，组合优选系数为 $8+5=13$；

b. 压缩工作 H，优选系数为 10。

在上述方案中选择压缩工作 H，即方案 b。

③ 确定工作 H 可压缩的时间：

$$\Delta t = \min\{D_n - D_c, \ \mathrm{TF}_{\min}^f, \ \Delta T_3\} = \min\{2, 2, 2\} = 2$$

④ 确定新的计算工期和关键线路，如图 6-31 所示。此时，计算工期为 15，已等于要求工期，故图 6-31 所示网络计划即为最优方案。

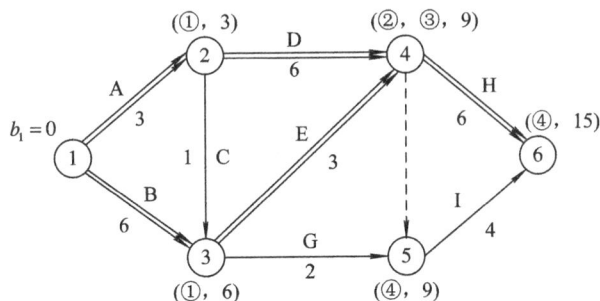

图 6-31 工期优化后的网络计划

二、费用优化

费用优化又称工期—成本优化，是指寻求工程总成本最低时的工期安排或按要求工期寻求最低成本的计划安排的过程。

（一）费用和时间的关系

建筑安装工程施工成本由直接费和间接费组成。直接费主要由人工费、材料费、机械使用费等组成，直接费会随着工期的缩短而增加。间接费包括企业经营管理的全部费用，它一般会随着工期的缩短而减少。工程费用与工期的关系如图 6 - 32 所示。

（二）费用优化的基本原理

对网络计划中的每一项工作，其费用与持续时间之间的关系类似于工程费用与工期之间的关系。其中，工作间接费与持续时间之间的关系被认为近似是一条直线，直线斜率称为间接费率，指工期或作业持续时间每缩短一个单位时间引起间接费的变化率；直接费与工作持续时间之间的关系为非线性关系，为简化计算，近似地用一条割线表示，如图 6 - 33 所示，直接费率的计算公式如下：

$$K_{i-j} = \frac{CC_{i-j} - CN_{i-j}}{DN_{i-j} - DC_{i-j}}$$

式中：K_{i-j} 为工作 $i-j$ 的直接费率；CC_{i-j} 为按最短持续时间完成工作 $i-j$ 时所需的直接费；CN_{i-j} 为按正常持续时间完成工作 $i-j$ 时所需的直接费；DN_{i-j} 为工作 $i-j$ 的正常持续时间；DC_{i-j} 为工作 $i-j$ 的最短持续时间。

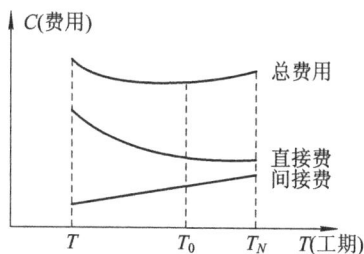

图 6 - 32　工程费用与工期的关系图　　　　图 6 - 33　工作持续时间与直接费的关系

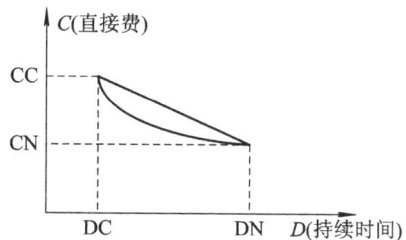

假如，网络计划通过压缩某关键工作的持续时间，使工期缩短了一个时间 Δt，由此引起的费用变化为 ΔC，则

$$\Delta C = (K_{i-j} - \varepsilon) \cdot \Delta t$$

式中：ε 为工程间接费的费率；其他符号意义同上。

如果 $\Delta C < 0$，说明工期缩短一个单位时间 Δt 后，费用减少了，工期更优化了。

（三）费用优化的方案步骤

费用优化的基本思路是不断地在网络计划中找出直接费率（或组合直接费率）最小的关键工作，缩短其持续时间，同时考虑间接费率随工期缩短而减少的数值，最后求得工程总成本最低时的最优工期。

按照上述基本思路，费用优化可按以下步骤进行：

（1）按工作的正常持续时间确定计算工期和关键线路。

（2）计算各项工作的直接费率。

（3）当只有一条关键线路时，应找出直接费率最小的一项关键工作，作为缩短持续时间的对象；当有多条关键线路时，应找出组合直接费率最小的一组关键工作，作为缩短持续时间的对象。

（4）对选定的压缩对象，比较其直接费率或组合直接费率与工程间接费率的大小。

① 如果被压缩对象的直接费率或组合直接费率大于工程间接费率，说明压缩关键工作的持续时间会使工程总费用增加，此时应停止缩短关键工作的持续时间，在此之前的方案即为优化方案。

② 如果被压缩对象的直接费率或组合直接费率等于工程间接费率，说明压缩关键工作的持续时间不会使工程总费用增加，故应缩短关键工作的持续时间。

③ 如果被压缩对象的直接费率或组合直接费率小于工程间接费率，说明压缩关键工作的持续时间会使工程总费用减少，故应缩短关键工作的持续时间。

（5）当需要缩短关键工作的持续时间时，其缩短值用公式表示为

$$\Delta t = \min\{D_n - D_c, \ \mathrm{TF}_{\min}^f\}$$

（6）计算关键工作持续时间缩短后总费用的变化。

（7）重复上述（3）～（6）步骤，直至得到优化方案。

（四）应用举例

【例 6-13】 已知某工程初始双代号网络计划如图 6-34 所示，图中箭线下方括号外数字为工作正常时间，括号内数字为最短持续时间；箭线上方括号内数字为工作的直接费费率。假设该工程间接费率为 22 千元/天，时间单位为天。试确定其最优工期。

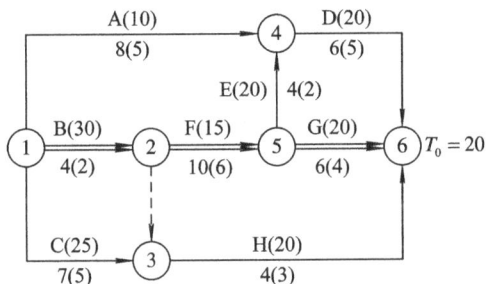

图 6-34　费用优化初始网络图

解　（1）计算初始工期，确定关键线路。可得 $T_0 = 20$ 天，关键线路如图 6-34 所示。

（2）第一次优化。

① 确定压缩对象，可行方案如下：

a. 压缩工作 1—2，其中 $k_{1-2} = 30$（千元/天）；

b. 压缩工作 2—5，其中 $k_{2-5} = 15$（千元/天）；

c. 压缩工作 5—6，其中 $k_{5-6} = 20$（千元/天）；

故选择压缩工作 2—5 即方案 b，且 $(k_{2-5} = 15) < (\varepsilon = 22)$（千元/天），可以压缩。

② 确定压缩时间：$\Delta t_{2-5} = \min\{D_n - D_c, \ \mathrm{TF}_{\min}^f\} = \min\{10 - 6, 2\} = 2$（天）。

③ 费用变化：$\Delta C = \Delta t \cdot (k_{2-5} - \varepsilon) = 2 \times (15 - 22) = -14$（千元）。

所以，$T_1 = T_0 - 2 = 20 - 2 = 18$（天），优于 $T_0 = 20$（天）。

④ 第一次优化后的网络图如图 6-35 所示。

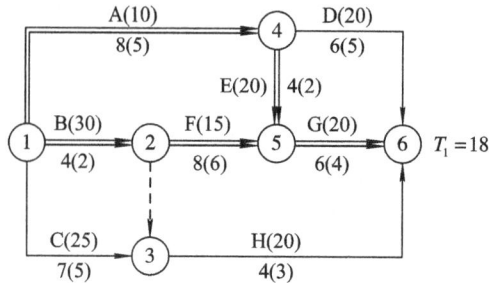

图 6-35　第一次优化后的网络图

（3）第二次优化。

① 确定压缩对象，可行方案有：

a. 同时压缩工作 1—2 和工作 1—4，$k_{1-2}+k_{1-4}=40$（千元/天）；

b. 同时压缩工作 1—2 和工作 4—5，$k_{1-2}+k_{4-5}=50$（千元/天）；

c. 同时压缩工作 2—5 和工作 1—4，$k_{2-5}+k_{1-4}=25$（千元/天）；

d. 同时压缩工作 2—5 和工作 4—5，$k_{2-5}+k_{4-5}=35$（千元/天）；

e. 压缩工作 5—6，$k_{5-6}=20$（千元/天）。

故选择压缩工作 5—6，即方案 e 且（$k_{5-6}=20$）<（$\varepsilon=22$）（千元/天），可以压缩。

② 确定压缩时间：$\Delta t_{5-6}=\min\{D_n-D_c,\ \mathrm{TF}^f_{\min}\}=\min\{6-4,\ 4\}=2$（天）。

③ 费用变化：$\Delta C=\Delta t(k_{5-6}-\varepsilon)=2\times(20-22)=-4$（千元）。

由此可见：$T_2=T_1-2=18-2=16$（天），优于 $T_1=18$（天）。

④ 第二次优化后的网络图如图 6-36 所示。

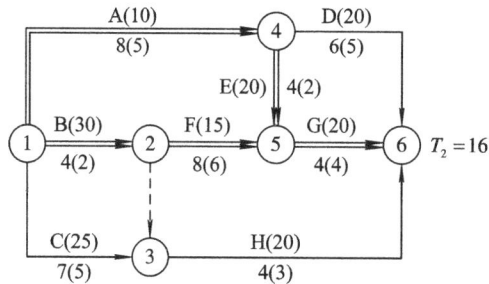

图 6-36　第二次优化后的网络图

（4）第三次优化。

确定压缩对象，可行方案有：

a. 同时压缩工作 1—2 和工作 1—4，$k_{1-2}+k_{1-4}=40$（千元/天）；

b. 同时压缩工作 1—2 和工作 4—5，$k_{1-2}+k_{4-5}=50$（千元/天）；

c. 同时压缩工作 2—5 和工作 1—4，$k_{2-5}+k_{1-4}=25$（千元/天）；

d. 同时压缩工作 2—5 和工作 4—5，$k_{2-5}+k_{4-5}=35$（千元/天）。

选择方案 c，但（$k_{2-5}+k_{1-4}=25$）>（$\varepsilon=22$）（千元/天），故不能压缩。

结论：该工作最优工期为 16 天，最优计划方案如图 6-36 所示。

第七节 单代号搭接网络计划

在工程实施中，为了缩短工期，常常将许多工序安排成平行搭接方式进行。这种平行搭接关系，如果用一般网络计划描述，将会增加网络图绘制和计算的工作量，且图面复杂，不容易掌握。在 20 世纪 70 年代，出现了能够反映各种搭接关系的网络计划技术，它补充和扩大了网络计划的应用范围，简化了网络图的表达方式，得到了广泛的应用。

搭接网络计划是用搭接关系与时距表明紧邻工序之间逻辑关系的一种网络计划，有双代号和单代号两种表达方式。由于双代号搭接网络图与普通双代号网络图无多大差别，而单代号搭接网络图比较简明，故使用较普遍，本节仅介绍单代号搭接网络计划。

一、工序的基本搭接关系

单代号搭接网络计划有以下四种基本的工序搭接关系：

(1) 结束到开始的搭接关系（用 FS 或 FTS 表示）：指相邻两工序，前项工序 i 结束后，经过时距 $Z_{i,j}$，后面工序 j 才能开始的搭接关系。当 $Z_{i,j}=0$ 时，表示相邻两工序之间没有间歇时间，即前项工序结束，后面工序立即开始，这就是一般网络图。

(2) 开始到开始的搭接关系（用 SS 或 STS 表示）：指相邻两工序，前项工序 i 开始以后，经过时距 $Z_{i,j}$，后面工序 j 才能开始的搭接关系。

(3) 结束到结束的搭接关系（用 FF 或 FTF 表示）：指相邻两工序，前项工序 i 结束以后，经过时距 $Z_{i,j}$，后面工序 j 才能结束的搭接关系。

(4) 开始到结束的搭接关系（用 SF 或 STF 表示）：指相邻两工序，前项工序 i 开始以后，经过时距 $Z_{i,j}$，后面工序 j 才能结束的搭接关系。

四种基本搭接关系的表示方式如表 6-5 所示。

除以上搭接关系外，还有组合型搭接关系，最常用的是 SS 和 FF 之间的组合。

表 6-5 搭接关系及其表示方法

相邻工作的搭接关系	搭接网络的示意图形式表示	计算关系
完成到开始（FTS）	i →FTS→ j	$ES_j = EF_i + FTS_{i,j}$ $LF_i = LS_j - FTS_{i,j}$
开始到开始（STS）	i j STS	$ES_j = ES_i + STS_{i,j}$ $LS_i = LS_j - STS_{i,j}$
完成到完成（FTF）	i j FTF	$EF_j = EF_i + FTF_{i,j}$ $LF_i = LF_j - FTF_{i,j}$
开始到完成（STF）	i j STF	$EF_j = ES_i + STF_{i,j}$ $LS_i = LF_j - STF_{i,j}$

二、单代号搭接网络图的绘制

单代号搭接网络图的绘制与单代号网络图的绘制方法基本相同。首先根据工序的工艺关系与组织关系绘制工序逻辑关系表，确定相邻工序的搭接类型与搭接时距；其次根据工序逻辑关系表，按单代号网络图的绘制方法，绘制单代号网络图；最后将搭接类型与时距标注在工序箭线上。

需强调指出：与一般网络图相同，在单代号搭接网络图中，也不允许有两个或两个以上的开始节点或结束节点。此时，可通过增加虚箭线来解决这一问题，如图 6-37 中的虚箭线 1→6 和虚箭线 7→9。

【例 6-14】 某工程各项工作搭接关系及时距如表 6-6 所示，试绘制搭接网络图。

表 6-6　工作搭接关系及时距

工作名称	作业时间	紧前工作	搭接关系	搭接时距 $Z_{i,j}$
A	5	—	—	—
B	8	—	—	—
C	10	A	SS	2
D	20	A	FF	15
		B	FS	4
		C	SS	11
E	15	B	FF	3
F	13	C	FS	15
		D	FS	4
G	8	D	SS	10
			FF	5
		E	FS	3
		F	SS	3

解　（1）根据搭接网络图绘制规则，结合工作搭接类型绘制的搭接网络图如图 6-37 所示。

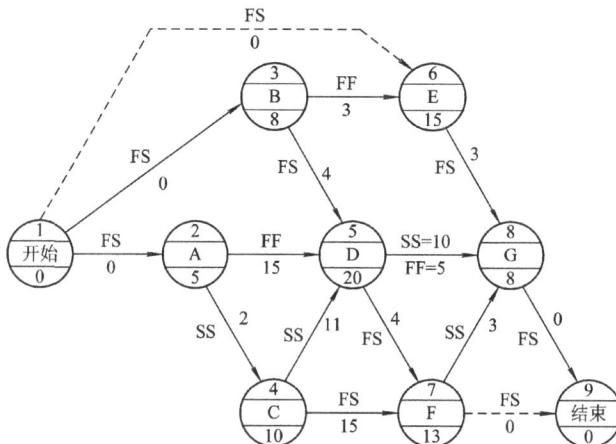

图 6-37　单代号搭接网络图的绘制

（2）在图 6-37 中，6 号节点工作 E 的开始时间无约束条件，故应在其前增加一条虚箭线 1→6；7 号节点工作 F 的结束时间无约束条件，应在其后增加一条虚箭线 7→9。

三、单代号搭接网络计划时间参数的计算

单代号搭接网络计划时间参数的计算与前述单代号网络计划和双代号网络计划时间参数的计算原理基本相同。但在计算公式和方法上有两点区别：其一，需要考虑搭接类型；其二，需要考虑搭接时距 $Z_{i,j}$。具体计算公式见表 6-7。

表 6-7 单代号搭接网络计划时间参数的计算

搭接类型	ES_j 与 EF_j （紧前工作为 i）	LS_i 与 LF_i （紧后工作为 j）	FF_i
FS	$ES_j = EF_i + Z_{i,j}$	$LF_i = LS_j - Z_{i,j}$	$FF_i = ES_j - EF_i - Z_{i,j}$
FS	$EF_j = ES_j + D_j$	$LS_i = LF_i - D_i$	$FF_i = ES_j - EF_i - Z_{i,j}$
SS	$ES_j = ES_i + Z_{i,j}$	$LS_i = LS_j - Z_{i,j}$	$FF_i = ES_j - ES_i - Z_{i,j}$
SS	$EF_j = ES_j + D_j$	$LF_i = LS_i + D_i$	$FF_i = ES_j - ES_i - Z_{i,j}$
FF	$EF_j = EF_i + Z_{i,j}$	$LF_i = LF_j - Z_{i,j}$	$FF_i = EF_j - EF_i - Z_{i,j}$
FF	$ES_j = EF_j - D_j$	$LS_i = LF_i - D_i$	$FF_i = EF_j - EF_i - Z_{i,j}$
SF	$EF_j = ES_i + Z_{i,j}$	$LS_i = LF_j - Z_{i,j}$	$FF_i = EF_j - ES_i - Z_{i,j}$
SF	$ES_j = EF_j - D_j$	$LF_i = LS_i + D_i$	$FF_i = EF_j - ES_i - Z_{i,j}$

当有多项紧前工作时，应按表 6-7 中相应公式计算出 ES、EF 后取最大值作为本工作的最早开始和最早完成时间。当有多项紧后工作时，应按表 6-7 中相应公式计算出 LF、LS 后取最小值作为本工作的最迟完成和最迟开始时间。自由时差的计算需要考虑各种搭接关系，按表 6-7 中相应公式计算后取最小值作为本工作的自由时差。总时差的计算与前述普通单代号图计算方法相同，不再赘述。

现以图 6-37 中的 5 号节点工作 D 为例，说明其计算方法。本例全部时间参数计算结果如图 6-38 所示，箭线旁边数字为时间间隔 LAG，此时 LAG＝紧后工作 ES 或 EF－紧前工作 ES 或 EF－搭接时距。其计算过程如下：

（1）工作 D 的最早开始时间和最早完成时间的计算。

① 3 号节点工作 B 与 5 号节点工作 D 为 FS 型搭接关系：

$$ES_5 = EF_3 + Z_{3,5} = 8 + 4 = 12$$
$$EF_5 = ES_5 + D_5 = 12 + 20 = 32$$

② 2 号节点工作 A 与 5 号节点工作 D 为 EF 型搭接关系：

$$EF_5 = EF_2 + Z_{2,5} = 5 + 15 = 20$$
$$ES_5 = EF_5 - D_5 = 20 - 20 = 0$$

③ 4 号节点工作 C 与 5 号节点工作 D 为 SS 型搭接关系：

$$ES_5 = ES_4 + Z_{4,5} = 2 + 11 = 13$$
$$EF_5 = ES_5 + D_5 = 13 + 20 = 33$$

④ 在上述约束条件中，取 ES、EF 的最大值作为 5 号节点工作 D 的最早开始和最早完

成时间，即

$$ES_5 = ES_4 + Z_{4,5} = 2 + 11 = 13$$

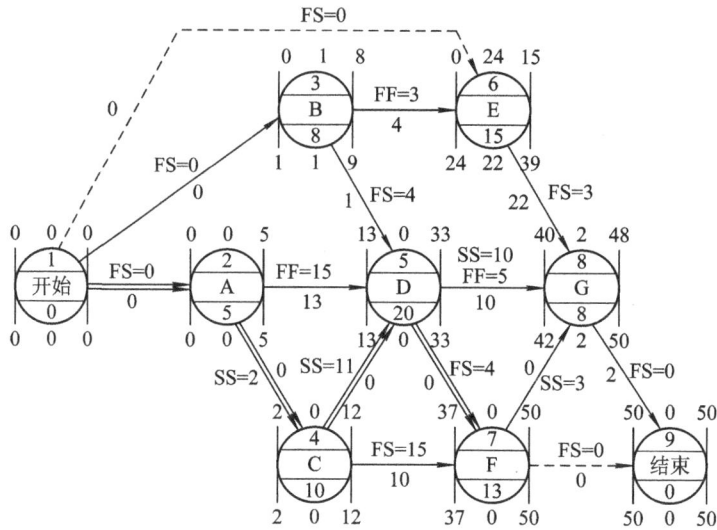

图 6-38　单代号搭接网络图时间参数计算结果

（2）工作 D 的最迟开始和最迟完成时间的计算。

① 5 号节点工作 D 与 8 号节点工作 G 为 SS 和 FF 混合型搭接关系。

SS 型搭接关系：

$$LS_5 = LS_8 - Z_{5,8} = 42 - 10 = 32$$
$$LF_5 = LS_5 + D_5 = 32 + 20 = 52$$

FF 型搭接关系：

$$LF_5 = LF_8 - Z_{5,8} = 50 - 5 = 45$$
$$LS_5 = LF_5 - D_5 = 45 - 20 = 25$$

② 5 号节点工作 D 与 7 号节点工作 F 为 FS 型搭接关系：

$$LF_5 = LS_7 - Z_{5,7} = 37 - 4 = 33$$
$$LS_5 = LF_5 - D_5 = 33 - 20 = 13$$

在上述约束条件中，取 LS、LF 的最小值作为 5 号节点工作 D 的最迟开始和最迟完成时间，即

$$LF_5 = LS_7 - Z_{5,7} = 37 - 4 = 33$$
$$LS_5 = LF_5 - D_5 = 33 - 20 = 13$$

（3）工作 D 的总时差和自由时差计算：

$$TF_5 = LF_5 - EF_5 = 33 - 33 = 0$$
$$FF_5 = \min\{ES_8 - ES_5 - Z_{5,8},\ EF_8 - EF_5 - Z_{5,8},\ ES_7 - EF_5 - Z_{5,7}\}$$
$$= \min\{40 - 13 - 10,\ 48 - 33 - 5,\ 37 - 33 - 4\} = 0$$

（4）工作 D 与工作 A 之间的时间间隔计算：

$$LAG_{a,d} = EF_d - EF_a - FF_z = 33 - 5 - 15 = 13$$

第八节　工程项目实施阶段进度控制

一、实际进度监测与调整的系统过程

(一) 进度监测的系统过程

在建设工程实施过程中，监理工程师应经常地、定期地对进度计划的执行情况进行跟踪检查，发现问题后，及时采取措施加以解决。建设工程进度监测系统的过程如图 6 - 39 所示。

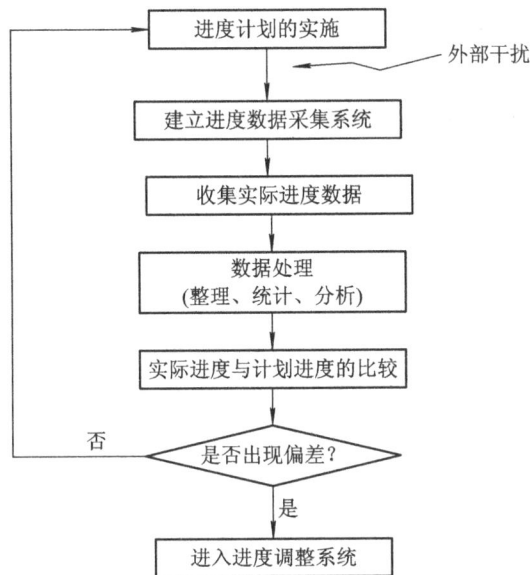

图 6 - 39　建设工程进度监测系统过程

1. 进度计划执行过程中的跟踪检查

对进度计划的执行情况进行跟踪检查是进度控制的关键步骤，其结果是计划执行信息的主要来源，是进度分析和调整的依据。跟踪检查的主要工作是定期收集反映工程实际进度的有关数据，收集的数据应当全面、真实、可靠，不完整或不正确的进度数据将导致判断不准确或决策失误。为了全面、准确地掌握进度计划的执行情况，监理工程师应认真做好以下三方面的工作：

(1) 定期收集进度报表资料。进度报表是反映工程实际进度的主要资料之一。进度计划执行单位应按照进度监理制度规定的时间和报表内容，定期填写进度报表。监理工程师通过收集进度报表资料掌握工程实际进展情况。

(2) 现场实地检查工程进展情况。派监理人员常驻现场，随时检查进度计划的实际执行情况，这样可以加强进度监测工作，掌握工程实际进度的第一手资料，使获取的数据更加及时、准确。

(3) 定期召开现场会议。通过定期召开现场会议，监理工程师与进度计划执行单位的有关人员可以面对面地交谈，既可以了解工程实际进度状况，也可以协调有关方面的进度关系。

一般来说，进度控制的效果与收集数据资料的时间间隔有关。究竟多长时间进行一次进度检查，这是监理工程师应当确定的问题。如果不能经常地、定期地收集实际进度数据，就难以有效地控制实际进度。进度检查的时间间隔与工程项目的类型、规模、监理对象及有关条件等多方面因素相关，可视工程的具体情况，每月、每半月或每周进行一次检查。在特殊情况下，甚至需要每日进行一次进度检查。

2. 整理、统计和分析收集到的实际进度数据

为了进行实际进度与计划进度的比较，必须对收集到的实际进度数据进行加工处理，形成与计划进度具有可比性的数据。例如，对检查时段实际完成工作量的进度数据进行整理、统计和分析，确定本期累计完成的工作量、本期已完成的工作量占计划总工作量的百分比等。

3. 实际进度与计划进度的对比分析

将实际进度数据与计划进度数据进行比较，可以确定建设工程实际执行状况与计划目标之间的差距。为了直观地反映实际进度偏差，通常采用表格或图形进行实际进度与计划进度的对比分析，从而得出实际进度比计划进度超前、滞后还是一致的结论。

（二）进度调整的系统过程

在建设工程实施进度监测过程中，一旦发现实际进度偏离计划进度，即出现进度偏差时，必须认真分析产生偏差的原因及其对后续工作和总工期的影响，必要时采取合理、有效的进度计划调整措施，确保进度总目标的实现。进度调整的系统过程如图 6-40 所示。

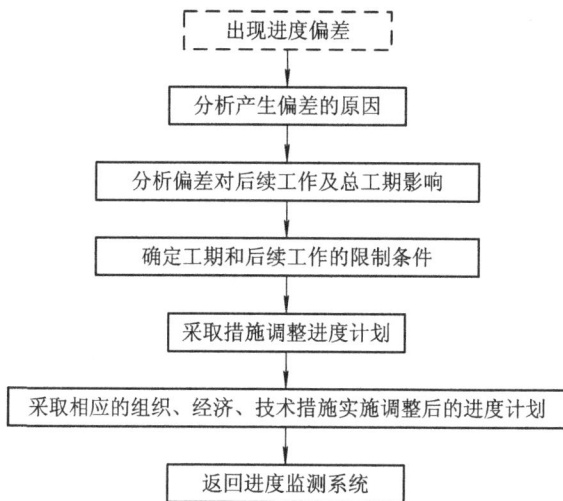

图 6-40　建设工程进度调整的系统过程

（1）分析进度偏差产生的原因。通过实际进度与计划进度的比较，发现进度偏差时，为了采取有效措施调整进度计划，必须深入现场进行调查，分析产生进度偏差的原因。

（2）分析进度偏差对后续工作及总工期的影响。当查明进度偏差产生的原因之后，要分析进度偏差对后续工作和总工期的影响程度，以确定是否应采取措施调整进度计划。

（3）确定后续工作和总工期的限制条件。当出现的进度偏差影响到后续工作或总工期而需要采取进度调整措施时，应当首先确定可调整进度的范围，主要指关键节点、后续工作的限制条件以及总工期允许变化的范围。这些限制条件往往与合同条件有关，需要认真分析后确定。

（4）采取措施调整进度计划。采取措施调整进度计划，应以后续工作和总工期的限制条件为依据，确保要求的进度目标得到实现。

（5）实施调整后的进度计划。进度计划调整之后，应采取相应的组织、经济、技术措施执行它，并继续监测其执行情况。

二、实际进度与计划进度的比较方法

实际进度与计划进度的比较是建设工程进度监测的主要环节。常用的进度比较方法有横道图、S形曲线、香蕉形曲线、前锋线、列表比较法等。

（一）横道图比较法

横道图比较法是指将项目实施过程中收集到的数据，经加工整理后直接用横道线平行绘于原计划的横道线处，进行实际进度与计划进度的比较方法。采用横道图比较法，可以形象、直观地反映实际进度与计划进度的比较情况。

例如某工程项目基础工程的计划进度和截止到第 9 周末的实际进度如图 6-41 所示，其中细线条表示该工程计划进度，粗实线表示实际进度。从图中实际进度与计划进度的比较可以看出：到第 9 周末进行实际进度检查时，挖土方和做垫层两项工作已经完成；支模板按计划也应该完成，但实际只完成 75%，任务量拖欠 25%；绑扎钢筋按计划应该完成 60%，而实际只完成 20%，任务量拖欠 40%。

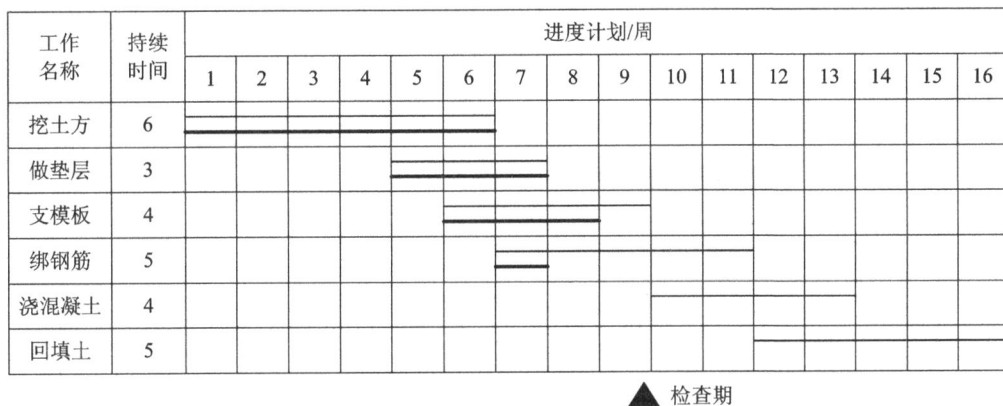

工作名称	持续时间	进度计划/周															
		1	2	3	4	5	6	7	8	9	10	11	12	13	14	15	16
挖土方	6																
做垫层	3																
支模板	4																
绑钢筋	5																
浇混凝土	4																
回填土	5																

▲ 检查期

图 6-41　某基础工程实际进度与计划进度横道比较图

根据各项工作的进度偏差，进度控制者可以采取相应的纠偏措施对进度计划进行调整，以确保该工程按期完成。

图 6-41 所表达的比较方法仅适用于工程项目中的各项工作都是均匀进展的情况，即每项工作在单位时间内完成的任务量都相等的情况。事实上，工程项目中各项工作的进展不一定是匀速的。根据工程项目中各项工作的进展是否匀速，可分别采用以下两种方法进

行实际进度与计划进度的比较。

1. 匀速进展横道图比较法

匀速进展是指在工程项目中，每项工作在单位时间内完成的任务量都是相等的，即工作的进展速度是均匀的。此时，每项工作累计完成的任务量与时间呈线性关系，如图6-42所示。完成的任务量可以用实物工程量、劳动消耗量或费用支出表示。为了便于比较，通常用上述物理量的百分比表示。

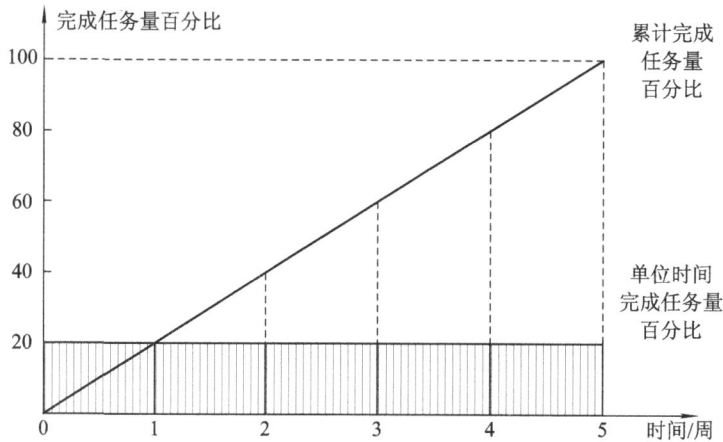

图6-42　工作匀速进展时任务量与时间的关系曲线

采用匀速进展横道图比较法时，其步骤如下：

（1）编制横道图进度计划。

（2）在进度计划上标出检查日期。

（3）将检查收集到的实际进度数据经加工整理后按比例用涂黑的粗线标于计划进度的下方，如图6-43所示。

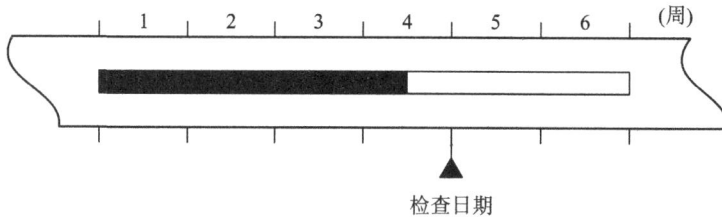

图6-43　匀速进展横道图比较图

（4）对比分析实际进度与计划进度。

① 如果涂黑的粗线右端落在检查日期左侧，表明实际进度拖后；

② 如果涂黑的粗线右端落在检查日期右侧，表明实际进度超前；

③ 如果涂黑的粗线右端与检查日期重合，表明实际进度与计划进度一致。

必须指出，该方法仅适用于工作从开始到结束的整个过程中，其进展速度均为固定不变的情况。如果工作的进展速度是变化的，则不能采用这种方法进行实际进度与计划进度的比较；否则，会得出错误的结论。

2. 非匀速进展横道图比较法

当工作在不同单位时间里的进展速度不相等时，累计完成的任务量与时间的关系就不可能是线性关系。此时，应采用非匀速进展横道图比较法进行工作实际进度与计划进度的比较。

非匀速进展横道图比较法在用涂黑粗线表示工作实际进度的同时，还要标出其对应时刻完成任务量的累计百分比，并将该百分比与其同时刻计划完成任务量的累计百分比相比较，判断工作实际进度与计划进度之间的关系。

采用非匀速进展横道图比较法时，其步骤如下：

（1）编制横道图进度计划。

（2）在横道线上方标出各主要时间工作的计划完成任务量累计百分比。

（3）在横道线下方标出相应时间工作的实际完成任务量累计百分比。

（4）用涂黑粗线标出工作的实际进度，从开始之日标起，同时反映出该工作在实施过程中的连续与间断情况。

（5）通过比较同一时刻实际完成任务量累计百分比和计划完成任务量累计百分比，判断工作实际进度与计划进度之间的关系：

① 如果同一时刻横道线上方累计百分比大于横道线下方累计百分比，表明实际进度拖后，拖欠的任务量为二者之差；

② 如果同一时刻横道线上方累计百分比小于横道线下方累计百分比，表明实际进度超前，超前的任务量为二者之差；

③ 如果同一时刻横道线上下方两个累计百分比相等，表明实际进度与计划进度一致。

可以看出，由于工作进展速度是变化的，因此，在图中的横道线，无论是计划的还是实际的，只能表示工作的开始时间、完成时间和持续时间，并不表示计划完成的任务量和实际完成的任务量。另外，采用非匀速进展横道图比较法，不仅可以进行某一时刻（如检查日期）实际进度与计划进度的比较，还能进行某一时间段实际进度与计划进度的比较。当然，这需要实施部门按规定的时间记录当时的任务完成情况。

横道图比较法虽有记录与比较简单、形象直观、易于掌握、使用方便等优点，但由于其以横道计划为基础，因此带有局限性。在横道计划中，各项工作之间的逻辑关系表达不明确，关键工作和关键线路无法确定。一旦某些工作实际进度出现偏差时，难以预测其对后续工作和工程总工期的影响，也就难以确定相应的进度计划调整方法。因此，横道图比较法主要用于工程项目中某些工作实际进度与计划进度的局部比较。

（二）S曲线比较法

1. S形曲线的概念

S曲线比较法是指以横坐标表示时间，纵坐标表示累计完成任务量，绘制一条按计划时间累计完成任务量的S曲线；然后将工程项目实施过程中各检查时间实际累计完成任务量的S曲线也绘制在同一坐标系中，进行实际进度与计划进度比较的一种方法。

从整个工程项目实际进展全过程看，单位时间投入的资源量一般是开始和结束时较少，中间阶段较多。与其相对应，单位时间完成的任务量也呈同样的变化规律。而随工程进展累计完成的任务量则应呈S形变化。由于其形似英文字母S，S曲线因此而得名，如图

6 - 44 所示。

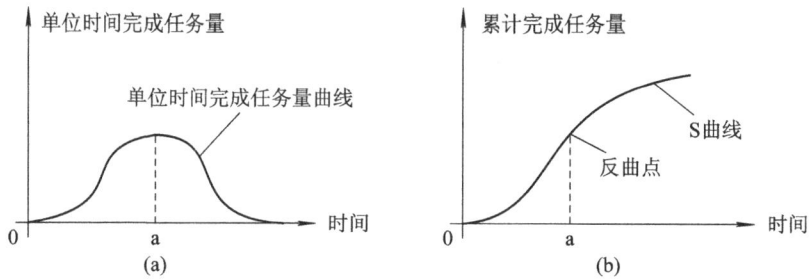

图 6 - 44　时间与完成任务量关系的 S 曲线

2．S 形曲线的绘制方法

（1）确定单位时间计划和实际完成的任务量。

（2）确定单位时间计划和实际累计完成的任务量。

（3）确定单位时间计划和实际累计完成任务量的百分比。

（4）绘制计划和实际的 S 形曲线。

（5）分析比较 S 形曲线。

3．S 形曲线的比较分析

同横道图比较法一样，S 曲线比较法也是在图上进行工程项目实际进度与计划进度的直观比较。在工程项目实施过程中，按照规定时间将检查收集到的实际累计完成任务量绘制在原计划 S 曲线图上，即可得到实际进度 S 曲线，如图 6 - 45 所示。

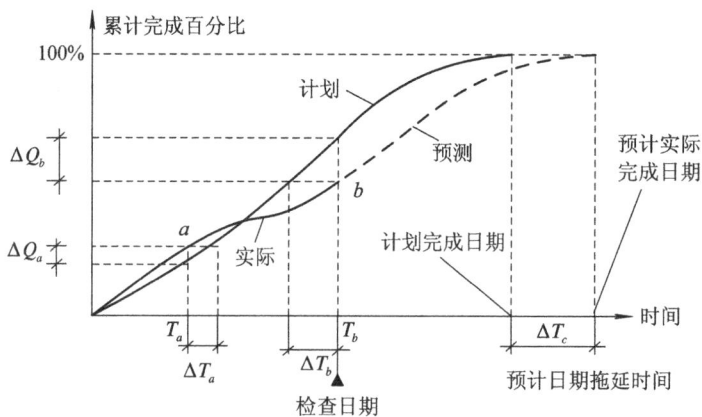

图 6 - 45　S 曲线比较图

通过比较实际进度 S 曲线和计划进度 S 曲线，可以获得如下信息：

（1）工程项目实际进展状况。如果工程实际进展点落在计划 S 曲线左侧，表明此时实际进度比计划进度超前，如图 6 - 45 中的 a 点；如果工程实际进展点落在 S 计划曲线右侧，表明此时实际进度拖后，如图 6 - 45 中的 b 点；如果工程实际进展点正好落在计划 S 曲线上，则表示此时实际进度与计划进度一致。

（2）工程项目实际进度超前或拖后的时间。在 S 曲线比较图中可以直接读出实际进度比计划进度超前或拖后的时间。如图 6 - 45 所示，ΔT_a 表示 T_a 时刻实际进度超前的时间；ΔT_b 表示 T_b 时刻实际进度拖后的时间。

（3）工程项目实际超额或拖欠的任务量。在 S 曲线比较图中也可直接读出实际进度比计划进度超额或拖欠的任务量。如图 6-45 所示，ΔQ_a 表示 T_a 时刻超额完成的任务量，表示 T_b 时刻拖欠的任务量。

（4）后期工程进度预测。如果后期工程按原计划速度进行，则可做出后期工程计划 S 曲线如图 6-45 中虚线所示，从而可以确定工期拖延预测值 ΔT。

（三）香蕉曲线比较法

香蕉曲线是由两条 S 曲线组合而成的闭合曲线。由 S 曲线比较法可知，工程项目累计完成的任务量与计划时间的关系，可以用一条 S 曲线表示。对于一个项目的网络计划来说，如果以其中各项工作的最早开始时间安排进度而绘制 S 曲线，则称为 ES 曲线；如果以其中各项工作的最迟开始时间安排进度而绘制 S 曲线，则称为 LS 曲线。两条 S 曲线具有相同的起点和终点，因此，两条曲线是闭合的。在一般情况下，ES 曲线上的其余各点均落在 LS 曲线的相应点的左侧。由于该闭合曲线形似香蕉，故称为香蕉曲线，如图 6-46 所示。

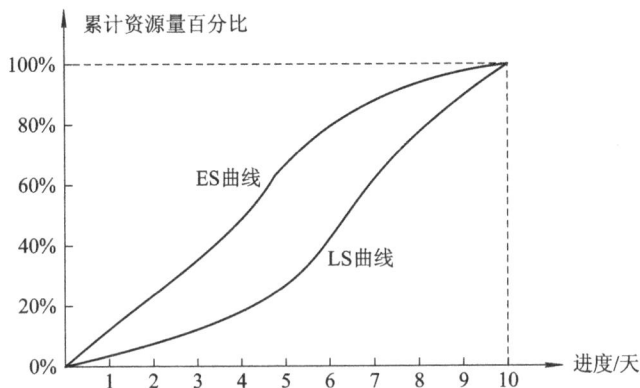

图 6-46　香蕉曲线比较图

1. 香蕉曲线比较法的作用

香蕉曲线比较法能直观地反映工程项目的实际进展情况，并可以获得比 S 曲线更多的信息。其主要作用有以下几个方面：

（1）合理安排工程项目进度计划。如果工程项目中的各项工作均按其最早开始时间安排进度，将导致项目的投资加大；而如果各项工作都按其最迟开始时间安排进度，则一旦受到影响进度因素的干扰，又将导致工期拖延，使工程进度风险加大。因此，一个科学合理的进度计划优化曲线应处于香蕉曲线所包络的区域之内，如图 6-46 中的香蕉线所示。

（2）定期比较工程项目的实际进度与计划进度。在工程项目的实施过程中，根据每次检查收集到的实际完成任务量，绘制出实际进度 S 曲线，便可以与计划进度进行比较。工程项目实施进度的理想状态是任一时刻工程实际进展点都落在香蕉曲线图的范围之内。如果工程实际进展点落在 ES 曲线的左侧，则表明此刻实际进度比各项工作按其最早开始时间安排的计划进度超前；如果工程实际进展点落在 LS 曲线的右侧，则表明此刻实际进度比各项工作按其最迟开始时间安排的计划进度拖后。

（3）预测后期工程进展趋势。利用香蕉曲线可以对后期工程的进展情况进行预测，如

图 6 - 47 所示，该工程项目在检查日实际进度超前。检查日期之后的后期工程进度安排如图 6 - 47 中虚线所示，预计该工程项目将提前完成。

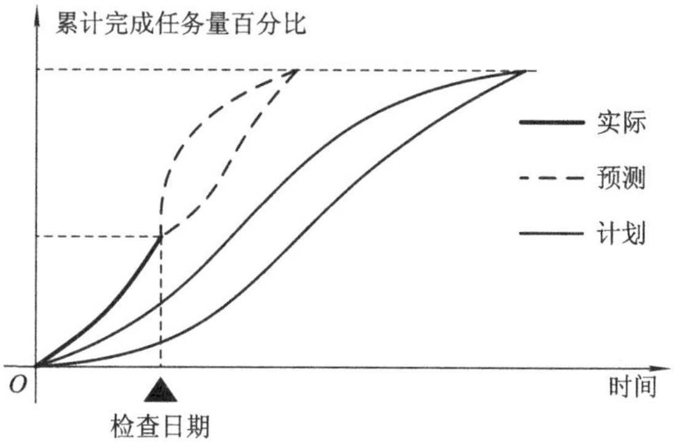

图 6 - 47　工程进展趋势预测图

2. 香蕉曲线的绘制方法

香蕉曲线的作图方法与 S 型曲线的作图方法基本一致，不同之处在于它是分别以工作的最早开始时间和最迟开始时间绘制的两条 S 型曲线的结合，其具体步骤如下：

（1）以施工项目的网络计划为基础，确定该施工项目的工作数目 n 和计划检查次数 m，并计算时间参数。

（2）确定各项工作在不同时间计划完成任务量，分为以下两种情况：

① 以施工项目的最早时标网络图为准，确定各工作在各单位时间的计划完成任务量，常用 $q_{i,j}$ 表示，即第 i 项工作按最早开始时间开工，在第 j 时间完成的任务量。

② 以施工项目的最迟时标网络图为准，确定各工作在各单位时间的计划完成任务量，用 $q_{i,j}$ 表示，即第 i 项工作按最迟开始时间开工，在第 j 时间完成的任务量。

（3）计算施工项目总任务量。

（4）计算在 j 时刻完成的总任务量（分为两种情况）。

（5）计算在 j 时刻完成项目总任务量百分比（分为两种情况）。

（6）绘制香蕉型曲线：描绘各点，并连接各点得 ES 曲线；描绘各点，并连接各点得 LS 曲线，由 ES 曲线和 LS 曲线组成香蕉型曲线。

在项目实施过程中，按同样的方法，将每次检查的各项工作实际完成的任务量，代入各相应公式，计算出不同时间实际完成任务量的百分比，并在香蕉型曲线的平面内给出实际进度曲线，便可以进行实际进度与计划进度的比较。

（四）前锋线比较法

前锋线比较法是通过绘制某检查时刻工程项目实际进度的前锋线，对工程实际进度与计划进度进行比较的方法，它主要适用于时标网络计划。所谓前锋线，是指在原时标网络计划上，从检查时刻的时标点出发，用点画线依次将各项工作实际进展位置点连接而成的折线，如图 6 - 48 所示。前锋线比较法就是通过实际进度前锋线与原进度计划中各工作箭线交点的位置来判断工作实际进度与计划进度的偏差，从而判定该偏差对后续工作及总工期影响程度的一种方法。

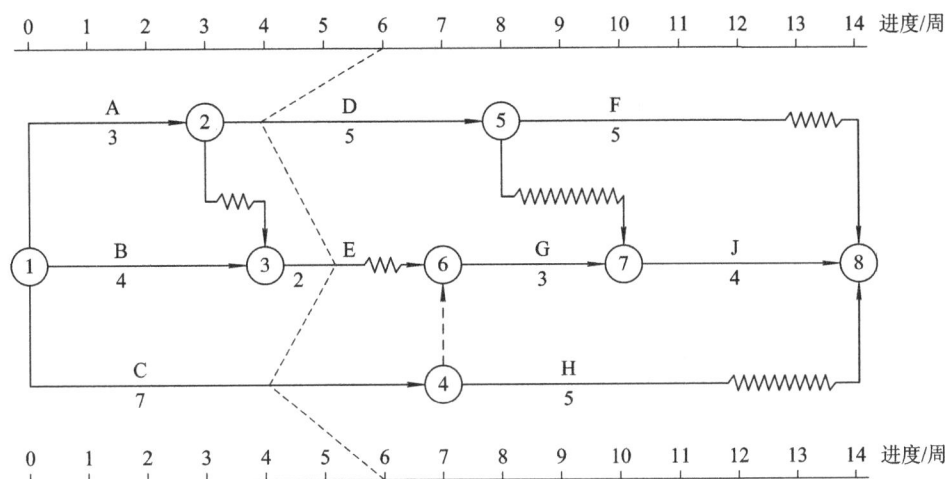

图 6 - 48　某工程前锋线比较法

采用前锋线比较法进行实际进度与计划进度的比较，其步骤如下：

（1）绘制时标网络计划图。工程项目实际进度前锋线是在时标网络计划图上标示的，为清楚起见，可在时标网络计划图的上方和下方各设一时间坐标。

（2）绘制实际进度前锋线。一般从时标网络计划图上方时间坐标的检查日期开始绘制，依次连接相邻工作的实际进展位置点，最后与时标网络计划图下方坐标的检查日期相连接。

工作实际进展位置点的标定方法有以下两种：

① 按该工作已完成任务量比例进行标定：假设工程项目中各项工作均为匀速进展，根据实际进度检查时刻该工作已完成任务量占其计划完成总任务量的比例，在工作箭线上从左至右按相同的比例标定其实际进展位置点。

② 按尚需作业时间进行标定：当某些工作的持续时间难以按实物工程量来计算而只能凭经验估算时，可以先估算出检查时刻到该工作全部完成尚需作业的时间，然后在该工作箭线上从右向左逆向标定其实际进展位置点。

（3）进行实际进度与计划进度的比较。

前锋线可以直观地反映出检查日期有关工作实际进度与计划进度之间的关系。对某项工作来说，其实际进度与计划进度之间的关系可能存在以下三种情况：

① 工作实际进展位置点落在检查日期的左侧，表明该工作实际进度拖后，拖后时间为二者之差。

② 工作实际进展位置点与检查日期重合，表明该工作实际进度与计划进度一致。

③ 工作实际进展位置点落在检查日期的右侧，表明该工作实际进度超前，超前时间为二者之差。

（4）预测进度偏差对后续工作及总工期的影响。

通过实际进度与计划进度的比较确定进度偏差后，还可根据工作的自由时差和总时差预测该进度偏差对后续工作及项目总工期的影响。由此可见，前锋线比较法既适用于工作实际进度与计划进度之间的局部比较，又可用来分析和预测工程项目整体进度状况。

值得注意的是，以上比较针对的是匀速进展的工作。对于非匀速进展的工作，比较方法较复杂，此处不再细述。

（五）列表比较法

当工程进度计划用非时标网络图表示时，可以采用列表比较法对实际进度与计划进度进行比较。这种方法是记录检查日期应该进行的工作名称及其已经作业的时间，然后列表并计算有关时间参数，并根据工作总时差对实际进度与计划进度进行比较。

采用列表比较法进行实际进度与计划进度的比较，其步骤如下：

（1）对于实际进度检查日期应该进行的工作，根据已经作业的时间，确定其尚需作业的时间。

（2）根据原进度计划计算检查日期应该进行的工作从检查日期到原计划最迟完成时尚余时间。

（3）计算工作尚有总时差，其值等于该工作从检查日期到原计划最迟完成时间尚余时间与该工作尚需作业时间之差。

（4）比较实际进度与计划进度，可能有以下几种情况：

① 如果工作尚有总时差与原有总时差相等，说明该工作实际进度与计划进度一致；

② 如果工作尚有总时差大于原有总时差，说明该工作实际进度超前，超前的时间为二者之差；

③ 如果工作尚有总时差小于原有总时差，且尚有总时差为正值，说明该工作实际进度拖后，拖后的时间为二者之差，但不影响总工期；

④ 如果工作尚有总时差小于原有总时差，且尚有总时差为负值，说明该工作实际进度拖后，拖后的时间为二者之差，此时工作实际进度偏差将影响总工期。

【例 6-15】　某工程项目进度计划如图 6-48 所示。该计划执行到第 10 周末检查实际进度时，发现工作 A、B、C、D、E 已经全部完成，工作 F 已进行 1 周，工作 G 和工作 H 均已进行 2 周。试用列表比较法对时间进度与计划进度进行比较。

解　根据工程项目进度计划及实际进度检查结果，可以计算出检查日期应进行工作的尚需作业时间、原有总时差及尚有总时差等，计算结果见表 6-8。通过比较尚有总时差和原有总时差，即可判断目前工程实际进展状况。

表 6-8　工程进度检查比较表

工作代号	工作名称	检查计划时尚需作业周数	到计划最迟完成时尚需作业周数	原有总时差	尚有总时差	情况判断
5-8	F	4	4	1	0	拖后 1 周，但不影响工期
6-7	G	1	0	0	-1	拖后 1 周，影响工期 1 周
4-8	H	3	4	2	1	拖后 1 周，但不影响工期

三、进度计划实施中的调整方法

1. 分析进度偏差对后续工作及总工期的影响

在工程项目实施过程中，当通过实际进度与计划进度的比较，发现有进度偏差时，需要分析该偏差对后续工作及总工期的影响，从而采取相应的调整措施对原进度计划进行调整，以确保工期目标的顺利实现。进度偏差的大小及其所处的位置不同，对后续工作和总工期的影响程度是不同的，分析时需要利用网络计划中工作总时差和自由时差的概念进行判断。其分析步骤如下：

（1）分析出现进度偏差的工作是否为关键工作。如果出现进度偏差的工作位于关键线路上，即该工作为关键工作，则无论其偏差有多大，都将对后续工作和总工期产生影响，必须采取相应的调整措施；如果出现偏差的工作是非关键工作，则需要根据进度偏差值与总时差和自由时差的关系作进一步分析。

（2）分析进度偏差是否超过总时差。如果工作的进度偏差大于该工作的总时差，则此进度偏差必将影响其后续工作和总工期，必须采取相应的调整措施；如果工作的进度偏差未超过该工作的总时差，则此进度偏差不影响总工期。至于对后续工作的影响程度，还需要根据偏差值与其自由时差的关系作进一步分析。

（3）分析进度偏差是否超过自由时差。如果工作的进度偏差大于该工作的自由时差，则此进度偏差将对其后续工作产生影响，此时应根据后续工作的限制条件确定调整方法；如果工作的进度偏差未超过该工作的自由时差，则此进度偏差不影响后续工作，因此，原进度计划可以不作调整。

进度偏差对后续工作和总工期影响的分析判断过程如图 6-49 所示。通过分析，进度控制人员可以根据进度偏差的影响程度，制订相应的纠偏措施进行调整，以获得符合实际进度情况和计划目标的新进度计划。

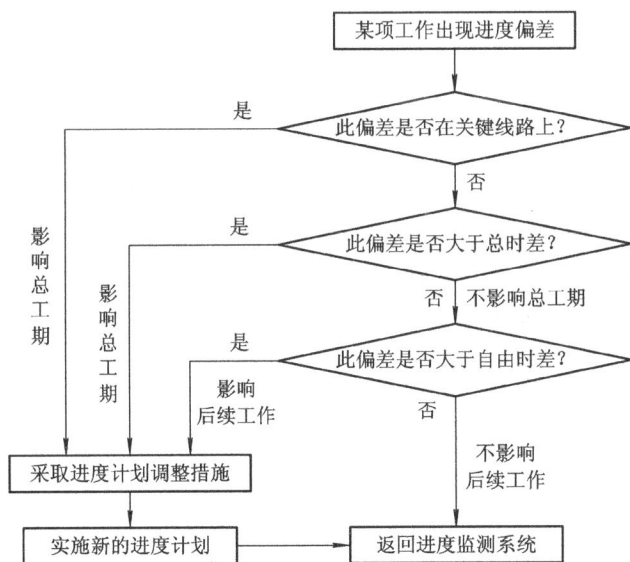

图 6-49　进度偏差对后续工作和总工期影响分析过程图

2. 进度计划的调整方法

当实际进度偏差影响到后续工作、总工期而需要调整进度计划时，其调整方法主要有以下两种。

1）改变某些工作的逻辑关系

当工程项目实施中产生的进度偏差影响到总工期，并且有关工作的逻辑关系允许改变时，可以改变关键线路和超过计划工期的非关键线路上的有关工作之间的逻辑关系，达到缩短工期的目的。例如，将顺序进行的工作改为平行作业、搭接作业以及分段组织流水作业等，都可以有效地缩短工期。

【例 6-16】　某工程项目基础工程包括挖基槽、做垫层、砌基础、回填土 4 个施工过程，各施工过程的持续时间分别为 21 天、15 天、18 天和 9 天，如果采取顺序作业方式进行施工，则其总工期为 63 天。为缩短该基础工程总工期，如果在工作面及资源供应允许的条件下，将基础工程划分为工程量大致相等的 3 个施工段组织流水作业，试绘制该基础工程流水作业网络计划，并确定其计算工期。

解　该基础工程流水作业网络计划如图 6-50 所示。通过组织流水作业，使得该基础工程的计算工期由 63 天缩短为 35 天。

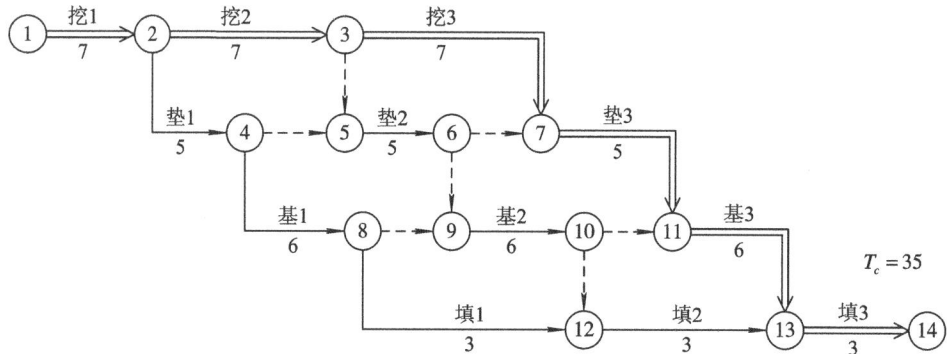

图 6-50　基础工程流水作业网络计划

2）缩短某些工作的持续时间

这种方法是不改变工程项目中各项工作之间的逻辑关系，而是通过采取增加资源投入、提高劳动效率等措施来缩短某些工作的持续时间，使工程进度加快，以保证按计划工期完成该工程项目。这些被压缩持续时间的工作是位于关键线路和超过计划工期的非关键线路上的工作，同时，这些工作又是其持续时间可被压缩的工作。这种调整方法通常可以在网络图上直接进行。其调整方法视限制条件及其对后续工作的影响程度的不同而有所区别，一般可分为以下三种情况：

（1）网络计划中某项工作进度拖延的时间已超过其自由时差但未超过其总时差。

如前所述，此时该工作的实际进度不会影响总工期，而只对其后续工作产生影响。因此，在进行调整前，需要确定其后续工作允许拖延的时间限制，并以此作为进度调整的限制条件。该限制条件的确定常常较复杂，尤其是当后续工作由多个平行的承包单位负责实施时更是如此。后续工作如不能按原计划进行，在时间上产生的任何变化都可能使合同不能正常履行，从而导致蒙受损失的一方提出索赔。因此，应寻求合理的调整方案，把进度拖延对后续工作的影响减少到最低程度。

【例6-17】 某工程项目双代号时标网络计划如图6-51所示,该计划执行到第35天下班时刻检查时,其实际进度如图中前锋线所示。试分析目前实际进度对后续工作和总工期的影响,并提出相应的进度调整措施。

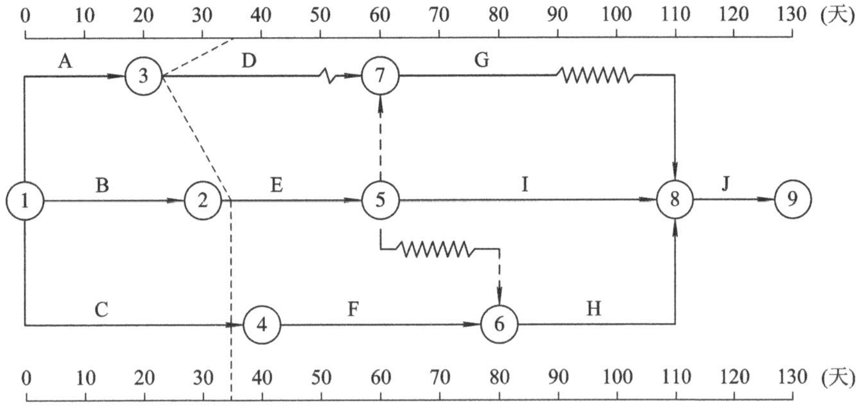

图6-51　某工程项目时标网络计划

解　从图6-51中可以看出,目前只有工作D的开始时间拖后15天,而影响到其后续工作G的最早开始时间,其他工作的时间进度均正常。由于工作D的总时差为30天,故此时工作D的实际进度不影响总工期。

该进度计划是否需要调整,取决于工作D和G的限制条件:

① 后续工作拖延的时间无限制。如果后续工作拖延的时间完全被允许时,可将拖延后的时间参数代入原计划,并化简网络图(即去掉已执行部分,以进度检查日期为起点,将实际数据带入,绘制出未实施部分的进度计划),即可得调整方案。在本例中,以检查时刻第35天为起点,将工作D的实际进度数据及G被拖延后的时间参数带入原计划(此时工作D、G的开始时间分别为35天和65天),可得如图6-52所示的调整方案。

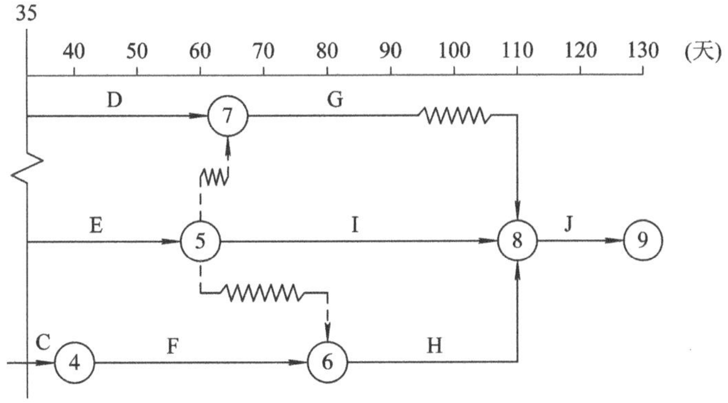

图6-52　后续工作拖延时间无限制时的网络计划

② 后续工作拖延的时间有限制。如果后续工作不允许拖延或拖延的时间有限制时,则需要根据限制条件对网络计划进行调整,寻求最优方案。在本例中,如果工作G的开始时间不允许超过第60天,则只能将其紧前工作D的持续时间压缩为25天,调整后的网络计划如图6-53所示。如果在工作D、G之间还有多项工作,则可以利用工期优化的原理确定应压缩的工作,得到满足工作G限制条件的最优调整方案。

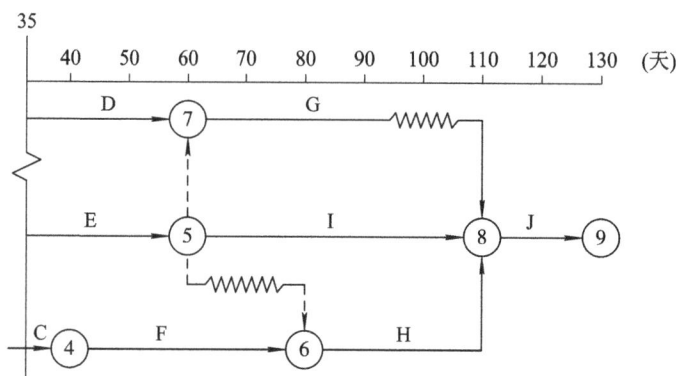

图 6-53　后续工作拖延时间有限制时的网络计划

（2）网络计划中某项工作进度拖延的时间超过其总时差。

如果网络计划中某项工作进度拖延的时间超过其总时差，则无论该工作是否为关键工作，其实际进度都将对后续工作和总工期产生影响。此时，进度计划的调整方法又可分为以下三种情况：

① 项目总工期不允许拖延。如果工程项目必须按照原计划工期完成，则只能采取缩短关键线路上后续工作持续时间的方法来达到调整计划的目的。这种方法实质上就是第三章所述的工期优化的方法。

【例 6-18】　以图 6-51 所示网络计划为例，如果在计划执行到第 40 天下班时刻检查时，其实际进度如图 6-54 中前锋线所示，试分析目前实际进度对后续工作和总工期的影响，并提出相应的进度调整措施。

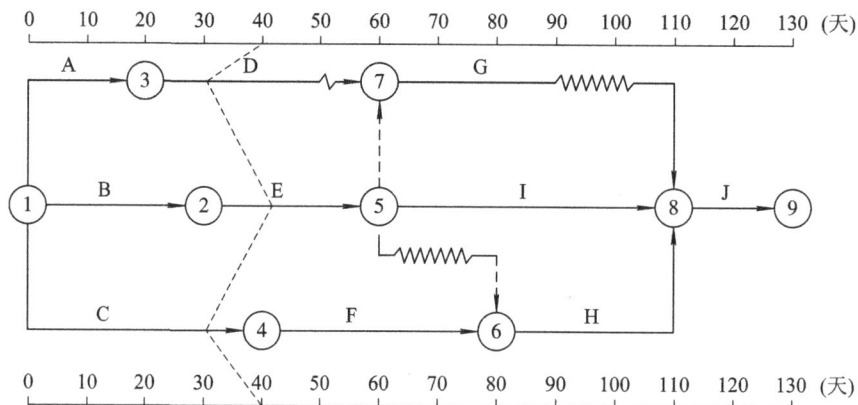

图 6-54　某工程实际进度前锋线

解　从图 6-54 中可以看出：

a. 工作 D 实际进度延后 10 天，但不影响其后续工作，也不影响总工期；

b. 工作 E 实际进度正常，既不影响后续工作，也不影响总工期；

c. 工作 C 实际进度拖后 10 天，由于其为关键工作，故其实际进度将使总工期延长 10 天，并使其后续工作 F、H 和 J 的开始时间推迟 10 天。

如果该工程项目总工期不允许拖延，则为了保证其按原计划工期 130 天完成，必须采用工期优化的方法，缩短关键线路上后续工作的持续时间。先假设工作 C 的后续工作 F、

H 和 J 均可以压缩 10 天，通过比较，压缩工作 H 的持续时间所需付出的代价最小，故将工作 H 的持续时间由 30 天缩短为 20 天。调整后的网络计划如图 6－55 所示。

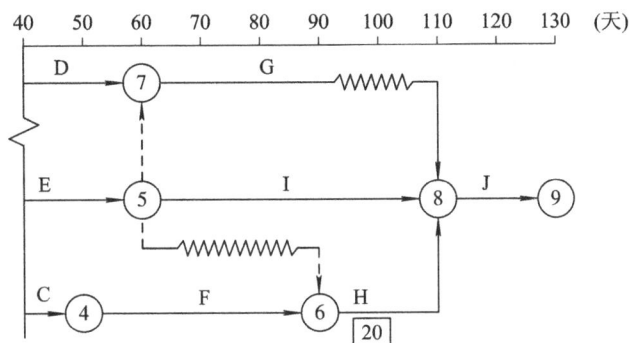

图 6－55　调整后工期不拖延的网络计划

　　② 项目总工期允许拖延。如果项目总工期允许拖延，则此时只需以实际数据取代原计划数据，并重新绘制实际进度检查日期之后的简化网络计划即可。

　　【例 6－19】　以图 6－51 所示前锋线为例，如果项目总工期允许拖延，绘制网络计划图。

　　解　此时只需以检查日期第 40 天为起点，用其后各项工作尚需作业时间取代相应的原计划数据，绘制出网络计划如图 6－56 所示。方案调整后，项目总工期为 140 天。

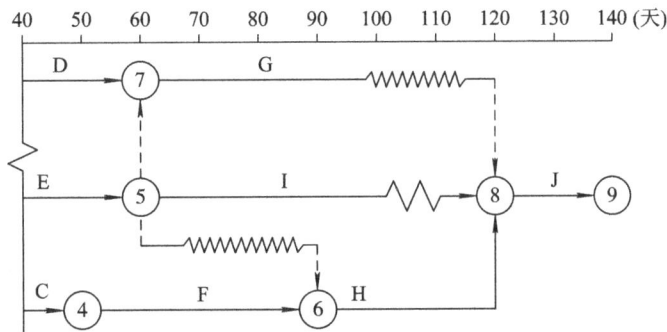

图 6－56　调整后拖延工期的网络计划

　　③ 项目总工期允许拖延的时间有限。如果项目总工期允许拖延，但允许拖延的时间有限。则当实际进度拖延的时间超过此限制时，也需要对网络计划进行调整，以便满足要求。

　　具体的调整方法是以总工期的限制时间作为规定工期，对检查日之后尚未实施的网络计划进行工期优化，即通过缩短关键线路上后续工作持续时间的方法来使总工期满足规定工期的要求。

　　【例 6－20】　以图 6－54 所示前锋线为例，如果项目总工期只允许拖延至 135 天，绘制网络计划图。

　　解　可按以下步骤进行调整：

　　a. 绘制简化的网络计划，如图 6－54 所示。

　　b. 确定需要压缩的时间。从图 6－54 中可以看出，在第 40 天检查实际进度时发现总工期将延长 10 天，该项目至少需要 140 天才能完成。而总工期只允许延长至 135 天，故需将总工期压缩 5 天。

c. 对网络计划进行工期优化。从图 6-54 中可以看出，此时关键线路上的工作为 C、F、H 和 J。先假设通过比较，压缩关键工作 H 的持续时间所需付出的代价最小，故将其持续时间由原来的 30 天压缩为 25 天，调整后的网络计划如图 6-57 所示。

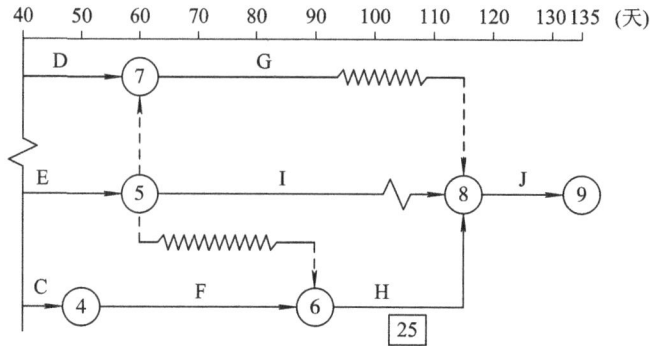

图 6-57　总工期拖延时间有限时的网络计划

以上三种情况均是以总工期为限制条件调整进度计划的。值得注意的是，当某项工作实际进度拖延的时间超过其总时差而需要对进度计划进行调整时，除需考虑总工期的限制条件外，还应考虑网络计划中后续工作的限制条件，特别是对总进度计划的控制更应注意这一点。因为在这类网络计划中，后续工作也许就是一些独立的合同段。时间上的任何变化，都会带来协调上的麻烦或者引起索赔。因此，当网络计划中某些后续工作对时间的拖延有限制时，同样需要以此为条件，按前述方法进行调整。

（3）网络计划中某些工作进度超前。

监理工程师对建设工程实施进度控制的任务就是在工程进度计划的执行过程中，采取必要的组织协调和控制措施，以保证建设工程按期完成。在建设工程计划阶段所确定的工期目标，往往是综合考虑了各方面因素而确定的合理工期。因此，时间上的任何变化，无论是进度拖延还是超前，都可能造成其他目标的失控。例如，在一个建设工程施工总进度计划中，由于某项工作的进度超前，致使资源的需求发生变化，从而打乱了原计划对人、财、物等资源的合理安排，亦将影响资金计划的使用和安排；特别是当多个平行的承包单位进行施工时，由此引起后续工作时间安排的变化，势必给监理工程师的协调工作带来许多麻烦。因此，如果建设工程实施过程中出现进度超前的情况，进度控制人员必须要综合分析进度超前对后续工作产生的影响，并同承包单位协商，提出合理的进度调整方案，以确保工期总目标的顺利实现。

复习思考题

1. 简述工程项目进度计划系统的构成。
2. 简述建设工程进度控制的原理。
3. 简述影响建设工程进度的因素。
4. 简述双代号网络计划图时间参数计算方法。
5. 简述工程项目实际进度与计划进度的比较方法。
6. 施工进度计划通常可用横道图和网络计划表示，二者各自的优缺点是什么？

第七章　工程项目成本管理

第一节　工程项目成本管理概述

项目成本管理是项目管理知识体系中最为重要的组成部分之一，因为人们开展任何项目的根本目的就是要以最小的成本去获得最大的价值，而成本和项目价值的管理都属于现代项目成本管理的范畴，是一个非常重要的项目管理的专业知识领域。

工程项目的成本管理是指在项目成本的形成过程中，采用专门的方法，对生产经营所消耗的人力、物力和财力进行计划、协调、限制和监督控制，调整将要发生的和已经发生的偏差，把各项生产费用控制在计划成本范围内，以保证项目成本目标的实现。

施工项目成本是建筑业企业的主要产品成本，一般以项目的单位工程作为成本核算对象，通过对单位工程成本核算的综合来反映施工项目成本。

一、工程项目成本的定义和内涵

工程项目成本的英文为"project cost"，但是"cost"本身就有"花费多少钱"的意思，也有"值多少钱"的意思，所以工程项目成本不仅仅是"花费"的意思。

（一）工程项目成本的定义

狭义的工程项目成本是指在为实现项目目标而开展的各种项目活动中所消耗资源而产生的各种费用，而广义的成本还包括项目中涉及的税金与承包商利润等内容。所以工程项目成本在有些情况下也被称为工程项目造价或者工程项目费用，如有承发包的建设项目成本通常被称为项目造价，因为这种工程项目成本中包含有国家收取的税金以及承包商的利润。但是对于自我开发的工程项目而言，因其所有项目业主和实施者是一家而没有税金和利润问题，所以人们就将这种工程项目成本称为工程项目花费或工程项目费用。

无论人们如何称呼工程项目成本，其本质特性是不变的。但是不同国家的会计制度规定不同，所以工程项目成本的范畴也不完全等于工程项目费用的总和。例如，我国不允许将正在建设的项目中的某些项目业主所发生的项目费用计入项目造价，以保证项目业主不能从承包商处支取花费。但这只是工程项目成本核算方面的法律或规定问题，并不影响工程项目成本的定义和特性。从经济观点出发，在满足工程项目时间和质量等指标要求的前提下，工程项目成本越小越好。所以为实现工程项目成本最小化（这是工程项目利益最大化的关键因素之一）就必须开展工程项目成本管理。

（二）工程项目成本的内涵

从价值工程的角度来讲，工程项目成本的内涵并不只是"花费"，而是能够买到一定功能或价值的"花费"。所以工程项目成本的内涵也可以使用以下的公式给出更好的描述：

$$V = \frac{F}{C} \quad \text{或} \quad \text{价值} = \frac{\text{功能}}{\text{成本}}$$

由上式可以看出，成本是价值的要素之一，而且是为了实现价值所做出的投入。所以实际上工程项目成本就实现成本而言只是为了实现工程项目价值所做出的投入，是为了获得工程项目各种功能而付出的工程项目投入（或投资）。因此工程项目成本管理必须以这种工程项目成本的内涵为出发点去开展和进行，工程项目成本管理的方法必须从工程项目价值管理的角度入手去做好。

二、工程项目成本管理的定义和内涵

工程项目成本管理的根本目标是为了使吸纳的项目价值最大化，所以工程项目成本管理的定义和内涵就有广义和狭义之分，现分述如下。

（一）工程项目成本管理的定义

狭义的工程项目成本管理是指为保障工程项目实际发生的成本不超过项目预算而开展的项目成本估算、项目预算编制和项目预算控制等方面的管理活动；广义的工程项目成本管理是指为实现工程项目价值的最大化所开展的各种项目管理活动和工作。狭义的工程项目成本管理也是为确保在既定项目预算内按时保质地实现项目目标所开展的一种工程项目管理专门工作。广义工程项目成本管理应该涉及项目成本、项目功能和项目价值三个方面的管理工作。近年来，工程项目成本管理的理论越来越向着工程项目价值管理的方向倾斜，以更好地满足人们对项目价值的追求，这使工程项目成本管理的范畴不断扩大，而且它的作用也显得日益重要。

PMI认为：项目成本管理首先考虑开展项目各种活动所需资源的成本方面的管理，同时项目成本管理还需要考虑项目决策的效应，这包括使用项目产出物的成本问题。例如，降低评估项目设计评估次数可以节约项目的成本，但是其代价可能是顾客的使用成本得以增加。这种广义的项目成本管理也被称为项目全生命周期成本核算的方法。项目全生命周期成本核算和价值工程技术共同使用可以降低项目成本和时间，改进项目质量和项目绩效并做出最优的项目决策。由此可见，项目成本管理的范畴有了很大的拓展和扩展。

（二）工程项目成本管理的内涵

长期以来，我国对项目成本管理方面的认识基本停留在对于建设项目造价的确定与扩展上。随着现代项目管理理论和方法的引进，人们开始认识各种其他种类项目的成本管理规律和方法，这对深化和发展项目成本管理的内涵起到了很大的推动作用。项目成本管理内涵的发展和变化主要表现在两个方面：一是现代项目成本管理包括各种项目的成本管理；二是现代项目成本管理的主要内涵即项目价值的管理。

现代工程项目成本管理认为工程项目成本是由于人们开展项目活动而占用和消耗资源形成的，而项目活动是为实现项目目标服务的，因此在确保工程项目目标的前提下，人们可以通过从控制工程项目活动多少、规模和内容等方面入手，最终实现对工程项目成本的有效管理。同时，工程项目成本管理的主要内涵应该包括三个方面和多种途径，下式给出了示意。

$$V = \left(\frac{\vec{F}\uparrow}{\vec{C}}\right)_1 + \left(\frac{\vec{F}}{C\downarrow}\right)_2 + \left(\frac{F\uparrow\uparrow}{C\uparrow}\right)_3$$

由上式可以看出，当项目成本不变而项目功能上升时(公式中下标 1 的情况)，或项目功能不变而项目成本下降时(公式中下标 2 的情况)以及项目成本上升而项目功能大大上升时(公式中下标 3 的情况)，项目的价值都能够上升。所以工程项目成本管理不仅仅是努力降低成本的事情，还应该是努力提升价值的事情。实际上项目全生命周期成本核算和价值工程等方法都是为实现项目价值最大化服务的，项目价值最大化才是工程项目成本管理的真正目标和根本内涵。

三、工程项目成本管理的内容

工程项目成本管理的核心内容包括工程项目成本的计划与确定、工程项目成本的监督与控制和努力保障工程项目成本不要超过工程项目批准的预算等方面的内容。

(一) 工程项目管理的主要内容

工程项目成本管理不仅要通过管理去努力实现以最低成本完成项目的全部活动，同时也强调必须努力实现工程项目价值的最大化，以及努力避免因项目成本问题对项目产出物质量和项目工期的影响。这些是现代工程项目成本管理与传统工程项目成本管理最重要的区别，因为盲目地降低项目成本可能会造成项目价值、项目质量或项目时间的损失。例如，如果项目决策支持工作上的成本投入不足，就会造成各种项目决策的纰漏或失误，这会给项目产出物质量和项目时间带来影响，甚至可能大大降低项目的价值。

因此，工程项目成本管理要求人们不能只考虑项目成本的节约，还必须考虑项目经济收益的提高。另外预测和分析工程项目产出物未来的经济价值与收益也是工程项目成本管理的重要核心工作之一，因此还需要从费用的最小化和项目利益的最大化两个方面综合考虑来管理好工程项目的成本与收益。

(二) 工程项目管理的具体内容

现代工程项目成本管理的具体内容可以用图 7-1 表示其示意。

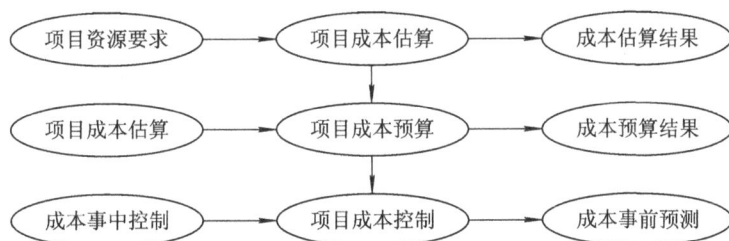

图 7-1　工程项目成本管理工作内容示意图

由图 7-1 可知，工程项目成本管理的具体内容包括下述几个方面：

1. 项目成本估算

工程项目成本估算是指根据工程项目活动资源估算以及各种资源的市场价格或逾期价格等信息，估算和确定工程项目各种活动的成本和整个工程项目全部成本的一项工程项目成本管理工作。工程项目成本估算中最主要的任务是确定整个项目所需人、机、料、费等成本要素及其费用。

2. 项目成本预算

工程项目成本预算是一项制订工程项目成本控制基线或工程项目成本计划的管理工

作，包括根据工程项目的成本估算项目的各项活动分配预算和确定整个项目的总预算两项工作。工程项目成本预算的关键是合理、科学地确定项目成本的控制基线。

3. 项目成本控制

工程项目成本控制是指在工程项目实施过程中依据项目成本预算，努力将项目实际成本控制在项目预算范围之内的管理工作。这包括不断度量项目实际发生的成本，分析和度量项目实际成本与项目预算之间的差异，采取纠偏措施或修订项目预算等方法实现对工程项目成本的控制。

另外，工程项目成本预测也是工程项目成本控制的一个组成部分，它是依据项目成本和各种相关因素的发展与变化情况，分析和预测项目成本的未来发展和变化趋势以及项目成本最终可能结果的项目成本管理工作，它为工程项目成本控制和预算调整及变更等提供依据。事实上工程项目成本管理各项工作之间并没有严格而清晰的界限，它们多数是相互重叠相互影响的。

四、工程项目施工成本管理

工程项目施工成本管理应从工程投标报价开始，直至项目保证金返还为止，贯穿于项目实施的全过程。成本作为项目管理的一个关键性目标，包括责任成本目标和计划成本目标，它们的性质和作用不同。前者反映公司对施工成本目标的要求，后者是前者的具体化，把施工成本在公司层和项目经理部的运行有机地连接起来。

根据成本运行规律，成本管理责任体系包括公司层和项目经理部。公司层的成本管理除生产成本以外，还包括经营管理费用；项目经理部则对生产成本进行管理。公司层贯穿于项目投标、实施和结算过程，体现效益中心的管理职能；项目经理部则着眼于执行公司确定的施工成本管理目标，发挥现场生产成本控制中心的管理职能。

（一）施工成本管理的任务

施工成本是指在建设工程项目的施工过程中所发生的全部生产费用的总和，包括：所消耗的原材料、辅助材料、构配件等费用；周转材料的摊销费或租赁费；施工机械的使用费或租赁费；支付给生产工人的工资、奖金、工资性质的津贴以及进行施工组织与管理所发生的全部费用支出等。

建设工程项目施工成本由直接成本和间接成本所组成。

直接成本是指施工过程中耗费的构成工程实体或有助于工程实体形成的各项费用支出，是可以直接计入工程对象的费用，包括人工费、材料费和施工机具使用费等。

间接成本是指准备施工、组织和管理施工生产的全部费用支出，是非直接用于也无法直接计入工程对象，但为进行工程施工所必须发生的费用，包括管理人员工资、办公费、差旅交通费等。

施工成本管理就是要在保证工期和满足质量要求的情况下，采取相应管理措施，包括组织措施、经济措施、技术措施、合同措施，把成本控制在计划范围内，并进一步寻求最大程度的成本节约。施工成本管理的任务和环节主要包括：施工成本预测、施工成本计划、施工成本控制、施工成本核算、施工成本分析和施工成本考核等，以下详细介绍具体内容。

1. 施工成本预测

施工成本预测是指在工程施工前对成本进行的估算，它是根据成本信息和施工项目的具体情况，运用一定的专门方法，对未来的成本水平及其发展趋势作出科学的估计。通过成本预测，可以在满足项目业主和本企业要求的前提下，选择成本低、效益好的最佳成本方案，并能够在施工项目成本形成过程中，针对薄弱环节，加强成本控制，克服盲目性，提高预见性。因此，施工成本预测是施工项目成本决策与计划的依据。施工成本预测通常是对施工项目计划工期内影响其成本变化的各个因素进行分析，对比近期已完工施工项目或将完工施工项目的成本（单位成本），预测这些因素对工程成本中有关项目（成本项目）的影响程度，预测出工程的单位成本或总成本。

2. 施工成本计划

施工成本计划是指以货币形式编制施工项目在计划期内的生产费用、成本水平、成本降低率以及为降低成本所采取的主要措施和规划的书面方案。它是建立施工项目成本管理责任制、开展成本控制和核算的基础。另外，它还是项目降低成本的指导文件，是设立目标成本的依据，即成本计划是目标成本的一种形式。

1）施工成本计划应满足的要求

（1）合同规定的项目质量和工期要求。

（2）组织对项目成本管理目标的要求。

（3）以经济合理的项目实施方案为基础的要求。

（4）有关额定及市场价格的要求。

（5）类似项目提供的启示。

2）施工成本计划的具体内容

（1）编制说明。编制说明指对工程的范围、投标竞争过程及合同条件，承包人对项目经理提出的责任成本目标，施工成本计划编制的指导思想和依据等的具体说明。

（2）施工成本计划的指标。施工成本计划的指标应经过科学的分析预测确定，可以采用对比法、因素分析法等方法。

施工成本计划一般情况下有以下三类指标：

① 成本计划的数量指标，如：

a. 按子项汇总的工程项目计划总成本指标；

b. 按分部汇总的各单位工程（或子项目）计划成本指标；

c. 按人工、材料、机具等各主要生产要素划分的计划成本指标。

② 成本计划的质量指标，如施工项目总成本降低率，可采用以下两个质量指标：

a. 设计预算成本计划降低率＝设计预算总成本计划降低额/设计预算总成本；

b. 责任目标成本计划降低率＝责任目标总成本计划降低额/责任目标总成本。

③ 成本计划的效应指标，如工程项目成本降低额可采用以下效应指标：

a. 设计预算成本计划降低额＝设计预算总成本－计划总成本；

b. 责任目标成本计划降低额＝责任目标总成本－计划总成本。

按工程量清单列出的单位工程计划成本汇总表，见表7-1。

按成本性质划分的单位工程成本汇总表，根据清单项目的造价分析，分别对人工费、材料费、机具费和企业管理费进行汇总，形成单位工程成本汇总表。

表 7-1　单位工程计划成本汇总表

	清单项目编码	清单项目名称	合同价格	计划成本
1				
2				
...				

成本计划应在项目实施方案确定和不断优化的前提下进行编制，因为不同的实施方案将导致人、料、机费和企业管理费的差异。成本计划的编制是施工成本预控的重要手段，因此，应在工程开工前编制完成，以便将计划成本目标分解落实，为各项成本的执行提供明确的目标、控制手段和管理措施。

3. 施工成本控制

施工成本控制是在施工过程中，对影响施工成本的各种因素加强管理，并采取各种有效措施，将施工中实际发生的各种消耗和支出严格控制在成本计划范围内；动态监控并及时反馈成本信息，严格审查各项费用是否符合标准，计算实际成本和计划成本之间的差异并进行分析，进而采取多种措施，减少或消除施工中的损失浪费。

建设工程项目施工成本控制应贯穿于项目从投标阶段开始直至保证金返还的全过程，它是企业全面成本管理的重要环节。施工成本控制可分为事先控制、事中控制（过程控制）和事后控制。在项目的施工过程中，需按动态控制原理对实际施工成本的发生过程进行有效控制。

合同文件和成本计划规定了成本控制的目标，进度报告、工程变更与索赔资料是成本控制过程中的动态资料。

成本控制的程序体现了动态跟踪控制的原理。成本控制报告可单独编制，也可以根据需要与进度、质量、安全和其他进展报告结合，形成综合进展报告。

成本控制应满足下列要求：

（1）按照计划成本目标值来控制生产要素的采购价格，并认真做好材料、设备进场数量和质量的检查、验收与保管。

（2）控制生产要素的利用效率和消耗定额，如任务单管理、限额领料、验工报告审核等。同时要做好不可预见成本风险的分析和预控，包括编制相应的应急措施等。

（3）控制影响效率和消耗量，进而引起成本增加的其他因素（如工程变更等）。

（4）把施工成本管理责任制度与对项目管理者的激励机制结合起来，以增强管理人员的成本意识和控制能力。

（5）承包人必须有一套健全的项目财务管理制度，按规定的权限和程序对项目资金的使用和费用的结算支付进行审核、审批，使其成为施工成本控制的一个重要手段。

4. 施工成本核算

施工成本核算包括两个基本环节：一是按照规定的成本开支范围对施工费用进行归集和分配，计算出施工费用的实际发生额；二是根据成本核算对象，采用适当的方法，计算出该施工项目的总成本和单位成本。施工成本管理需要正确及时地核算施工过程中发生的各项费用，计算施工项目的实际成本。施工项目成本核算所提供的各种成本信息，是成本预测、成本计划、成本控制、成本分析和成本考核等各个环节的依据。

　　施工成本核算一般以单位工程为对象，也可以按照承包工程项目的规模、工期、结构类型、施工组织和施工现场等情况，结合成本管理要求，灵活划分成本核算对象。施工成本核算的基本内容包括：

　　（1）人工费核算；

　　（2）材料费核算；

　　（3）周转材料费核算；

　　（4）结构件费核算；

　　（5）机械使用费核算；

　　（6）措施费核算；

　　（7）分包工程成本核算；

　　（8）企业管理费核算；

　　（9）项目月度施工成本报告编制。

　　施工成本核算制是明确施工成本核算的原则、范围、程序、方法、内容、责任及要求的制度。项目管理必须实行施工成本核算制，它和项目经理责任制等共同构成了项目管理的运行机制。公司层与项目经理部的经济关系、管理责任关系、管理权限关系，以及项目管理组织所承担的责任成本核算的范围、核算业务流程和要求等，都应以制度的形式作出明确的规定。

　　项目经理部要建立一系列项目业务核算台账和施工成本会计账户，实施全过程的成本核算，具体可分为定期的成本核算和竣工工程成本核算。定期的成本核算包括每天、每周、每月的成本核算等，是竣工工程全面成本核算的基础。

　　核算时应做到形象进度、产值统计、实际成本归集"三同步"，即三者的取值范围应是一致的。形象进度表达的工程量、统计施工产值的工程量和实际成本归集所依据的工程量均应是相同的数值。

　　对竣工工程的成本核算，应区分为竣工工程现场成本和竣工工程完全成本，分别由项目经理部和企业财务部门进行核算分析，其目的在于分别考核项目管理绩效和企业经营效益。

　　5．施工成本分析

　　施工成本分析是指在施工成本核算的基础上，对成本的形成过程和影响成本升降的因素进行分析，以寻求进一步降低成本的途径，包括有利偏差的挖掘和不利偏差的纠正。施工成本分析贯穿于施工成本管理的全过程，它是在成本的形成过程中，主要利用施工项目的成本核算资料（成本信息），与目标成本、预算成本以及类似的施工项目的实际成本等进行比较，了解成本的变动情况；同时也要分析主要技术经济指标对成本的影响，系统地研究成本变动的因素，检查成本计划的合理性，并通过成本分析，深入研究成本变动的规律，寻找降低施工项目成本的途径，以便有效地进行成本控制。对于成本偏差的控制，分析是关键，纠偏是核心；要针对分析得出的偏差发生原因，采取切实措施，加以纠正。

　　成本偏差分为局部成本偏差和累计成本偏差。局部成本偏差包括按项目的月度（或周、天等）核算成本偏差、按专业核算成本偏差以及按分部分项作业核算成本偏差等，累计成本偏差是指已完工程在某一时间点上实际总成本与相应的计划总成本的差异。分析成本偏差的原因，应采取定性和定量相结合的方法。

6. 施工成本考核

施工成本考核是指在施工项目完成后，对施工项目成本形成中的各责任者，按施工项目成本目标责任制的有关规定，将成本的实际指标与计划、定额、预算进行对比和考核，评定施工项目成本计划的完成情况和各责任者的业绩，并以此给予相应的奖励和处罚。通过成本考核，做到有奖有惩，赏罚分明，才能有效地调动每一位员工在各自施工岗位上努力完成目标成本的积极性，从而降低施工项目成本，提高企业的效益。

施工成本考核是衡量成本降低的实际成果，也是对成本指标完成情况的总结和评价。成本考核制度包括考核的目的、时间、范围、对象、方式、依据、指标、组织领导、评价与奖惩原则等内容。

以施工成本降低额和施工成本降低率作为成本考核的主要指标，要加强公司层对项目经理部的指导，并充分依靠技术人员、管理人员和作业人员的经验和智慧，防止项目管理在企业内部异化为靠少数人承担风险的以包代管模式。成本考核也可分别考核公司层和项目经理部。

公司层对项目经理部进行考核与奖惩时，既要防止虚盈实亏，也要避免实际成本归集差错等的影响，使施工成本考核真正做到公平、公正、公开，在此基础上落实施工成本管理责任制的奖惩或激励措施。

施工成本管理的每一个环节都是相互联系和相互作用的。成本预测是成本决策的前提，成本计划是成本决策所确定目标的具体化。成本计划控制则是对成本计划的实施进行控制和监督，保证决策的成本目标的实现，而成本核算又是对成本计划是否实现的最后检验，它所提供的成本信息又将为下一个施工项目成本预测和决策提供基础资料。成本考核是实现成本目标责任制的保证和实现决策目标的重要手段。

（二）施工成本管理的措施

1. 施工成本管理的基础工作内容

施工成本管理的基础工作是多方面的，成本管理责任体系的建立是其中最根本、最重要的基础工作，涉及成本管理的一系列组织制度、工作程序、业务标准和责任制度的建立。应从以下各方面为施工成本管理创造良好的基础条件：

（1）统一组织内部工程项目成本计划的内容和格式。其内容应能反映施工成本的划分、各成本项目的编码及名称、计量单位、单位工程量计划成本及合计金额等。这些成本计划的内容和格式应由各个企业按照自己的管理习惯和需要进行设计。

（2）建立企业内部施工定额并保持其适应性、有效性和相对的先进性，为施工成本计划的编制提供支持。

（3）建立生产资料市场价格信息的收集网络和必要的派出询价网点，做好市场行情预测，保证采购价格信息的及时性和准确性。同时，建立企业的分包商、供应商评审注册名录，发展稳定、良好的供方关系，为编制施工成本计划与采购工作提供支持。

（4）建立已完成项目的成本资料、报告报表等的归集、整理、保管和使用管理制度。

（5）科学设计施工成本核算账册体系、业务台账、成本报告报表，为施工成本管理的业务操作提供统一的范式。

2. 施工成本管理的措施

为了取得施工成本管理的理想成效，应当从多方面采取措施实施管理，通常可以将这些措施归纳为组织措施、技术措施、经济措施、合同措施。

（1）组织措施。

组织措施是从施工成本管理的组织方面采取的措施。施工成本控制是全员的活动，如实行项目经理责任制，落实施工成本管理的组织机构和人员，明确各级施工成本管理人员的任务和职能分工、权力和责任。施工成本管理不仅是专业成本管理人员的工作，各级项目管理人员都负有成本控制责任。

组织措施的另一方面是编制施工成本控制工作计划，确定合理详细的工作流程。要做施工采购计划，通过生产要素的优化配置、合理使用、动态管理，有效控制实际成本；加强施工定额管理和施工任务单管理，控制活劳动和物化劳动的消耗；加强施工调度，避免因施工计划不周和盲目调度造成窝工损失、机械利用率降低、物料积压等现象。成本控制工作只有建立在科学管理的基础之上，具备合理的管理体制，完善的规章制度，稳定的作业秩序，完整准确的信息传递，才能取得成效。组织措施是其他各类措施的前提和保障，而且一般不需要增加额外的费用，运用得当可以取得良好的效果。

（2）技术措施。

施工过程中降低成本的技术措施包括：进行技术经济分析，确定最佳的施工方案；结合施工方法，进行使用材料的比选，在满足功能要求的前提下，通过代用、改变配合比、使用外加剂等方法降低材料消耗的费用；确定最合适的施工机械、设备使用方案；结合项目的施工组织设计及自然地理条件，降低材料的库存成本和运输成本；应用先进的施工技术，运用新材料，使用先进的机械设备等。在实践中，也要避免仅从技术角度选定方案而忽视对其经济效果的分析论证。

技术措施不仅对解决施工成本管理过程中的技术问题是不可缺少的，而且对纠正施工成本管理目标偏差也有相当重要的作用。因此，运用技术纠偏措施的关键，一是要能提出多个不同的技术方案；二是要对不同的技术方案进行技术经济分析比较，以选择最佳方案。

（3）经济措施。

经济措施是最易为人们所接受和采用的措施。管理人员应编制资金使用计划，确定、分解施工成本管理目标。对施工成本管理目标进行风险分析，并制定防范性对策；对各种支出，应认真做好资金的使用计划，并在施工中严格控制各项开支；及时准确地记录、收集、整理、核算实际支出的费用；对各种变更，及时做好增减账，及时落实业主签证，及时结算工程款；通过偏差分析和未完工工程预测，可发现一些潜在的可能引起未完工程施工成本增加的问题，对这些问题应以主动控制为出发点，及时采取预防措施。因此，经济措施的运用绝不仅仅是财务人员的事情。

（4）合同措施。

采用合同措施控制施工成本，应贯穿整个合同周期，包括从合同谈判开始到合同终结的全过程。对于分包项目，首先是选用合适的合同结构，对各种合同结构模式进行分析、比较，在合同谈判时，要争取选用适合于工程规模、性质和特点的合同结构模式；其次，在合同的条款中应仔细考虑一切影响成本和效益的因素，特别是潜在的风险因素，通过对引起成本变动的风险因素的识别和分析，采取必要的风险对策，如通过合理的方式，增加承担风险的个体数量，降低损失发生的比例，并最终将这些策略体现在合同的具体条款中。在合同执行期间，合同管理的措施既要密切注视对方合同执行的情况，以寻求合同索赔的机会；同时还要密切关注自己履行合同的情况，以防被对方索赔。

第二节　工程项目成本计划

工程项目成本计划是指在成本预测的基础上，以货币形式编制的工程项目从开工到竣工计划支出的施工费用，是指导工程项目降低成本的技术经济文件，是工程项目目标成本的具体化。本节主要针对工程项目施工成本计划展开论述。

一、施工成本计划的类型

对于一个施工项目而言，其成本计划是一个不断深化的过程。在这一过程的不同阶段形成深度和作用不同的成本计划，按其作用可分为以下三类。

（一）竞争性成本计划

竞争性成本计划是施工项目投标及签订合同阶段的估算成本计划。这类成本计划以招标文件中的合同条件、投标者须知、技术规范、设计图纸和工程量清单为依据，以有关价格条件说明为基础，结合调研、现场踏勘、答疑等情况，根据施工企业自身的工料消耗标准、水平、价格资料和费用指标等，对本企业完成投标工作所需要支出的全部费用进行估算。在投标报价过程中，虽也着力考虑降低成本的途径和措施，但总体上比较粗略。

（二）指导性成本计划

指导性成本计划是选派项目经理阶段的预算成本计划，是项目经理的责任成本目标。它是以合同价为依据，按照企业的预算定额标准制订的设计预算成本计划，且一般情况下确定责任总成本目标。

（三）实施性成本计划

实施性成本计划是项目施工准备阶段的施工预算成本计划，它是以项目实施方案为依据，以落实项目经理责任目标为出发点，采用企业的施工定额通过施工预算的编制而形成的实施性施工成本计划。

施工预算不同于施工图预算，两者虽仅一字之差，但区别较大，主要体现在以下三个方面：

（1）编制的依据不同。

施工预算的编制以施工定额为主要依据，施工图预算的编制以预算定额为主要依据。而施工定额比预算定额划分得更详细、更具体，并对其中所包括的内容，如质量要求、施工方法以及所需劳动工日、材料品种、规格型号等均有较详细的规定或要求。

（2）适用的范围不同。

施工预算是施工企业内部管理用的一种文件，与发包人无直接关系；而施工图预算既适用于发包人，又适用于承包人。

（3）发挥的作用不同。

施工预算是承包人组织生产、编制施工计划、准备现场材料、签发任务书、考核工效、进行经济核算的依据，它也是承包人改善经营管理，降低生产成本和推行内部经营承包责任制的重要手段；而施工图预算则是投标报价的主要依据。

1. "两算"对比方法

在编制实施性成本计划时要进行施工预算和施工图预算的对比分析，通过"两算"对比，分析节约和超支的原因，以便提出解决问题的措施，防止工程亏损，为降低工程成本提供依据。"两算"对比的方法有实物对比法和金额对比法。

（1）实物对比法，是指将施工预算和施工图预算计算出的人工、材料消耗量，分别填入两算对比表进行对比分析，算出节约或超支的数量及百分比，并分析其原因。

（2）金额对比法，是指将施工预算和施工图预算计算出的人工费、材料费、机具费分别填入两算对比表进行对比分析，算出节约或超支的金额及百分比，并分析其原因。

2. "两算"对比的内容

（1）人工量及人工费的对比分析。

施工预算的人工数量及人工费比施工图预算一般要低 6% 左右。这是由于两者使用不同定额造成的。例如，砌砖墙项目中，砂子、标准砖和砂浆的场内水平运输距离，施工定额按 50 m 考虑；而预算定额则包括了材料、半成品的超运距用工。同时，预算定额的人工消耗指标还考虑了在施工定额中未包括，而在一般正常施工条件下又不可避免发生的一些零星用工因素，如土建施工各工种之间的工序搭接所需停歇的时间，因工程质量检查和隐蔽工程验收而影响工人操作的时间，施工中不可避免的其他少数零星用工等。所以，施工定额的用工量一般都比预算定额低。

（2）材料消耗量及材料费的对比分析。

施工定额的材料损耗率一般都低于预算定额的材料损耗率，同时，编制施工预算时还要考虑扣除技术措施的材料节约量。所以，施工预算的材料消耗量及材料费一般低于施工图预算。

有时，由于两种定额之间的水平不一致，个别项目也会出现施工预算的材料消耗量大于施工图预算的情况。不过，总的来说应该是施工预算低于施工图预算。如果出现反常情况，则应进行分析研究，找出原因，制定相应的措施。

（3）施工机械费的对比分析。

施工预算机具费指施工作业所发生的施工机械、仪器仪表使用费或其租赁费。而施工图预算的施工机具是计价定额综合确定的，与实际情况可能不一致。因此，施工机具部分只能采用两种预算的机具费进行对比分析。如果发生施工预算的机具费大量超支，而又无特殊原因时，则应考虑改变原施工方案，尽量做到不亏损而略有盈余。

（4）周转材料使用费的对比分析。

周转材料主要指脚手架和模板。施工预算的脚手架是根据施工方案确定的搭设方式和材料计算的，施工图预算则综合了脚手架搭设方式，按不同结构和高度，以建筑面积为基数计算的；施工预算模板是按混凝土与模板的接触面积计算的，施工图预算的模板则按混凝土体积综合计算。因而，周转材料宜按其发生的费用进行对比分析。

竞争性成本计划、指导性成本计划和实施性成本计划相互衔接、不断深化，构成了整个工程项目施工成本的计划过程。其中，竞争性成本计划带有成本战略的性质，是施工项目投标阶段商务标书的基础，而有竞争力的商务标书又是以其先进合理的技术标书为支撑的。因此，它奠定了施工成本的基本框架和水平。指导性成本计划和实施性成本计划，都是战略性成本计划的进一步开展和深化，是对战略性成本计划的战术安排。

二、施工成本计划的编制依据

施工成本计划是施工项目成本控制的一个重要环节，是实现降低施工成本任务的指导性文件。如果针对施工项目所编制的成本计划达不到目标成本要求时，就必须组织施工项目经理部的有关人员重新研究，寻找降低成本的途径，重新进行编制。同时，编制成本计划的过程也是动员全体施工项目管理人员的过程，是挖掘降低成本潜力的过程，是检验施工技术质量管理、工期管理、物资消耗和劳动力消耗管理等是否有效落实的过程。

编制施工成本计划，需要广泛收集相关资料并进行整理，以作为施工成本计划编制的依据。在此基础上，根据有关设计文件、工程承包合同、施工组织设计、施工成本预测资料等，按照施工项目应投入的生产要素，结合各种因素变化的预测和拟采取的各种措施，估算施工项目生产费用支出的总水平，进而提出施工项目的成本计划控制指标，确定目标总成本。目标总成本确定后，应将总目标分解落实到各级部门，以便有效地进行控制。最后，通过综合平衡，编制完成施工成本计划。

施工成本计划的编制依据包括以下内容：

（1）投标报价文件。

（2）企业定额、施工预算。

（3）施工组织设计或施工方案。

（4）人工、材料、机械台班的市场价。

（5）企业颁布的材料指导价格、企业内部机械台班价格、劳动力内部挂牌价格。

（6）周转设备内部租赁价格、摊销损耗标准。

（7）已签订的工程合同、分包合同（或估价书）。

（8）结构件外加工计划和合同。

（9）有关财务成本核算制度和财务历史资料。

（10）施工成本预测资料。

（11）拟采取的降低施工成本的措施。

（12）其他相关资料。

三、按施工成本构成编制施工成本计划的方法

施工成本计划的编制以成本预测为基础，关键是确定目标成本。计划的制订，需结合施工组织设计的编制过程，通过不断地优化施工技术方案和合理配置生产要素，进行工、料、机消耗的分析，制订一系列节约成本的措施，确定施工成本计划。一般情况下，施工成本计划总额应控制在目标成本的范围内，并建立在切实可行的基础之上。

施工总成本目标确定之后，还需通过编制详细的实施性施工成本计划把目标成本层层分解，落实到施工过程的每个环节，有效地进行成本控制。施工成本计划的编制方式有三种，分别是按施工成本构成编制施工成本计划、按施工项目组成编制施工成本计划和按施工进度编制施工成本计划。

按照成本构成要素划分，建筑安装工程费由人工费、材料（包含工程设备）费、施工机具使用费、企业管理费、利润、规费和税金组成。其中人工费、材料费、施工机具使用费、企业管理费和利润包含在分部分项工程费、措施项目费、其他项目费中。按工程量清单计

价的建筑安装工程造价组成如图 7-2 所示。

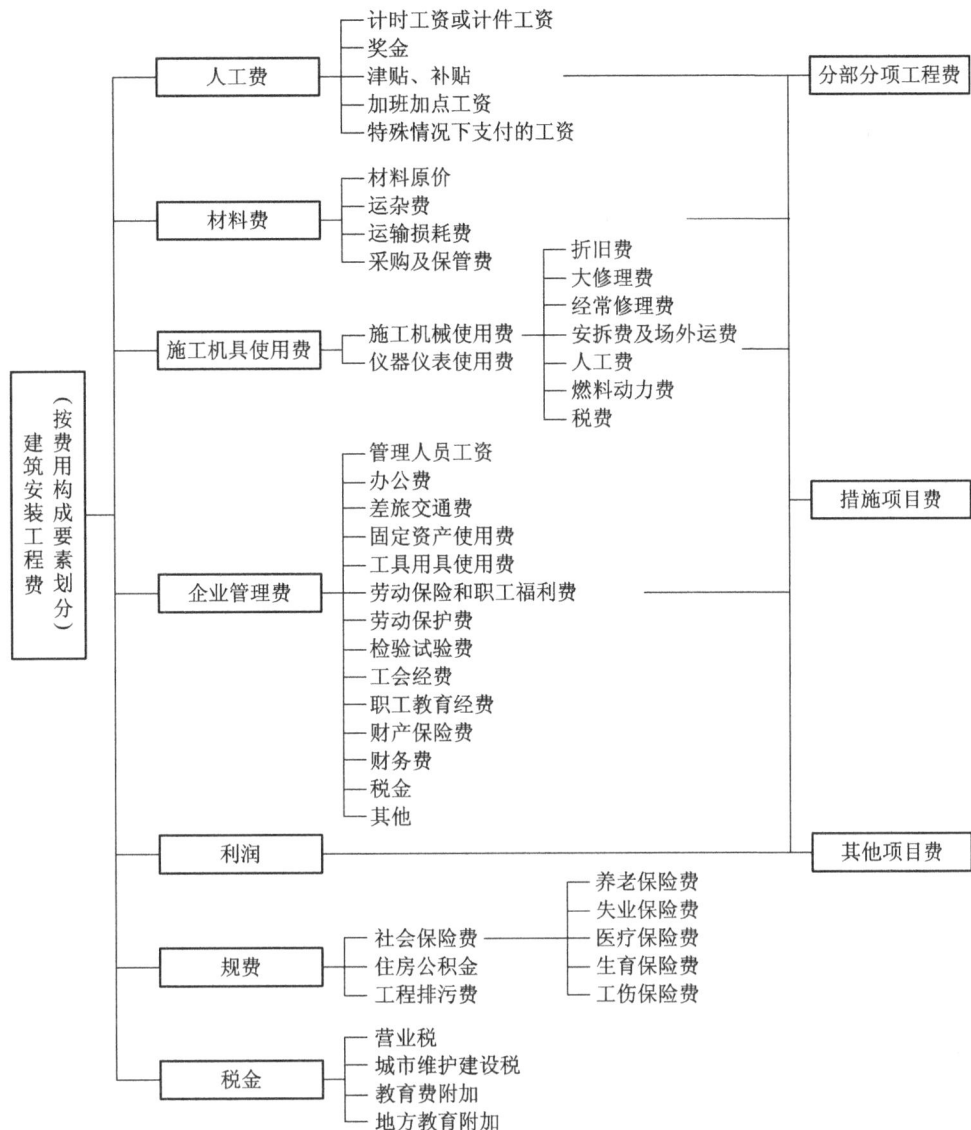

图 7-2　按工程量清单计价的建筑安装工程造价组成

施工成本可以按成本构成分解为人工费、材料费、施工机具使用费和企业管理费等，如图 7-3 所示。在此基础上，编制按施工成本构成分解的施工成本计划。

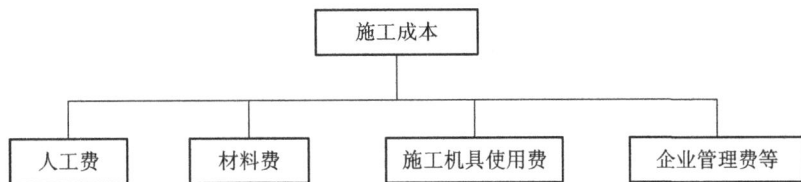

图 7-3　按成本构成分解施工成本

四、按施工项目组成编制施工成本计划的方法

大中型工程项目通常是由若干单项工程构成，而每个单项工程包括了多个单位工程，每个单位工程又是由若干个分部分项工程所构成的。因此，首先要把项目总施工成本分解到单项工程和单位工程中，再进一步分解到分部工程和分项工程中。按项目组成分解施工成本如图 7-4 所示。

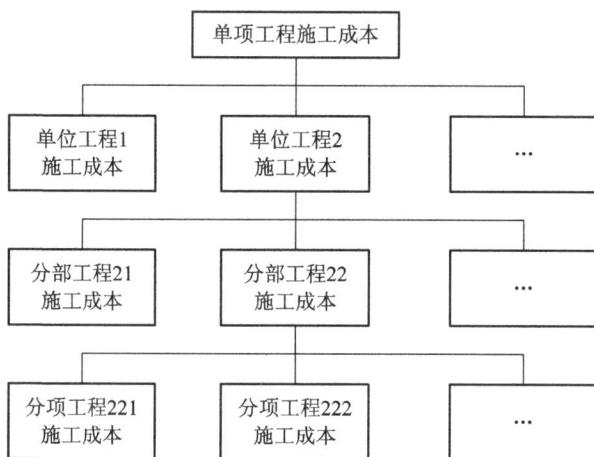

图 7-4　按成本项目组成分解施工成本

在完成施工项目成本目标分解之后，接下来就要具体地分配成本，编制分项工程的成本支出计划，从而形成详细的成本计划表，见表 7-2。

表 7-2　分项工程成本计划表

分项工程编码	工程内容	计量单位	工程数量	计划成本	本分项总计
（1）	（2）	（3）	（4）	（5）	（6）

在编制成本支出计划时，要在项目总体层面上考虑总的预备费，也要在主要的分项工程中安排适当的不可预见费，避免在具体编制成本计划时，发现个别单位工程或工程量表中某项内容的工程量计算有较大出入，偏离原来的成本预算。

五、按施工进度编制施工成本计划的方法

按施工进度编制施工成本计划，通常可在控制项目进度的网络图的基础上，进一步扩充而成。即在建立网络图时，一方面确定完成各项工作所需花费的时间，另一方面确定完成这一工作合适的施工成本支出计划。在实践中，将工程项目分解为既能方便地表示时间，又能方便地表示施工成本支出计划的工作是不容易的。通常如果项目分解程度对时间控制合适的话，则对施工成本支出计划可能分解过细，以至于不可能对每项工作确定其施工成本支出计划，反之亦然。因此在编制网络计划时，应在充分考虑进度控制对项目划分要求的同时，还要考虑确定施工成本支出计划对项目划分的要求，做到二者兼顾。

通过对施工成本目标按时间进行分解，在网络计划基础上，可获得项目进度计划的横

道图，并在此基础上编制成本计划。其表示方式有两种：一种是在时标网络图上按月编制的成本计划直方图，如图 7-5 所示；另一种是用时间—成本累积曲线（S 形曲线）表示，如图 7-6 所示。

时间—成本累积曲线的绘制步骤如下：

（1）确定工程项目进度计划，编制进度计划的横道图。

（2）根据每单位时间内完成的实物工程量或投入的人力、物力和财力，计算单位时间（月或旬）的成本，在时标网络图上按时间编制成本支出计划，如图 7-5 所示。

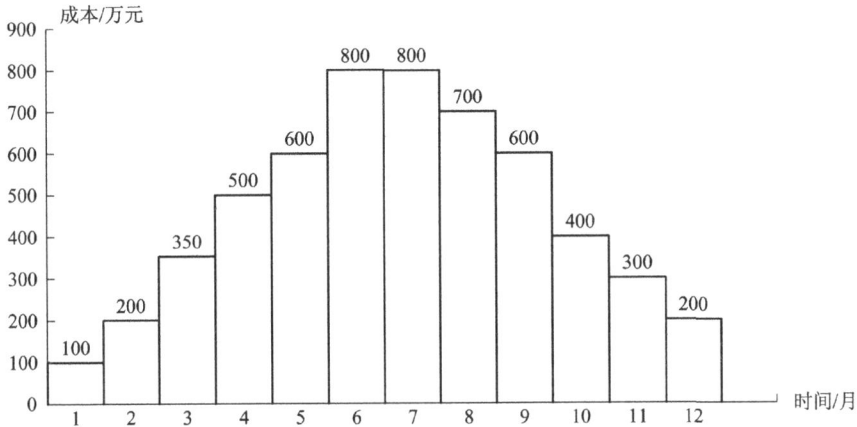

图 7-5 时标网络图上按月编制的成本计划

（3）计算规定时间 t 内计划累计支出的成本额。其计算方法为将各单位时间计划完成的成本额累加求和，可按下式计算：

$$Q_t = \sum_{n=1}^{t} q_n$$

式中，Q_t 为某时间 t 内计划累计支出成本额；q_n 为单位时间 n 的计划支出成本额；t 为某规定计划时刻。

（4）按各规定时间的 Q_t 值，绘制 S 形曲线，如图 7-6 所示。

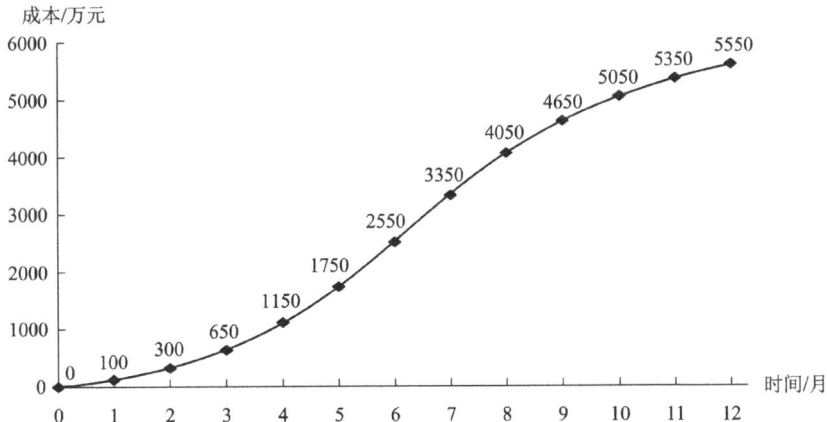

图 7-6 时间—成本累积曲线（S 形曲线）

每一条 S 形曲线都对应某一特定的工程进度计划。因为在进度计划的非关键路线中存在许多有时差的工序或工作，因而 S 形曲线（成本计划值曲线）必然包括在由全部工作都按最早开始时间开始和全部工作都按最迟开始时间开始的曲线所组成的"香蕉图"内。项目经理可根据编制的成本支出计划来合理安排资金，同时项目经理也可以根据筹措的资金来调整 S 形曲线，即通过调整非关键路线上的工序项目的最早或最迟开始时间，力争将实际的成本支出控制在计划的范围内。

一般而言，所有工作都按最迟开始时间开始，对节约资金贷款利息是有利的。但同时也降低了项目按期竣工的保证率，因此项目经理必须合理地确定成本支出计划，达到既节约成本支出，又能控制项目工期的目的。

以上三种编制施工成本计划的方式并不是相互独立的。在实践中，往往是将这几种方式结合起来使用，从而可以取得扬长避短的效果。例如：将按项目组成分解总施工成本与按施工成本构成分解总施工成本两种方式相结合，横向按施工成本构成分解，纵向按子项目分解，或相反。这种分解方式有助于检查各分部分项工程施工成本构成是否完整，有无重复计算或漏算；同时还有助于检查各项具体的施工成本支出的对象是否明确或落实，并且可以从数字上校核分解的结果有无错误。或者还可将按子项目分解项目总施工成本计划与按时间分解项目总施工成本计划结合起来，一般纵向按子项目分解，横向按时间分解。

【例 7-1】　已知某施工项目的数据资料见表 7-3，绘制该项目的时间—成本累积曲线。

表 7-3　工程数据资料

编码	项目名称	最早开始时间（月份）	工期/月	成本强度/（万元/月）
11	场地平整	1	1	20
12	基础施工	2	3	15
13	主体工程施工	4	5	30
14	砌筑工程施工	8	3	20
15	屋面工程施工	10	2	30
16	楼地面施工	11	2	20
17	室内设施安装	11	1	30
18	室内装饰	12	1	20
19	室外装饰	12	1	10
20	其他工程		1	10

解

（1）确定施工项目进度计划，编制进度计划的横道图，如图 7-7 所示。

（2）在横道图上按时间编制成本计划，如图 7-8 所示。

（3）计算规定时间 t 计划累计支出的成本额。

根据公式 $Q_t = \sum_{n=1}^{t} q_n$，可得如下结果：

$Q_1 = 20$，$Q_2 = 35$，$Q_3 = 50$，…，$Q_{10} = 305$，$Q_{11} = 385$，$Q_{12} = 435$

（4）绘制 S 形曲线，如图 7-9 所示。

编码	项目名称	时间/月	费用强度/(万元/月)	工程进度(月)											
				01	02	03	04	05	06	07	08	09	10	11	12
11	场地平整	1	20												
12	基础施工	3	15												
13	主体工程施工	5	30												
14	砌筑工程施工	3	20												
15	屋面工程施工	2	30												
16	楼地面施工	2	20												
17	室内设施安装	1	30												
18	室内装饰	1	20												
19	室外装饰	1	10												
20	其他工程	1	10												

图 7-7　进度计划横道图

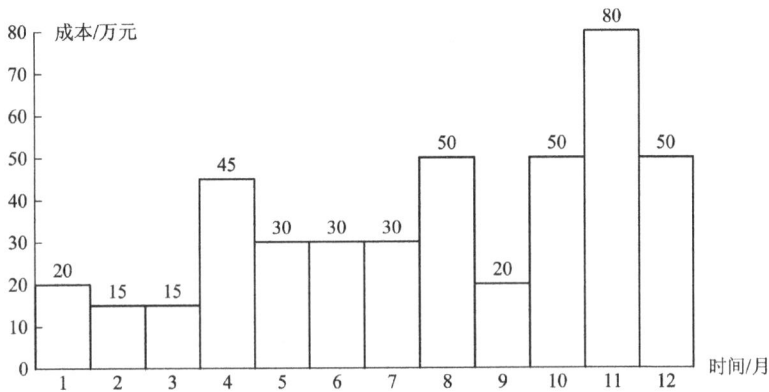

图 7-8　横道图上按时间编制的成本计划

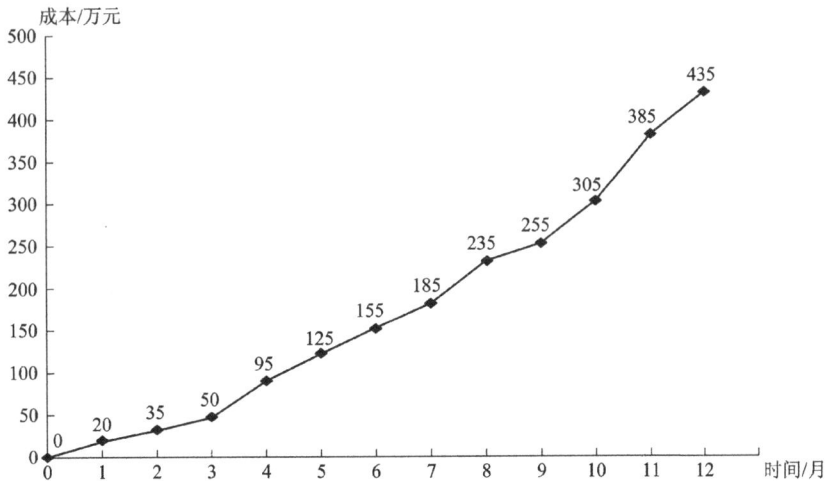

图 7-9　时间—成本累积曲线(S形曲线)

第三节　工程项目成本控制

工程项目成本控制是指项目在施工过程中,对影响工程项目成本的各种因素加强管理,并采取各种有效措施,将施工中实际发生的各种消耗和支出严格控制在成本计划范围内。工程项目成本控制的核心是对施工过程和成本计划进行实时监控,严格审查各项费用支出是否符合标准,计算实际成本和计划成本之间的差异并进行分析。本节主要针对工程项目施工成本控制展开论述。

一、施工成本控制的依据

施工成本控制的依据包括以下几点:

(1)工程承包合同。施工成本控制要以工程承包合同为依据,围绕降低工程成本这个目标,从预算收入和实际成本两方面,研究节约成本、增加收益的有效途径,以求获得最大的经济效益。

(2)施工成本计划。施工成本计划是根据施工项目的具体情况制订的施工成本控制方案,既包括预定的具体成本控制目标,又包括实现控制目标的措施和规划,是施工成本控制的指导文件。

(3)进度报告。进度报告提供了对应时间节点的工程实际完成量、工程施工成本实际支付情况等重要信息。施工成本控制工作通过实际情况与施工成本计划相比较,找出二者之间的差别,分析偏差产生的原因,从而采取措施改进以后的工作。此外,进度报告还有助于管理者及时发现工程实施中存在的隐患,并在可能造成重大损失之前采取有效措施,尽量避免损失。

(4)工程变更。在项目的实施过程中,由于各方面的原因,工程变更是很难避免的。工程变更一般包括设计变更、进度计划变更、施工条件变更、技术规范与标准变更、施工次序变更、工程量变更等。一旦出现变更,工程量、工期、成本都有可能发生变化,从而使得施工成本控制工作变得更加复杂和困难。因此,施工成本管理人员应当通过对变更要求中各类数据的计算、分析,及时掌握变更情况,包括已发生工程量、将要发生工程量、工期是否拖延、支付情况等重要信息,判断变更以及变更可能带来的索赔额度等。

除了上述几种施工成本控制工作的主要依据以外,施工组织设计、分包合同等有关文件资料也都是施工成本控制的依据。

二、施工成本控制的步骤

要做好施工成本的过程控制,必须制定规范化的过程控制程序。成本的过程控制中,有两类控制程序:一是管理行为控制程序,二是指标控制程序。管理行为控制程序是对成本全过程控制的基础,指标控制程序则是成本进行过程控制的重点。两类程序既相对独立又相互联系,既相互补充又相互制约。

(一)管理行为控制程序

管理行为控制的目的是确保每个岗位人员在成本管理过程中的管理行为符合事先确定的程序和方法的要求。从这个意义上讲,首先要清楚企业建立的成本管理体系是否能对成本形成的过程进行有效的控制，其次要考察体系是否处在有效的运行状态。管理行为控制程序就是为规范项目施工成本的管理行为而制定的约束和激励机制。其具体内容如下：

（1）建立项目施工成本管理体系的评审组织和评审程序。成本管理体系的建立不同于质量管理体系，质量管理体系反映的是企业的质量保证能力，由社会有关组织进行评审和认证；成本管理体系的建立是企业自身生存发展的需要，没有社会组织来评审和认证。因此企业必须建立项目施工成本管理体系的评审组织和评审程序，定期进行评审和总结，持续改进。

（2）建立项目施工成本管理体系运行的评审组织和评审程序。项目施工成本管理体系的运行有一个逐步推行的渐进过程。一个企业的各分公司、项目经理部的运行质量往往是不平衡的。因此，必须建立专门的常设组织，依照程序定期进行检查和评审，发现问题，总结经验，以保证成本管理体系的保持和持续改进。

（3）目标考核，定期检查。管理程序文件应明确每个岗位人员在成本管理中的职责，确定每个岗位人员的管理行为，如应提供的报表、提供的时间和原始数据的质量要求等。要把每个岗位人员是否按要求去履行职责作为一个目标来考核。为了方便检查，应将考核指标具体化，并设专人定期或不定期地检查。如表 7 - 4 所示为规范管理行为而设计的考核表。

表 7 - 4　项目成本岗位责任考核表

序号	岗位名称	职　责	检查方法	检查人	检查时间
1	项目经理	1. 建立项目成本管理组织 2. 组织编制项目施工成本管理手册 3. 定期或不定期地检查有关人员管理行为是否符合岗位职责要求	1. 查看有无组织结构图 2. 查看《项目施工成本管理手册》	上级或自查	开工初期检查一次，以后每月检查一次
2	项目工程师	1. 指定采用新技术降低成本的措施 2. 编制总进度计划 3. 编制总的工具及设备使用计划	1. 查看资料 2. 现场实际情况与计划进行对比	项目经理或其委托人	开工初期检查一次，以后每月检查1～2次
3	主管材料员	1. 编制材料采购计划 2. 编制材料采购月报表 3. 对材料管理工作每周组织检查一次 4. 编制月材料盘点表及材料收发结存报表	1. 查看资料 2. 对现场实际情况与管理制度中的要求进行对比	项目经理或其委托人	每月或不定期抽查
4	成本会计	1. 编制月度成本计划 2. 进行成本核算，编制月度成本核算表 3. 每月编制一次材料复核报告	1. 查看资料 2. 审核编制依据	项目经理或其委托人	每月检查一次
5	施工员	1. 编制月度用工计划 2. 编制月材料需求计划 3. 编制月度工具及设备计划 4. 开具限额领料单	1. 查看资料 2. 计划与实际对比，考核其准确性及实用性	项目经理或其委托人	每月或不定期抽查

应根据检查的内容编制相应的检查表,由项目经理或其委托人检查后填写检查表。检查表要由专人负责整理归档。

(4)制定对策,纠正偏差。对管理工作进行检查的目的是为了保证管理工作按预定的程序和标准进行,从而保证项目施工成本管理能够达到预期的目的。因此,对检查中发现的问题,要及时进行分析,然后根据不同的情况,及时采取对策。

(二)指标控制程序

能否达到预期的成本目标,是施工成本控制是否成功的关键。对各岗位人员的成本管理行为进行控制,就是为了保证成本目标的实现。图7-10所示为成本指标控制程序图。

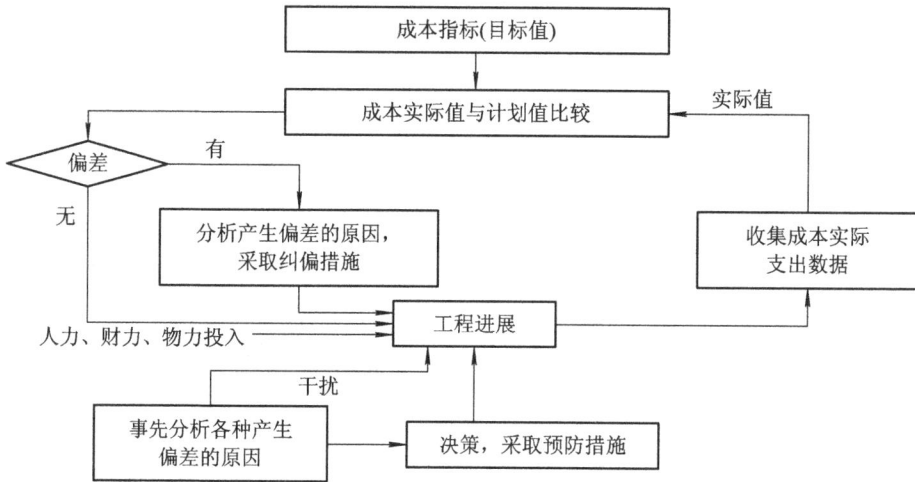

图7-10　成本指标控制程序图

施工项目成本指标控制程序如下:

(1)确定施工项目成本目标及月度成本目标。在工程开工之初,项目经理部应根据公司与项目签订的《项目承包合同》确定项目的成本管理目标,并根据工程进度计划确定月度成本计划目标。

(2)收集成本数据,检测成本形成过程。过程控制的目的就在于不断纠正成本形成过程中的偏差,保证成本项目的发生是在预定范围之内。因此,在施工过程中要定期收集反映施工成本支出情况的数据,并将实际发生情况与目标计划进行对比,从而保证有效控制成本的整个形成过程。

(3)分析偏差原因,制定对策。施工过程是一个多工种、多方位立体交叉作业的复杂活动,成本的发生和形成是很难按预定的目标进行的,因此,需要对产生的偏差及时分析原因,分清是客观因素(如市场调价)还是人为因素(如管理行为失控),及时制定对策并予以纠正。

(4)用成本指标考核管理行为,用管理行为来保证成本指标。管理行为的控制程序和成本指标的控制程序是对项目施工成本进行过程控制的主要内容,这两个程序在实施过程中,是相互交叉、相互制约又相互联系的。只有把成本指标的控制程序和管理行为的控制程序相结合,才能保证成本管理工作有序地、富有成效地进行。

三、施工成本控制的方法

（一）施工成本的过程控制方法

施工阶段是成本发生的主要阶段，这个阶段的成本控制主要是通过确定成本目标并按计划成本组织施工，合理配置资源，对施工现场发生的各项成本费用进行有效控制，其具体的控制方法如下。

1. 人工费的控制

人工费的控制实行"量价分离"的方法，将作业用工及零星用工按定额工日的一定比例综合确定用工数量与单价，通过劳务合同进行控制。

1）人工费的影响因素

（1）社会平均工资水平。建筑安装工人人工单价必须和社会平均工资水平趋同。社会平均工资水平取决于经济发展水平。由于我国改革开放以来经济迅速增长，社会平均工资也有大幅增长，从而导致人工单价的大幅提高。

（2）生产消费指数。生产消费指数的提高会导致人工单价的提高，以减少生活水平的下降，维持原来的生活水平。生活消费指数的变动取决于物价的变动，尤其取决于生活消费品物价的变动。

（3）劳动力市场供需变化。劳动力市场如果供不应求，人工单价就会提高；供过于求，人工单价就会下降。

（4）政府推行的社会保障和福利政策也会影响人工单价的变动。

（5）经会审的施工图、施工定额、施工组织设计等决定人工的消耗量。

2）控制人工费的方法

加强劳动定额管理，提高劳动生产率，降低工程耗用人工工日，这些都是控制人工费支出的主要手段。

（1）制定先进合理的企业内部劳动定额，严格执行劳动定额，并将安全生产、文明施工及零星用工下达到作业队进行控制。全面推行全额计件的劳动管理办法和单项工程集体承包的经济管理办法，以不超出施工图预算人工费指标为控制目标，实行工资包干制度。认真执行按劳分配的原则，使职工个人所得与劳动贡献相一致，充分调动广大职工的劳动积极性，以提高劳动效率。把工程项目的进度、安全、质量等指标与定额管理结合起来，提高劳动者的综合能力，实行奖励制度。

（2）提高生产个人的技术水平和作业队的组织管理水平，根据施工进度、技术要求，合理搭配各工种工人的数量，减少和避免无效劳动。不断地改善劳动组织，创造良好的工作环境，改善工人的劳动条件，提高劳动效率。合理调节各工序人数安排情况，安排劳动力时，尽量做到技术工不做普通工的工作，高级工不做低级工的工作，避免技术上的浪费，既要加快工程进度，又要节约人工费用。

（3）加强职工的技术培训和多种施工作业技能的培训，不断提高职工的业务技术水平和熟练操作程度，培养一专多能的技术工人，提高作业工效。提倡技术革新和推广新技术，提高技术装备水平和工厂化生产水平，提高企业的劳动生产率。

（4）实行弹性需求的劳务管理制度。施工生产各环节上的业务骨干和基本的施工力量，要保持相对稳定。对短期需要的施工力量，要做好预测和计划管理，通过企业内部的劳务市场及外部协作队伍进行调剂。严格做到项目部的定员随工程进度要求及时进行调整，实行弹性管理。要打破行业、工种界限，提倡一专多能，提高劳动力的利用效率。

2. 材料费的控制

材料费控制同样按照"量价分离"原则，控制材料用量和材料价格。

1) 材料用量的控制

在保证符合设计要求和质量标准的前提下，合理使用材料，通过定额控制、指标控制、计量控制、包干控制等手段有效控制物资材料的消耗。

（1）定额控制。对于有消耗定额的材料，以消耗定额为依据，实行限额领料制度。

① 限额领料的形式有以下三种：

a. 按分项工程实行限额领料。就是按照分项工程进行限额，如钢筋绑扎、混凝土浇筑、砌筑、抹灰等，它是以施工班组为对象进行的限额领料。

b. 按工程部位实行限额领料。就是将工程施工工序分为基础工程、结构工程和装饰工程，它是以施工专业队为对象进行的限额领料。

c. 按单位工程实行限额领料。就是对一个单位工程从开工到竣工全过程的建设工程项目的用料实行的限额领料，它是以项目经理部或分包单位为对象开展的限额领料。

② 限额领料的依据有以下四个方面：

a. 准确的工程量。准确的工程量是按工程施工图纸计算的正常施工条件下的数量，是计算限额领料量的基础。

b. 现行的施工预算定额或企业内部消耗定额。它是制定限额用量的标准。

c. 施工组织设计。它是计算和调整非实体性消耗材料的基础。

d. 施工过程中发包人认可的变更洽商单。它是调整限额量的依据。

③ 限额领料的实施过程如下：

a. 确定限额领料的形式。施工前，根据工程的分包形式，与使用单位确定限额领料的形式。

b. 签发限额领料单。根据双方确定的限额领料形式，根据有关部门编制的施工预算和施工组织设计，将所需材料数量汇总后编制材料限额数量，经双方确认后下发。

c. 限额领料单的应用。限额领料单一式三份，一份交保管员作为控制发料的依据；一份交使用单位，作为领料的依据；一份由签发单位留存，作为考核的依据。

d. 限额量的调整。在限额领料的执行过程中，会有许多因素影响材料的使用，如：工程量的变更、设计更改、环境因素的影响等。限额领料的主管部门在限额领料的执行过程中要深入施工现场，了解用料情况，根据实际情况及时调整限额数量，以保证施工生产的顺利进行和限额领料制度的连续性、完整性。

e. 限额领料的核算。根据限额领料的形式，工程完工后，双方应及时办理结算手续，检查限额领料的执行情况，对用料情况进行分析，按双方约定的合同，对用料节超进行奖罚兑现。

（2）指标控制。对于没有消耗定额的材料，则实行计划管理和按指标控制的办法。根据以往的实际耗用情况，结合具体施工项目的内容和要求，制定领用材料指标，以控制发料。超过指标的材料，必须经过一定的审批手续方可领用。

（3）计量控制。准确做好材料物资的收发计量检查和投料计量检查。

（4）包干控制。在材料使用过程中，对部分小型及零星材料（如钢钉、钢丝等）根据工程量计算出所需材料量，将其折算成费用，由作业者包干使用。

2）材料价格的控制

材料价格主要由材料采购部门控制。由于材料价格是由买价、运杂费、运输中的合理损耗等组成，因此控制材料价格，主要是通过掌握市场信息，应用招标和询价等方式控制材料、设备的采购价格。

施工项目的材料物资，包括构成工程实体的主要材料和结构件，以及有助于工程实体形成的周转使用材料和低值易耗品等。从价值角度看，材料物资的价值约占建筑安装工程造价的60%甚至70%以上，因此，对材料价格的控制非常重要。由于材料物资的供应渠道和管理方式各不相同，所以控制的内容和所采取的控制方法也将有所不同。

3．施工机械使用费的控制

合理选择施工机械设备与合理使用施工机械设备对成本控制具有十分重要的意义，尤其是高层建筑施工。据某些工程实例统计，高层建筑地面以上部分的总费用中，垂直运输机械费用占建筑安装工程费用的6%～10%。由于不同的起重运输机械各有不同的特点，因此在选择起重运输机械时，首先应根据工程特点和施工条件确定采取的起重运输机械的组合方式。在确定采用何种组合方式时，首先应满足施工需要，其次要考虑费用的高低和综合经济效益。

施工机械使用费主要由台班数量和台班单价两方面决定，因此为有效控制施工机械使用费支出，应主要从这两个方面进行控制。

1）台班数量

（1）根据施工方案和现场实际情况，选择适合项目施工特点的施工机械，制订设备需求计划，合理安排施工生产，充分利用现有机械设备，加强内部调配，提高机械设备的利用率。

（2）保证施工机械设备的作业时间，安排好生产工序的衔接，尽量避免停工、窝工，尽量减少施工中所消耗的机械台班数量。

（3）核定设备台班定额产量，实行超产奖励办法，加快施工生产进度，提高机械设备单位时间的生产效率和利用率。

（4）加强设备租赁计划管理，减少不必要的设备闲置和浪费，充分利用社会闲置机械资源。

2）台班单价

（1）加强现场设备的维修、保养工作，降低大修、经常性修理等各项费用的开支，提高机械设备的完好率，最大限度地提高机械设备的利用率，避免因使用不当造成机械设备的停置。

（2）加强机械操作人员的培训工作，不断提高人员操作技能，提高施工机械台班的生产效率。

（3）加强配件的管理，建立健全配件领发料制度，严格按油料消耗定额控制油料消耗，做到修理有记录，消耗有定额，统计有报表，损耗有分析。通过经常分析总结，提高修理质量，降低配件消耗，减少修理费用的支出。

（4）做好施工机械配件和工程材料采购计划，降低材料成本。

（5）成立设备管理领导小组，负责设备调度、检查、维修、评估等具体事宜。对主要部件及其保养情况建立档案，分清责任，便于尽早发现问题，找到解决问题的办法。

4. 施工分包费用的控制

分包工程价格的高低，必然对项目经理部的施工项目成本产生一定的影响。因此，施工项目成本控制的重要工作之一是对分包价格的控制。项目经理部应在确定施工方案的初期就要确定需要分包的工程范围，决定分包范围的因素主要是施工项目的专业性和项目规模。对分包费用的控制，主要是做好分包工程的询价，订立平等互利的分包合同，建立稳定的分包关系网络，加强施工验收和分包结算等工作。

（二）赢得值（挣值）法

赢得值法（Earned Value Management，EVM）作为一项先进的项目管理技术，最初是由美国国防部于 1967 年首次确立的。目前，国际上先进的工程公司已普遍采用赢得值法进行工程项目的费用、进度综合分析控制。用赢得值法进行费用、进度综合分析控制，基本参数有三项，即已完工作预算费用、计划工作预算费用和已完工作实际费用。

1. 赢得值法的三个基本参数

（1）已完工作预算费用。

已完工作预算费用（Budgeted Cost for Work Performed，BCWP），是指在某一时间已经完成的工作（或部分工作），以批准认可的预算为标准所需要的资金总额。由于发包人正是根据这个值为承包人完成的工作量支付相应的费用，也就是承包人获得（挣得）的金额，故称赢得值或挣值。其计算公式如下：

$$已完工作预算费用（BCWP）＝已完成工作量×预算单价$$

（2）计划工作预算费用。

计划工作预算费用（Budgeted Cost for Work Scheduled，BCWS），是指根据进度计划在某一时刻应当完成的工作（或部分工作），以预算为标准所需要的资金总额。一般来说，除非合同有变更，BCWS 在工程实施过程中应保持不变。其计算公式如下：

$$计划工作预算费用（BCWS）＝计划工作量×预算单价$$

（3）已完工作实际费用。

已完工作实际费用（Actual Cost for Work Performed，ACWP），是指到某一时刻为止，已完成的工作（或部分工作）实际花费的总金额。其计算公式如下：

$$已完工作实际费用（ACWP）＝已完成工作量×实际单价$$

2. 赢得值法的四个评价指标

在三个基本参数的基础上，可以确定以下赢得值法的四个评价指标，它们都是时间的函数。

（1）费用偏差（Cost Variance，CV）。

$$费用偏差（CV）＝已完工作预算费用（BCWP）－已完工作实际费用（ACWP）$$

当费用偏差 CV 为负值时，表示项目运行超出预算费用；当费用偏差 CV 为正值时，表示项目运行节支，实际费用没有超出预算费用。

（2）进度偏差（Schedule Variance，SV）。

进度偏差(SV)＝已完工作预算费用(BCWP)－计划工作预算费用(BCWS)

当进度偏差 SV 为负值时，表示进度延误，即实际进度落后于计划进度；当进度偏差 SV 为正值时，表示进度提前，即实际进度快于计划进度。

(3) 费用绩效指数(CPI)。

费用绩效指数(CPI)＝已完工作预算费用(BCWT)/已完工作实际费用(ACWP)

当费用绩效指数(CPI)＜1 时，表示超支，即实际费用高于预算费用；当费用绩效指数(CPI)＞1 时，表示节支，即实际费用低于预算费用。

(4) 进度绩效指数(SPI)。

进度绩效指数(SPI)＝已完工作预算费用(BCWP)/计划工作预算费用(BCWS)

当进度绩效指数(SPI)＜1 时，表示进度延误，即实际进度比计划进度慢；当进度绩效指数(SPI)＞1 时，表示进度提前，即实际进度比计划进度快。

费用(进度)偏差反映的是绝对偏差，结果很直观，有助于费用管理人员了解项目费用出现偏差的绝对数额，并依此采取一定措施，制订或调整费用支出计划和资金筹措计划。但是，绝对偏差有其不容忽视的局限性。如同样是 10 万元的费用偏差，对于总费用 1000 万元的项目和总费用 1 亿元的项目而言，其严重性显然是不同的。因此，费用(进度)偏差仅适合于对同一项目作偏差分析。费用(进度)绩效指数反映的是相对偏差，它不受项目层次的限制，也不受项目实施时间的限制，因而在同一项目和不同项目比较中均可采用。

在项目的费用、进度综合控制中引入赢得值法，可以克服过去进度、费用分开控制的缺点，即当发现费用超支时，很难立即知道是由于费用超出预算，还是由于进度提前。相反，当发现费用低于预算时，也很难立即知道是由于费用节省，还是由于进度拖延。而引入赢得值法即可定量地判断进度、费用的执行效果。

（三）偏差分析的表达方法

偏差分析可以采用不同的表达方法，常用的有横道图法、表格法和曲线法。

1. 横道图法

用横道图法进行费用偏差分析，是指用不同的横道标识已完工作预算费用(BCWP)、计划工作预算费用(BCWS)和已完工作实际费用(ACWP)，横道的长度与其金额成正比例，如图 7 - 11 所示。

横道图法具有形象、直观、一目了然等优点，它能够准确表达出费用的绝对偏差，而且能直观地表明偏差的严重性。但这种方法反映的信息量少，一般在项目的较高管理层应用。

2. 表格法

表格法是进行偏差分析最常用的一种方法。它将项目编号、名称、各费用参数以及费用偏差数综合归纳入一张表格中，并且直接在表格中进行比较。由于各偏差参数都在表中列出，使得费用管理者能够综合地了解并处理这些数据。

用表格法进行偏差分析具有如下优点：

(1) 灵活、适用性强。可根据实际需要设计表格，进行增减项。

(2) 信息量大。可以反差分析所需的资料，从而有利于费用控制人员及时采取针对性措施，加强控制。

项目编码	项目名称	费用参数数额/万元	费用偏差/万元	进度偏差/万元	偏差原因
041	木门窗安装	30 30 30	0	0	—
042	钢门窗安装	40 30 50	−10	10	
042	铝合金门窗安装	40 40 50	−10	0	
	…				
		10　20　30　40　50　60　70			
	合计	110 100 130	−20	10	
		100　200　300　400　500　600　700			

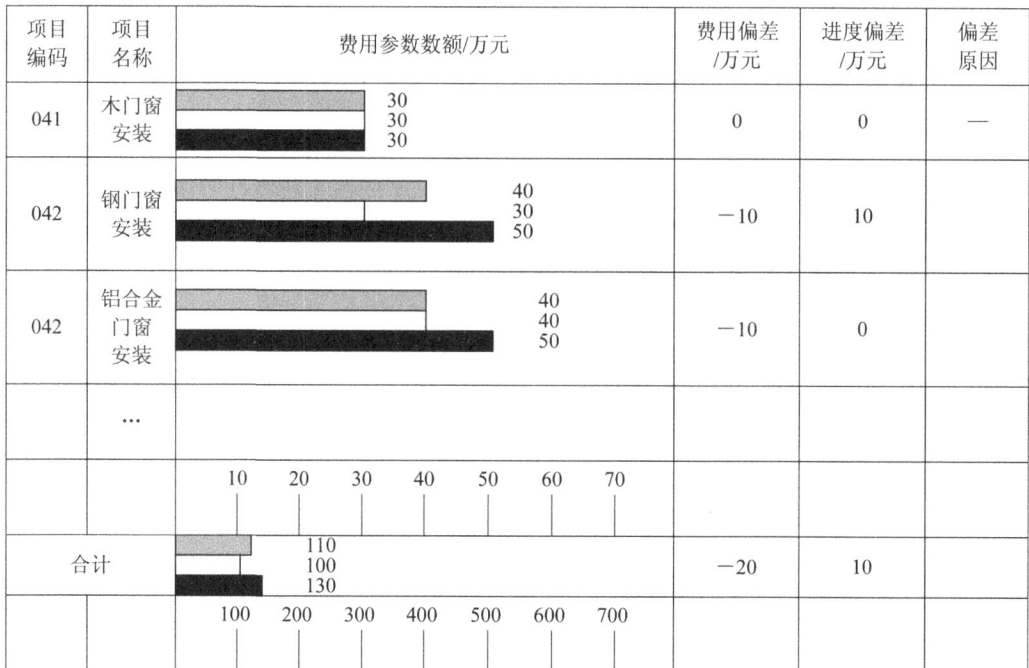

■ —已完工作实际费用；　□ —计划工作预算费用；　▨ —已完工作预算费用

图 7-11　费用偏差分析的横道图法

（3）表格处理可借助于计算机，从而节约大量数据处理所需的人力，并大大提高速度。表 7-5 给出了用表格法进行偏差分析的示例。

表 7-5　费用偏差分析表

项目编码	(1)	041	042	043
项目名称	(2)	木门窗安装	钢门窗安装	铝合金门窗安装
单位	(3)			
预算(计划)单价	(4)			
计划工作量	(5)			
计划工作预算费用（BCWS）	(6)＝(5)×(4)	30	30	40
已完成工作量	(7)			
已完工作预算费用（BCWP）	(8)＝(7)×(4)	30	40	40
实际单价	(9)			
其他款项	(10)			
已完工作实际费用（ACWP）	(11)＝(7)×(9)+(10)	30	50	50
费用局部偏差	(12)＝(8)−(11)	0	−10	−10
费用绩效指数 CPI	(13)＝(8)÷(11)	1	0.8	0.8

续表

费用累计偏差	(14)＝∑(12)	−20		
进度局部偏差	(15)＝(8)−(6)	0	10	0
进度绩效指数(SPI)	(16)＝(8)÷(6)	1	1.33	1
进度累计偏差	(17)＝∑(15)	10		

3. 曲线法

在项目实施过程中，赢得值法的三个参数可以形成三条曲线，即计划工作预算费用(BCWS)、已完工作预算费用(BCWP)、已完工作实际费用(ACWP)曲线，如图 7 − 12 所示。

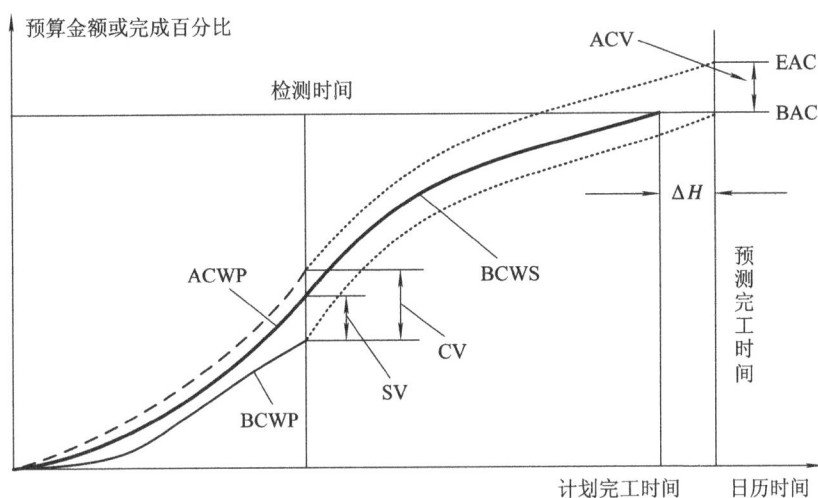

图 7 − 12　赢得值法评价曲线

从图中可知：

CV＝BCWP−ACWP，由于两项参数均以已完工作为计算基准，所以两项参数之差反映项目进展的费用偏差。

SV＝BCWP−BCWS，由于两项参数均以预算值(计划值)作为计算基准，所以两者之差，反映项目进展的进度偏差。

采用赢得值法进行费用、进度综合控制，还可以根据当前的进度、费用偏差情况，通过原因分析，对趋势进行预测，预测项目结束时的进度、费用情况。在图 7 − 12 中，BAC(Budget at Completion)为项目完工预算，指编制计划时预计的项目完工费用；EAC(Estimate at Completion)为预测的项目完工估算，指计划执行过程中根据当前的进度、费用偏差情况预测的项目完工总费用；ACV(At Completion Variance)为预测项目完工时的费用偏差。三者之间的关系如下式所示：

$$ACV＝BAC−EAC$$

【例 7 − 2】　某工程项目有 2000 m² 缸砖面层地面施工任务，交由某分包商承担，计划于 6 个月内完成，计划的各工作项目单价和计划完成的工作量如表 7 − 6 所示，该工程进行了 3 个月以后，发现某些工作项目实际已完成的工作量及实际单价与原计划有偏差，其数值见表 7 − 6。

表 7 - 6　工 作 量 表

工作项目名称	平整场地	室内夯填土	垫层	缸砖面砂浆结合	踢　脚
单　　位	100 m²	100 m²	10 m²	100 m²	100 m²
计划工作量（3 个月）	150	20	60	100	13.55
计划单价/（元/单位）	16	46	450	1520	1620
已完成工作量（3 个月）	150	18	48	70	9.5
实际单价/（元/单位）	16	46	450	1800	1650

问题：

（1）试计算并用表格法列出至第 3 个月末时各工作的计划工作预算费用（BCWS）、已完工作预算费用（BCWP）、已完工作实际费用（ACWP），并分析费用局部偏差值、费用绩效指数（CPI）、进度局部偏差值、进度绩效指数（SPI），以及费用累计偏差和进度累计偏差。

（2）用横道图法表明各项工作的进展以及偏差情况，分析并在图上标明其偏差情况。

（3）用曲线法表明该项施工任务总的计划和实际进展情况，标明其费用及进度偏差情况（说明：各工作项目在 3 个月内均是以等速、等值进行的）。

解　（1）用表格法分析费用偏差，如表 7 - 7 所示。

表 7 - 7　缸砖面层地面施工费用分析表

（1）项目编码		001	002	003	004	005	总计
（2）项目名称	计算方法	平整场地	室内夯填土	垫层	缸砖面结合	踢脚	
（3）单位		100 m²	100 m²	10 m²	100 m²	100 m²	
（4）计划工作量（3 个月）	（4）	150	20	60	100	13.55	
（5）计划单价/（元/单位）	（5）	16	46	450	1520	1620	
（6）计划工作预算费用（BCWS）	（6）=（4）×（5）	2400	920	27000	152000	21951	204271
（7）已完成工作量（3 个月）	（7）	150	18	48	70	9.5	
（8）已完工作预算费用（BCWP）	（8）=（7）×（5）	2400	828	21600	106400	15390	146618
（9）实际单价/（元/单位）	（9）	16	46	450	1800	1650	
（10）已完工作实际费用（ACWP）	（10）=（7）×（9）	2400	828	216000	126000	15675	166503
（11）费用局部偏差	（11）=（8）-（10）	0	0	0	-19600	-285	
（12）费用绩效指数（CPI）	（12）=（8）÷（10）	1.0	1.0	1.0	0.847	0.98	
（13）费用累计偏差	（13）= $\sum$（11）			-19885			
（14）进度局部偏差	（14）=（8）-（6）	0	-92	-5400	-45600	-6561	
（15）进度绩效指数（SPI）	（15）=（8）÷（6）	1	0.9	0.8	0.7	0.7	
（16）进度累计偏差	（16）= $\sum$（14）			-57653			

（2）横道图进展费用偏差分析，见表 7 - 8。

表 7 - 8　费用偏差分析表

项目编号	项目名称	费用数额 /千元	费用偏差 /千元	进度偏差 /千元
001	平整场地	2.40 / 2.40 / 2.40	0	0
002	夯填土	0.92 / 0.83 / 0.83	0	−0.09
003	垫层	27.00 / 21.60 / 21.60	0	−5.40
004	缸砖面结合	152.00 / 106.40 / 126.00	−19.6	−45.60
005	踢脚	21.95 / 15.39 / 15.68	−0.29	−6.56
	合计	204.27 / 146.62 / 166.50	−19.89	−57.65

注：■表示计划工作预算费用（BCWS）；□表示已完工作预算费用（BCWP）；▨表示已完工作实际费用（ACWP）。

注：因空间有限，表中各项工作的横道比例尺大小不同。

（3）用曲线法表明该项施工任务在第 3 个月末时其费用及进度的偏差情况，如图 7 - 13 所示。

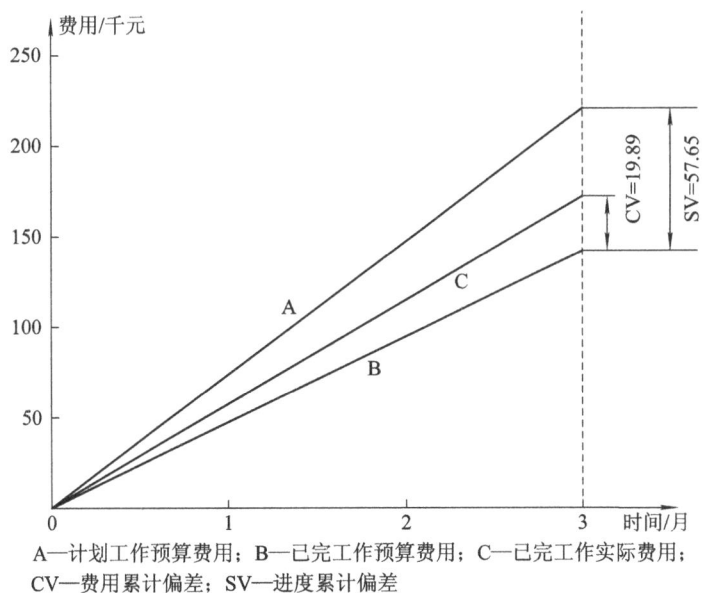

A—计划工作预算费用；B—已完工作预算费用；C—已完工作实际费用；
CV—费用累计偏差；SV—进度累计偏差

图 7 - 13　费用及进度的偏差情况

注：用曲线法分析时，由于假定各项工作均是等速进行，故所绘曲线呈直线形。

【例 7 - 3】 某工程项目施工合同于 2008 年 12 月签订，约定的合同工期为 20 个月，2009 年 1 月开始正式施工，承包人按合同工期要求编制了混凝土结构工程施工进度时标网络计划（如图 7 - 14 所示），并经专业监理工程师审核批准。

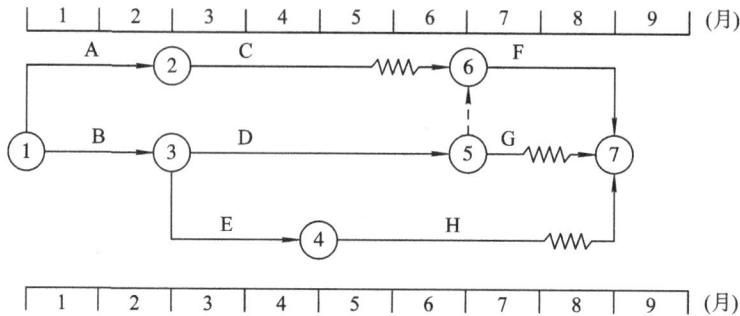

图 7 - 14　时标网络计划

该项目的各项工作均按最早开始时间安排，且各工作每月所完成的工程量相等。各工作的计划工程量和实际工程量见表 7 - 9。工作 D、E、F 的实际工作持续时间与计划工作持续时间相同。

表 7 - 9　计划工程量和实际工程量表

工　　作	A	B	C	D	E	F	G	H
计划工程量/m³	8600	9000	5400	10000	5200	6200	1000	3600
实际工程量/m³	8600	9000	5400	9200	5000	5800	1000	5000

合同约定，混凝土结构工程综合单价为 1000 元/m³，按月结算。结算价按项目所在地混凝土结构工程价格指数进行调整，项目实施期间每月的混凝土结构工程价格指数见表 7 - 10。

表 7 - 10　工程价格指数表

时间	2008 年 12 月	2009 年 1 月	2009 年 2 月	2009 年 3 月	2009 年 4 月	2009 年 5 月	2009 年 6 月	2009 年 7 月	2009 年 8 月	2009 年 9 月
混凝土结构工程价格指数/%	100	115	110	115	110	110	110	120	110	110

施工期间，由于发包人原因使工作 H 的开始时间比计划的开始时间推迟 1 个月，并由于工作 H 工程量的增加使该工作的工作持续时间延长了 1 个月。

问题：

（1）请按施工进度计划编制资金使用计划（即计算每月和累计计划工作预算费用），并简要写出其步骤。计算结果填入表 7 - 11 中。

（2）计算工作 H 每月的已完工作预算费用和已完工作实际费用。

（3）计算混凝土结构工程已完工作预算费用和已完工作实际费用，计算结果填入表

7－11 中。

（4）列式计算 8 月末的费用偏差（CV）和进度偏差（SV）。

解　（1）将各工作计划工程量与单价相乘后，除以该工作持续时间，得到各工作每月计划工作预算费用；再将时标网络计划中各工作分别按月纵向汇总得到每月计划工作预算费用；然后逐月累加得到各月累计计划工作预算费用。计算结果见表 7－11。

（2）H 工作 6～9 月份每月完成工程量为 $5000\div4=1250$ m³/月；

H 工作 6～9 月已完工作预算费用均为 $1250\times1000=125$ 万元；

H 工作已完工作实际费用：

6 月份为 $125\times110\%=137.5$ 万元；

7 月份为 $125\times120\%=150.0$ 万元；

8 月份为 $125\times110\%=137.5$ 万元；

9 月份为 $125\times110\%=137.5$ 万元。

（3）计算结果见表 7－11。

表 7－11　计　算　结　果　　　　单位：万元

项　　目	数据								
	1	2	3	4	5	6	7	8	9
每月计划工作预算费用	880	880	690	690	550	370	530	310	
累计计划工作预算费用	880	1760	2450	3140	3690	4060	4590	4900	
每月已完工作预算费用	880	880	660	660	410	355	515	415	125
累计已完工作预算费用	880	1760	2420	3080	3490	3845	4360	4775	4900
每月已完工作实际费用	1012	924	726	759	451	390.5	618	456.5	137.5
累计已完工作实际费用	1012	1936	2662	3421	3872	4262.5	4880.5	5337	5474.5

（4）费用偏差（CV）＝已完工作预算费用－已完工作实际费用＝$4775-5337=-562$ 万元，超支 562 万元。

进度偏差（SV）＝已完工作预算费用－计划工作预算费用＝$4775-4900=-125$ 万元，进度拖后 125 万元。

（四）偏差原因分析与纠偏措施

1. 偏差原因分析

在实际执行过程中，最理想的状态是已完工作实际费用（ACWP）、计划工作预算费用（BCWS）、已完工作预算费用（BCWP）三条曲线靠得很近且平稳上升，表示项目按预定计划目标进行。如果三条曲线离散度不断增加，则可能出现较大的投资偏差。

偏差分析的一个重要目的就是要找出引起偏差的原因，从而采取有针对性的措施，减少或避免相同问题的再次发生。在进行偏差原因分析时，首先应当将已经导致和可能导致偏差的各种原因逐一列举出来。导致不同工程项目产生费用偏差的原因具有一定共性，因而可以通过对已建项目的费用偏差原因进行归纳、总结，为该项目采取预防措施提供依据。

一般来说，产生费用偏差的原因大致有五个方面，分别为物价上涨、设计原因、业主原因、施工原因和客观原因，详细内容如图 7-15 所示。

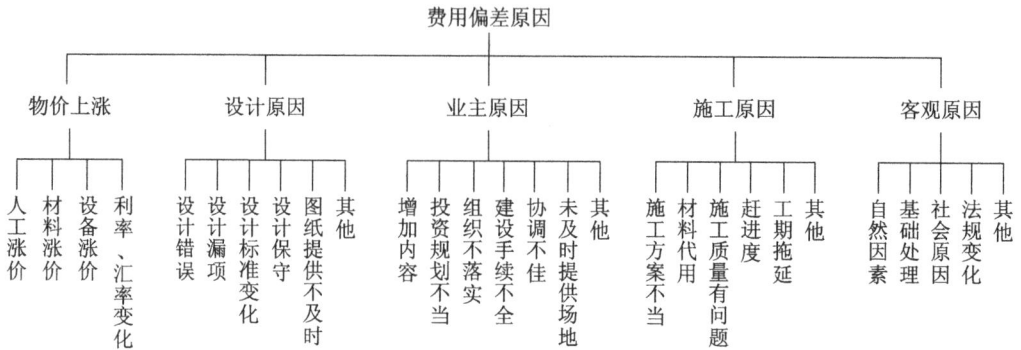

图 7-15　费用偏差原因

2. 纠偏措施

通常要压缩已经超支的费用，而不影响其他目标是十分困难的，一般只有当给出的措施比原计划已选定的措施更为有利时，比如使工程范围减少或生产效率提高等，成本才能降低。一般有以下几种措施：

（1）寻找新的、效率更高的设计方案；

（2）购买部分产品，而不是采用完全由自己生产的产品；

（3）重新选择供应商，但会产生供应风险，选择需要时间；

（4）改变实施过程；

（5）变更工程范围；

（6）索赔，例如向业主、承（分）包商、供应商索赔以弥补费用超支。

表 7-12 为赢得值法参数分析与对应措施表。

表 7-12　赢得值法参数分析与对应措施表

序号	图　型	三参数关系	分析	措　施
1	ACWP BCWS BCWP	ACWP>BCWS>BCWP；SV<0；CV<0	效率低、进度较慢、投入延后	用工作效率高的人员更换一批工作效率低的人员
2	BCWP BCWS ACWP	BCWP>BCWS>ACWP；SV>0；CV>0	效率高、进度较快、投入超前	若偏离不大，维持现状
3	BCWP ACWP BCWS	BCWP>ACWP>BCWS；SV>0；CV>0	效率较、高进度快、投入超前	抽出部分人员，放慢进度
4	ACWP BCWS BCWP	ACWP>BCWP>BCWS；SV>0；CV<0	效率较低、进度较快、投入超前	抽出部分人员，增加少量骨干人员

续表

序号	图　型	三参数关系	分析	措　施
5	BCWS ACWP BCWP	BCWS＞ACWP＞BCWP； SV＜0；CV＜0	效率较低、 进度慢、 投入延后	增加高效人员投入
6	BCWS BCWP ACWP	BCWS＞BCWP＞ACWP； SV＜0；CV＞0	效率较高、 进度较慢、 投入延后	迅速增加人员投入

第四节　工程项目成本分析

工程项目成本分析是指在成本形成过程中，对工程项目成本进行的对比评价和总结工作。工程成本分析主要利用工程项目的成本核算资料，与计划成本、预算成本以及类似项目的实际成本等进行比较，了解成本的变动情况，分析主要技术经济指标对成本的影响，系统地研究成本变动的因素，检查成本计划的合理性，深入揭示成本变动的规律，寻找降低工程项目成本的途径，以便有效地进行成本控制。本节主要针对工程项目施工成本分析展开讨论。

一、施工成本分析的依据

通过施工成本分析，可从账簿、报表反映的成本现象中看清成本的实质，从而增强项目成本的透明度和可控性，为加强成本控制，从而实现项目成本目标创造条件。施工成本分析的主要依据是会计核算、业务核算和统计核算所提供的资料。

1. 会计核算

会计核算主要是价值核算。会计是对一定单位的经济业务进行计量、记录、分析和检查，作出预测，参与决策，实行监督，旨在实现最优经济效益的一种管理活动。它通过设置账户、复式记账、填制和审核凭证、登记账簿、成本计算、财产清查和编制会计报表等一系列有组织、有系统的方法，来记录企业的一切生产经营活动，然后据此提出一些用货币来反映的有关各种综合性经济指标的数据，如资产、负债、所有者权益、收入、费用和利润等。由于会计记录具有连续性、系统性、综合性等特点，所以它是施工成本分析的重要依据。

2. 业务核算

业务核算是各业务部门根据业务工作的需要建立的核算制度，它包括原始记录和计算登记表，如单位工程及分部分项工程进度登记，质量登记，工效、定额计算登记，物资消耗定额记录，测试记录等。业务核算的范围比会计、统计核算要广。会计和统计核算一般是对已经发生的经济活动进行核算，而业务核算不但可以核算已经完成的项目是否达到原定的目的并取得预期的效果，而且可以对尚未发生或正在发生的经济活动进行核算，以确定该项经济活动是否有经济效果，是否有执行的必要。它的特点是对个别的经济业务进行单项核算，例如各种技术措施、新工艺等。业务核算的目的在于迅速取得资料，以便在经济活动中及时采取措施进行调整。

3. 统计核算

统计核算是利用会计核算资料和业务核算资料，把企业生产经营活动客观现状的大量数据，按统计方法加以系统整理，以发现其规律性。它的计量尺度比会计宽，可以用货币计算，也可以用实物或劳动量计量。它通过全面调查和抽样调查等特有的方法，不仅能提供绝对数指标，还能提供相对数和平均数指标；不仅可以计算当前的实际水平，还可以确定变动速度以预测发展的趋势。

二、施工成本分析的方法

（一）施工成本分析的基本方法

施工成本分析的基本方法包括比较法、因素分析法、差额计算法、比率法等。

1. 比较法

比较法又称指标对比分析法，是指对比技术经济指标，检查目标的完成情况，分析产生差异的原因，进而挖掘降低成本的方法。这种方法通俗易懂，简单易行，便于掌握，因而得到了广泛的应用，但在应用时必须注意各技术经济指标的可比性。比较法的应用通常有以下几种形式：

（1）实际指标与目标指标对比。通过实际指标与目标指标的对比来检查目标完成情况，分析影响目标完成的积极因素和消极因素，以便及时采取措施，保证成本目标的实现。在进行实际指标与目标指标对比时，还应注意目标本身有无问题，如果目标本身出现问题，则应调整目标，重新评价实际工作。

（2）本期实际指标与上期实际指标对比。通过本期实际指标与上期实际指标的对比，可以看出各项技术经济指标的变动情况，反映施工管理水平的提高程度。

（3）与本行业平均水平、先进水平对比。通过这种对比，可以反映本项目的技术和经济管理水平与行业的平均及先进水平的差距，进而采取措施提高本项目管理水平。

2. 因素分析法

因素分析法又称连环置换法，可用来分析各种因素对成本的影响程度。在进行分析时，假定众多因素中的一个因素发生了变化，而其他因素保持不变，然后逐个替换，分别比较其计算结果，以确定各个因素的变化对成本的影响程度。因素分析法的计算步骤如下：

（1）确定分析对象，计算实际数与目标数的差异。

（2）确定该指标是由哪几个因素组成的，并按其相互关系进行排序（排序规则是：先实物量，后价值量；先绝对值，后相对值）。

（3）以目标数为基础，将各因素的目标数相乘，作为分析替代的基数。

（4）将各个因素的实际数按照已确定的排列顺序进行替换计算，并将替换后的实际数保留下来。

（5）将每次替换计算所得的结果，与前一次的计算结果相比较，两者的差异即为该因素对成本的影响程度。

（6）各个因素的影响程度之和，应与分析对象的总差异相等。

【例7-4】　商品混凝土目标成本为443 040元，实际成本为473 697元，比目标成本增加了30 657元，资料见表7-13。分析成本增加的原因。

表7-13　商品混凝土目标成本与实际成本对比表

项　目	单　位	目　标	实　际	差　额
产量	m³	600	630	＋30
单价	元	710	730	＋20
损耗率	％	4	3	－1
成本	元	443 040	473 697	＋30 657

解　（1）分析对象是商品混凝土的成本，实际成本与目标成本的差额为30 657元，该指标是由产量、单价、损耗率三个因素组成的，其排序见表7-13。

（2）以目标数443 040元（600×710×1.04）为分析替代的基础，进行替换计算。

第一次替代产量因素，以630替代600：
$$630×710×1.04＝465\ 192\ 元$$

第二次替代单价因素，以730替代710，并保留上次替代后的值：
$$630×730×1.04＝478\ 296\ 元$$

第三次替代损耗率因素，以1.03替代1.04，并保留上两次替代后的值：
$$630×730×1.03＝473\ 697\ 元$$

（3）计算差额：

第一次替代与目标数的差额＝465 192－443 040＝22 152元；

第二次替代与第一次替代的差额＝478 296－465 192＝13 104元；

第三次替代与第二次替代的差额＝473 697－478 296＝－4599元。

（4）产量增加使成本增加了22 152元，单价提高使成本增加了13 104元，而损耗率下降使成本减少了4599元。

（5）各因素的影响程度之和＝22 152＋13 104－4599＝30 657元，与实际成本和目标成本的总差额相等。

为了使用方便，企业也可以通过运用因素分析表来求出各因素变动对实际成本的影响程度，其具体形式见表7-14。

表7-14　商品混凝土成本变动因素分析表

顺　序	连环替代计算	差异/元	因　素　分　析
目标数	600×710×1.04		
第一次替代	630×710×1.04	22 152	由于产量增加30 m³，成本增加22 152元
第二次替代	630×730×1.04	13 104	由于单价提高20元，成本增加13 104元
第三次替代	630×730×1.03	－4599	由于损耗率下降1％，成本减少4599元
合计	22 152＋13 104－4599＝30 657	30 657	

3. 差额计算法

差额计算法是因素分析法的一种简化形式，它利用各个因素的目标值与实际值的差额来计算其对成本的影响程度。

4. 比率法

比率法是指用两个以上的指标的比例进行分析的方法。它的基本特点是先把对比分析的数值变成相对数，再观察其相互之间的关系。常用的比率法有以下几种：

（1）相关比率法。由于项目经济活动的各个方面是相互联系、相互依存、相互影响的，因而可以将两个性质不同且相关的指标加以对比，求出比率，并以此来考察经营成果的好坏。例如：产值和工资是两个不同的概念，但它们是投入与产出的关系。在一般情况下，都希望以最少的工资支出完成最大的产值。因此，用产值工资率指标来考核人工费的支出水平，可以很好地分析人工成本。

（2）构成比率法。构成比率法又称比重分析法或结构对比分析法。通过构成比率，可以考察成本总量的构成情况及各成本项目占总成本的比重，同时也可看出预算成本、实际成本和降低成本的比例关系，从而为寻求降低成本的途径指明方向。

（3）动态比率法。动态比率法是将同类指标不同时期的数值进行对比，求出比率，以分析该项指标的发展方向和发展速度。动态比率的计算，通常采用基期指数和环比指数两种方法。

（二）综合成本的分析方法

综合成本是指涉及多种生产要素，并受多种因素影响的成本费用，如分部分项工程成本、月（季）度成本、年度成本等。由于这些成本都是随着项目施工的进展而逐步形成的，与生产经营有着密切的关系，因此，做好上述成本的分析工作，无疑将促进项目的生产经营管理，提高项目的经济效益。

1. 分部分项工程成本分析

分部分项工程成本分析是施工项目成本分析的基础。分部分项工程成本分析的对象为已完成分部分项工程，分析的方法是：进行预算成本、目标成本和实际成本的"三算"对比，分别计算实际偏差和目标偏差，分析偏差产生的原因，为今后的分部分项工程成本寻求节约途径。

分部分项工程成本分析的资料来源：预算成本来自投标报价成本，目标成本来自施工预算，实际成本来自施工任务单的实际工程量、实耗人工和限额领料单的实耗材料。

由于施工项目包括很多分部分项工程，无法也没有必要对每一个分部分项工程都进行成本分析，特别是一些工程量小、成本费用少的零星工程。但是，对于那些主要分部分项工程必须进行成本分析，而且要做到从开工到竣工进行系统的成本分析。因为通过主要分部分项工程成本的系统分析，可以基本上了解项目成本形成的全过程，为竣工成本分析和今后的项目成本管理提供参考资料。

分部分项工程成本分析表的格式见表 7-15。

表 7 – 15　分部分项工程成本分析

单位工程：_____

分部分项工程名称：_____　工程量：_____　施工班组：_____　施工日期：_____

工料名称	规格	单位	单价	预算成本		目标成本		实际成本		实际与预算比较		实际与目标比较	
				数量	金额	数量	金额	数量	金额	数量	金额	数量	金额
合　计													
实际与预算比较(%) （预算＝100）													
实际与计划比较(%) （计划＝100）													
节超原因说明													

编制单位：　　　　　　　　　成本员：　　　　　　　　　填表日期：

2. 月(季)度成本分析

月(季)度成本分析，是施工项目定期的、经常性的中间成本分析，对于施工项目来说具有特别重要的意义。通过月(季)度成本分析，可以及时发现问题，以便按照成本目标指定的方向进行监督和控制，保证项目成本目标的实现。

月(季)度成本分析的依据是当月(季)的成本报表，分析通常包括以下几个方面：

(1)通过实际成本与预算成本的对比，分析当月(季)的成本升降水平；通过累计实际成本与累计预算成本的对比，分析累计的成本升降水平，预测实现项目成本目标的前景。

(2)通过实际成本与目标成本的对比，分析目标成本的落实情况以及目标管理中的问题和不足，进而采取措施，加强成本管理，保证成本目标的实现。

(3)通过对各成本项目的成本分析，可以了解成本总量的构成比例和成本管理的薄弱环节。例如：在成本分析中，若发现人工费、机械费等项目大幅度超支，则应该对这些费用的收支配比关系进行研究，并采取对应的措施，防止今后再超支。如果是属于规定的"政策性"亏损，则应从控制支出着手，把超支额压缩到最低限度。

(4)通过主要技术经济指标的实际与目标对比，分析产量、工期、质量、"三材"节约率、机械利用率等对成本的影响。

(5)通过对技术组织措施执行效果的分析，寻求更加有效的节约途径。

(6)分析其他有利条件和不利条件对成本的影响。

3. 年度成本分析

企业成本要求一年结算一次，不得将本年成本转入下一年度。而项目成本则以项目的寿命周期为结算期，要求从开工到竣工直至保修期结束连续计算，最后结算出总成本及其盈亏。由于项目的施工周期一般较长，除进行月(季)度成本核算和分析外，还要进行年度成本的核算和分析。这不仅是企业汇编年度成本报表的需要，同时也是项目成本管理的需要，通过年度成本的综合分析，可以总结一年来成本管理的成绩和不足，为今后的成本管理提供经验和教训，从而可对项目成本进行更有效的管理。

年度成本分析的依据是年度成本报表。年度成本分析的内容，除了月(季)度成本分析的六个方面以外，重点是针对下一年度的施工进展情况制订切实可行的成本管理措施，以保证施工项目成本目标的实现。

4. 竣工成本的综合分析

凡是有几个单位工程且单独进行成本核算(即成本核算对象)的施工项目，其竣工成本分析应以各单位工程竣工成本分析资料为基础，再加上项目管理层的经营效益(如资金调度、对外分包等所产生的效益)进行综合分析。如果施工项目只有一个成本核算对象(单位工程)，就以该成本核算对象的竣工成本资料作为成本分析的依据。

单位工程竣工成本分析，应包括三方面内容：竣工成本分析，主要资源节超对比分析，主要技术节约措施及经济效果分析。

通过以上分析，可以全面了解单位工程的成本构成和成本降低的原因，为今后同类工程的成本管理提供参考。

复习思考题

1. 工程项目成本管理的内容有哪些？
2. 工程项目施工成本管理的主要任务有哪些？
3. 工程项目施工成本管理的措施有哪些？
4. 工程项目施工成本计划的方法有哪些？
5. 工程项目施工成本控制的方法有哪些？
6. 工程项目施工成本分析的方法有哪些？

第八章 工程项目质量管理

第一节 质量管理与质量控制

一、质量和工程项目质量

(一) 质量和工程项目质量的内涵

质量是指一组固有特性满足要求的程度。对质量的理解应把握以下几点：

(1) 质量不仅是指产品质量，也可以是指某项活动或过程的工作质量。

(2) 特性是指可区分的性质。特性可以是固有的或赋予的，也可以是定性的或定量的。

(3) 满足要求就是应满足明示的(如合同、规范、图纸中明确规定的)、隐含的(如一般习惯)或必须履行的(如法律、法规、行业规则)的需要和期望。

(4) 顾客和其他相关方对产品、过程或体系的质量要求是动态的、发展的和相对的。

工程项目质量简称工程质量，指满足业主需要的，符合国家法律、法规、技术规范、标准、设计文件及合同规定的特性总和。建设工程质量的特性主要表现在适用性、耐久性、安全性、可靠性、经济性及与环境的协调性六个方面。

(二) 工程质量的形成过程

工程建设的不同阶段，对工程项目质量的形成有着不同的作用和影响。

1. 项目可行性研究阶段

通过项目的可行性研究，确定其建设的可行性，并通过多方案比较，从中选择出最佳建设方案作为项目决策和设计的依据。在此阶段，需要确定工程项目的质量要求，并与投资目标相协调。因此，项目的可行性研究直接影响项目的决策质量和设计质量。

2. 项目决策阶段

项目决策阶段是通过项目可行性研究和项目评估，使项目的建设充分反映业主的意愿并与地区环境相适应，做到投资、质量、进度目标的统一协调。所以在项目决策阶段，要确定工程项目应达到的质量目标和水平。

3. 工程勘察、设计阶段

工程的地质勘察为建设场地的选择和工程设计与施工提供地质资料依据。而工程设计是根据建设项目总体需要和地质报告，对工程的外形和内在的实体进行筹划、研究、构思、设计和描绘，形成设计说明书和图纸等相关文件，使得质量目标和水平具体化，为施工提供直接的依据。工程设计质量是决定工程质量的关键环节。

4．工程施工阶段

工程施工活动决定了设计意图能否体现，它直接关系到工程的安全可靠和使用功能的保证，以及外表观感能否体现建筑设计的艺术水平等。在一定程度上，工程施工是形成实体质量的决定性环节。

5．工程竣工验收阶段

工程竣工验收就是对项目施工阶段的质量通过检查评定、试车运转等，考核项目质量是否达到设计要求，是否符合决策阶段确定的质量目标和水平，并通过验收确保工程项目的质量。所以工程竣工验收是为了保证最终产品的质量。

（三）工程质量的影响因素

影响工程质量的因素很多，但归纳起来主要有五个方面，即人（Man）、材料（Material）、机械（Machine）、方法（Method）和环境（Environment），简称为 4M1E 因素。

1．人员素质

人是生产经营活动的主体，也是工程项目建设的决策者、管理者和操作者。所以人员的素质，将直接或间接地对规划、决策、勘察、设计和施工的质量产生影响。因此，建筑行业实行企业资质管理和各类专业从业人员持证上岗制度，是保证人员素质的重要管理措施。

2．工程材料

工程材料的选用是否合理，产品是否合格，材质是否经过检验及保管使用是否得当等，都将直接影响建设工程的结构特性，影响工程外表及观感、使用功能及使用安全等方面的质量要求。

3．机械设备

机械设备可分为两类，一类是指组成工程实体及配套的工艺设备和各类机具，它们构成了建筑设备安装工程或工业设备安装工程，形成完整的使用功能；另一类是指施工过程中使用的各类机具设备，简称施工机具设备，是施工生产的手段，其类型是否符合工程施工特点，性能是否先进稳定，操作是否方便安全等，都将会影响工程项目的质量。

4．工艺方法

在工程施工中，施工方案是否合理，施工工艺是否先进，施工操作是否正确等，都将对工程质量产生重要影响。大力推进采用新技术、新工艺、新方法，不断提高工艺技术水平，是保证工程质量稳步提高的重要途径。

5．环境条件

环境条件是指对工程质量特性起重要作用的环境因素，包括工程技术环境、工程作业环境、工程管理环境、周边环境等。环境条件往往对工程质量产生特定的影响。加强环境管理，改进作业条件，把握好技术环境，辅以必要的措施，是控制环境对质量影响的重要保证。

二、质量控制和工程项目质量控制

1．质量控制

按照国际标准化组织（ISO）发布的 2000 版 ISO9000 族标准，质量控制指致力于满足质量要求的活动,是质量管理的组成部分。

2. 工程项目质量控制

工程项目质量控制指致力于满足工程项目质量要求,也就是为了保证工程质量满足工程合同、法律、法规、规范、标准和相关文件的要求,所采取的一系列措施、方法和手段。工程质量要求主要表现为工程合同、设计文件、技术规范、标准规定的质量标准等。

工程项目质量控制按其实施者不同,分为自控主体和监控主体。前者指直接从事质量职能的活动者,后者指对他人质量能力和效果的监控者。质量控制的实施者主要包括政府的质量控制部门人员,工程监理单位的质量控制部门人员,工程检测与鉴定机构、材料和设备检验与试验机构的质量控制部门人员,勘察设计单位、施工单位和材料与设备供应单位的质量控制部门人员。

3. 工程项目质量控制的原则

建设项目的各参与方在工程质量控制中,应遵循几条原则:坚持质量第一的原则;坚持以人为核心的原则;坚持以预防为主的原则;坚持质量标准的原则;坚持科学、公正、守法的职业道德规范。

三、工程项目质量控制的基本原理

1. PDCA 循环原理

PDCA 主要内容如下:

(1) 计划 P(Plan):即质量计划阶段,指明确目标并制订实现目标的行动方案。

(2) 实施 D(Do):包含两个环节,即计划行动方案的交底和按计划规定的方法与要求展开工程作业技术活动。

(3) 检查 C(Check):指对计划实施过程进行各种检查,包括作业者的自检、互检和专职管理员的检验。

(4) 处置 A(Action):对于质量检验所发现的质量问题或质量不合格,及时分析原因,采取必要的措施,予以纠正,保证质量形成处于受控状态。

2. 三阶段控制原理

三阶段控制即通常所说的事前控制、事中控制和事后控制。

(1) 事前控制要求预先制订周密的质量计划。

(2) 事中控制包括自控和监控两大环节,其关键是增强质量意识,激发操作者自我约束和自我控制的主动性。

(3) 事后控制包括对质量活动结果的评价和对质量偏差的纠正。

以上三个阶段不是孤立和截然分开的,它们之间构成有机的系统过程,实质上就是PDCA 循环的具体化,并在每一次滚动循环中不断提高,实现质量的持续改进。

3. 三全控制原理

三全控制源于全面质量管理的 TQC(Total Quality Control)思想,同时包容在质量体系标准中。TQC 思想指企业的质量管理应该是全面、全过程和全员参与的质量活动,主要内容如下:

(1) 全面质量控制是指工程质量和工作质量的全面控制。

（2）全过程质量控制是指根据工程质量的形成规律，从源头抓起，全过程推进。

（3）全员参与控制是指无论组织内部的管理者还是作业者，每个岗位都承担着相应的职能，一旦确定了质量方针和目标，就应该组织和动员全体员工参与到实施质量方针的系统活动中去。

四、工程质量责任体系

1. 建设单位的质量责任

建设单位应当依法对建设工程项目的勘察、设计、施工、监理以及与建设工程有关的重要设备、材料等的采购进行招标；应将工程发包给具有相应资质等级的单位；按合同的约定负责采购供应的建筑材料、建筑构配件和设备，应保证其符合设计文件和合同要求，对发生的质量问题，应承担相应的责任。

2. 勘察、设计单位的质量责任

勘察、设计单位必须按照国家现行的有关规定、工程建设强制性技术标准和合同要求进行勘察、设计工作，并对所编制的勘察、设计文件的质量负责。

3. 施工单位的质量责任

施工单位对所承包的工程项目的施工质量负责。实行总承包的工程，总承包单位应对全部建设工程质量负责。建设工程勘察、设计、施工、设备采购的一项或多项实行总承包的，总承包单位应对其承包的建设工程或采购的设备的质量负责；实行总分包的工程，分包方应按照分包合同约定对其分包工程的质量向总承包单位负责，总承包单位与分包单位对分包工程的质量承担连带责任。

4. 工程监理单位的质量责任

工程监理单位应依照法律、法规以及有关技术标准、设计文件和建设工程承包合同，与建设单位签订监理合同，代表建设单位对工程质量实施监理，并对工程质量承担监理责任。监理责任主要有违法责任和违约责任两个方面。如果工程监理单位故意弄虚作假，降低工程质量标准，造成质量事故的，要承担法律责任。若工程监理单位与承包单位串通，牟取非法利益，给建设单位造成损失的，应当与承包单位承担连带赔偿责任。如果监理单位在责任期内，不按照监理合同约定履行监理职责，给建设单位或其他单位造成损失的，属违约责任，应当向建设单位赔偿。

5. 建筑材料、构配件及设备生产或供应单位的质量责任

建筑材料、构配件及设备生产或供应单位对其生产或供应的产品质量负责。

五、工程质量管理制度

1. 施工图设计文件审查制度

施工图设计文件审查简称施工图审查，它是指国务院建设行政主管部门和各省、自治区、直辖市人民政府建设行政主管部门，委托依法认定的设计审查机构，根据国家法律、法规、技术标准与规范，对施工图的结构安全和强制性标准及规范的执行情况等进行的独立审查。

2. 工程质量监督制度

工程质量监督管理的主体是各级政府建设行政主管部门和其他有关部门。具体实施由

建设行政主管部门或其他有关部门委托的工程质量监督机构负责。

3. 工程质量检测制度

工程质量检测机构是对建设工程、建筑构件、制品及现场所用的有关建筑材料、设备等的质量进行检测的法定单位。它在建设行政主管部门领导和标准化管理部门指导下开展检测工作，其出具的检测报告具有法定效力。法定的国家级检测机构出具的检测报告，在国内为最终裁定，在国外具有代表国家的性质。

4. 工程质量保修制度

建设工程质量保修制度是指建设工程在办理交工验收手续后，在规定的保修期限内，因勘察、设计、施工、材料等原因造成的质量问题，要由施工单位负责维修、更换，并由责任单位负责赔偿损失。

建设工程承包单位在向建设单位提交工程竣工验收报告时，应向建设单位出具工程质量保修书，并载明建设工程保修范围、保修期限和保修责任等。

在正常使用条件下，建设工程的最低保修期限的规定如下：

（1）基础设施工程、房屋建筑工程的地基基础和主体结构工程，为设计文件规定的该工程的合理使用年限。

（2）屋面防水工程、有防水要求的卫生间、房间和外墙面的防渗漏，保修期为 5 年。

（3）供热与供冷系统，保修期为 2 个采暖期、供冷期。

（4）电气管线、给排水管道、设备安装和装修工程，保修期为 2 年。

（5）其他项目的保修期由发包方与承包方约定。

保修期自竣工验收合格之日起计算。

第二节　工程项目质量计划

一、工程项目质量计划的概念

工程项目质量计划是指为确定工程项目应该达到的质量标准和如何达到这些项目质量标准而做的项目质量的计划与安排。项目质量计划是质量策划的结果之一。它规定与项目相关的质量标准，如何满足这些标准，由谁及何时应使用哪些程序和相关资源等。项目质量计划工作的成果包括项目质量计划、项目质量工作说明、质量核检清单、可用于其他管理的信息等。

二、工程项目质量计划的依据

确定工程项目质量计划的依据包括以下几个方面：

（1）项目质量方针。

（2）项目范围描述。它包括项目目标的说明和项目任务范围的说明，明确了为提交既定特性和功能的项目产出物而必须开展的项目工作和对于这些项目工作的具体要求。

（3）项目产出物的描述。项目产出物的描述指对于项目产出物的全面与详细的说明。

（4）相关标准和规定。项目组织在制订项目质量计划时还必须充分考虑所有与项目质量相关领域的国家及行业标准、各种规范以及政府规定等。

（5）其他信息。其他信息指除范围描述和产出物描述外，其他项目管理方面的要求，以及与项目质量计划制订的有关信息。

三、编制工程项目质量计划的一般要求

编制工程项目质量计划的一般要求包括以下几个方面：

（1）在编制工程项目质量计划时应处理好其与质量手册、质量管理体系、质量策划的关系。

（2）当一个组织的质量管理体系已经建立并有效运行时，质量计划仅需涉及与项目有关的活动。

（3）为满足顾客期望，应对工程项目的质量特性及功能进行识别、分类、衡量，以便明确目标值。

（4）应明确质量计划所涉及的质量活动，并对其责任和权限进行分配。

（5）保证质量计划与现行文件在要求上的一致性。

（6）质量计划应由项目组织的技术负责人主持，由质量、技术、工艺、设计、采购等有关人员参加制订。

（7）质量计划应尽可能简明并便于操作。

四、工程项目质量计划的内容

工程项目质量计划的内容包括以下几个方面：

（1）合同评审。计划应指明项目的特定要求何时、如何以及由谁来进行评审。

（2）设计控制。计划应引用合适的标准、法规、规范、规程要求，指明何时、如何以及由谁来进行控制。

（3）采购。计划应指明重要物品从哪里采购以及相关的质量要求，用于评价、选择和控制供应商的方法，对采购物品如何检验等。

（4）过程控制。计划应指明如何控制项目各过程以满足规定的要求。

（5）不合格品的控制。计划应指明如何标识和控制不合格品。

（6）纠正和预防措施。为避免不合格品的重复出现，计划应指明针对项目的预防和纠正措施以及跟踪活动。

（7）质量记录的控制。计划应指明记录采用的方式，如何满足记录的清晰度、存储、处置和保密性要求，规定记录保存时间及由谁保存等。

（8）质量审核。计划应指明所进行的质量审核的性质和范围，以及如何使用审核结果以纠正和预防影响项目的不良因素的重复出现。

第三节　工程项目施工质量控制

施工阶段是使工程设计最终实现并形成工程实体的阶段，是最终形成工程实体的过程，可以分为施工准备、现场准备、施工过程等阶段。

一、施工准备阶段的质量控制

1．技术准备的质量控制

严格进行图纸会审和设计交底是施工准备阶段进行质量控制的一项有效的方法。通过图纸会审和设计交底，可以使施工人员理解设计意图和对施工的要求，明确质量控制的重点、难点和要点，另外可以及时发现图纸中存在的问题并提出修改意见。

2．施工条件的调查和分析

做好施工条件的调查和分析，对工程质量起着十分重要的预控作用。施工条件包括合同条件、法规条件以及现场条件，其中现场条件包括工程定位及标高基准、施工的平面布置等内容。

3．工程项目管理规划的编制和审查

在施工准备阶段，应做好项目工程管理规划的编制和审查工作。项目管理规划涉及整个项目的实施阶段，它属于业主方项目管理的范畴。项目管理规划包括项目管理规划大纲和项目管理实施规划。

（1）项目管理规划大纲。项目管理规划大纲是由企业管理层为工程投标编制的，旨在作为投标的依据，满足投标文件及签订合同要求的管理规划文件。

在《建设工程项目管理规范》(GB/T50326—2006)中，项目管理规划大纲的主要内容包括：项目概况、项目范围管理规划、项目管理目标规划、项目管理组织规划、项目成本管理规划、项目进度管理规划、项目质量管理规划、项目职业健康安全与环境管理规划、项目采购与资源管理规划、项目信息管理规划、项目沟通管理规划、项目风险管理规划、项目收尾管理规划等。

（2）项目管理实施规划。项目管理实施规划由项目经理组织项目经理部成员在工程开工前编制完成，是对施工的各项活动的全面构思和安排，是指导施工准备和施工全过程的技术经济条件。

在《建设工程项目管理规范》(GB/T50326—2006)中，项目管理实施规划的主要内容包括：项目概况、总体工作计划、组织方案、技术方案、进度计划、质量计划、职业健康安全与环境管理计划、成本计划、资源需求计划、风险管理计划、信息管理计划、沟通管理计划、收尾管理计划、项目现场平面布置图、项目目标控制措施、技术经济指标等。

4．施工质量计划的编制和审核

施工质量计划应由自控主体即施工承包企业编制。在平行承发包方式下，各承包单位应分别编制施工质量计划。在总分包模式下，施工总承包单位应编制总承包工程范围的施工质量计划；各分包单位编制相应的分包范围的施工质量计划，作为施工总承包方质量计划的深化和组成部分。

施工质量计划的内容主要包括：工程特点及施工条件分析，履行施工承包合同所必须达到的工程质量总目标及其分解目标，质量管理组织机构、人员及资源配置计划，确定施工工艺与操作方法的技术方案和施工任务的流程组织方案，施工材料、设备等的质量管理及控制措施，施工质量检验、检测试验工作的计划安排及其实施方法与接收准则，施工质量控制点及其跟踪控制的方式与要求，记录的要求等基本内容。

5. 组织技术交底

技术交底是指施工单位在分部、分项工程正式实施前，对参与施工的有关管理人员、技术人员和工人进行不同重点和技术深度的技术性交代和说明。技术交底的目的是使参与项目施工的人员对施工对象的设计情况、建筑结构特点、技术要求、施工工艺、质量标准和技术安全措施等方面有一个较详细的了解，做到心中有数，以便科学地组织施工和合理地安排工序，避免发生技术错误或操作错误。

技术交底是一项经常性的技术工作，可分级分阶段进行。技术交底应以设计图纸、施工组织设计、质量验收标准、施工验收规范、操作规程等为依据，编制交底文件，必要时可用图表、实样、小样、现场示范操作等形式进行，并做好书面交底记录。

6. 控制物资采购

施工中所需的物资包括建筑材料、建筑构配件和设备等。在施工过程中，如果物资不符合质量要求，就会造成重大质量事故，因此，应做好项目的物资采购工作，对拟选择的供货方要经过技术、管理、质量检测、售后服务等质量保证能力的调查以及产品质量的实际检验。

对建筑材料和构配件质量控制的内容主要有材料的质量标准、材料的性能、材料的试验及检验方法，材料的使用范围及施工要求等。对建筑设备质量控制的主要内容有建筑设备的技术性能、工作效率、工作质量等。

7. 严格选择分包单位

保证分包单位的质量，是保证工程施工质量的一个重要环节和前提。如果实行工程总承包，为了确保分包工程的质量、工期和现场管理能满足总合同的要求，有关部门要对工程的拟分包商进行评价和选择，确定能否成为分包商。

对分包单位的质量控制的主要内容有：施工承包合同是否允许分包、分包的范围，工程部位是否可以进行分包，分包单位的资质、技术实力、业绩、施工人员的技术素质和条件等。

二、现场准备的质量控制

1. 工程定位和标高基准的控制

工程测量放线是建设工程产品由设计转化为实物的第一步。施工测量质量的好坏，直接影响工作的质量，并且制约施工过程的有关工序的质量。因此，施工单位必须对建设单位提供的原始基准点、基准线和标高测量控制点进行复核，并将复核结果上报监理工程师审核，批准后施工单位才能建立施工测量控制网，进行过程定位和标高基准的控制。

2. 施工平面布置的控制

建设单位应按照合同约定并考虑施工单位的需要，事先划定并提供施工占用和使用现场的用地范围。施工单位要合理科学地使用规划好的施工场地，保证施工现场的道路畅通，材料的堆放合理，现场有良好的防洪排水能力、畅通的给水和供电设施以及正确的机械设备的安装布置。应制定施工现场质量管理制度，并做好施工现场的质量检查记录。

3. 材料、构配件的质量控制

首先应做好采购订货的质量控制。施工单位应制订合理、科学的材料、加工、运输的组织计划，掌握相应的材料信息，优选供货的厂家，建立严密的计划、调度、管理体系，确保材料的周转速率，减少材料的占用时间，确保工程的质量。

其次应做好对进场材料的质量控制。工程材料的质量是工程质量的基础，是提高工程质量的重要保证，也是创造正确的施工条件的前提。凡运到施工现场的材料、半成品或构配件都应出具产品合格证及技术说明书，并按规定进行试验和检验，经抽查合格后，方能允许进入施工现场；同时应加强材料的储存和使用的质量控制。加强材料进场后的储存和使用管理，避免材料变质和使用规格、性能不符合要求的材料造成工程质量事故，如水泥的受潮结块、钢筋的锈蚀等。因此，施工单位既要做好对材料的合理调度，避免现场材料的大量积压，又要做好对材料的合理堆放，并正确使用材料，同时还要在使用材料时及时检查和监督。为此，应认真做好现场材料的存储管理和重视材料的使用认证工作，防止错用或使用不合格的材料。

4. 机械设备质量控制

机械设备的质量控制包括工程项目设备和施工机械设备的质量控制。根据工程特点和施工要求，对机械设备进行质量控制，是保证工程质量和施工正常进行，防止因机械设备事故导致发生重大质量和安全事故的重要措施。

（1）工程项目设备的质量控制。工程项目设备的质量控制主要包括设备的检查验收、设备的安装、调试和试车运转等的检查验收。在设备的检查验收时，必须按设计要求进行设备的选型购置，优选设备供应厂家和专业供方，设备进场后，要对设备的名称、型号、规格、数量按照清单逐一进行检查验收，确保工程项目设备的质量符合设计要求。在安装设备时，要保证符合有关设备技术要求和质量标准，安装过程中要控制好土建工程和设备安装工程的交叉流水作业，认真做好安装过程中的质量检查验收工作，保证设备安装质量，在设备的调试和试车运转时，要按照设计要求和程序进行，对调试的结果进行分析以判断前续工作的效果。试车运转是保证设备配套投产正常运转的重要环节，通过试车运转检验设备是否达到设计要求的安全运行标准，是否满足工程项目的设计生产要求。

（2）施工机械设备的质量控制。施工机械设备的质量控制就是使施工机械设备的类型、性能、参数等与施工现场的实际条件、施工工艺、技术要求等因素相匹配，符合施工生产的实际要求。其质量控制主要从机械设备的选型、主要性能参数指标的确定和使用操作要求等方面进行。

三、施工过程的质量控制

1. 进行技术交底

做好技术交底是保证施工质量的重要措施之一。为此，每一分项工程开工前均应进行技术交底。技术交底应由项目技术人员编制，并经项目技术负责人批准实施。作业前应由项目技术负责人向承担施工的负责人或分包人进行书面技术交底。技术交底资料要办理签字手续并归档保存。技术交底内容主要包括：施工方法、质量标准和验收标准，施工中应注意的问题，可能出现意外的措施及应急方案，文明施工和安全措施要求以及成品保护等。技术交底应围绕具体施工的材料、工具、工艺、工法、施工环境、具体的管理措施等方面进行，应明确具体的步骤、方法、要求和完成的时间等。交底的形式有书面、口头、会议、挂牌、样板、示范操作等。

2. 测量控制

项目开工前应编制测量控制方案，经项目技术负责人批准后实施。对有关部门提供的测量控制点做好复查工作，经审批后进行施工测量放线，并保存测量记录。在施工过程中应对设置的测量控制点妥善保护，不准擅自移动。同时在施工过程中必须认真进行施工测量复核工作，这是施工单位应履行的技术工作职责，其复核结果应报送监理工程师复核确认后，方能进行后续相关工序的施工。常见的施工测量复核有以下几个方面：

（1）工业建筑测量复核，包括厂房控制网测量、桩基础施工测量、柱模轴线与高程测量、厂房结构安装定位监测、动力设备基础与预埋螺栓检测等。

（2）民用建筑测量复核，包括建筑定位测量、基础施工测量、墙体皮数杆检测、楼层轴线检测、楼层间高程传递检测等。

（3）高层建筑测量复核，包括建筑场地控制测量、基础以上的平面与高程控制、建筑物中垂准线检测、建筑物施工过程中沉降变形观测等。

（4）管线工程测量复核，包括管网或输配电线路定位测量、地下管线施工检测、架空管线施工检测、多管线交汇点高程检测等。

3. 计量控制

计量控制是保证工程项目质量的重要手段和方法，是施工项目开展质量管理的一项重要基础工作。施工过程中的计量工作包括施工生产时的投料计量、施工计量、监测计量以及对项目、产品或过程的测试、检验、分析计量等。其主要任务是统一计量单位制度，组织量值传递，保证量值统一。计量控制工作的重点是要建立计量管理部门和配置计量人员；建立健全和完善计量管理规章制度；严格按规定有效控制计量器具的使用、保管、维修和检验；监督计量过程的实施，保证计量的准确性。

4. 工序施工质量控制

施工过程是由一系列相互联系相互制约的工序构成的，工序是人工、材料、机械设备、施工方法和环境因素对工程质量综合起作用的过程，所以对施工过程的质量控制，必须以工序质量控制为基础核心。因此，工序的质量控制是施工阶段质量控制的重点。只有严格控制工序质量，才能确保施工项目的实体质量。工序施工质量控制主要包括工序施工条件质量控制和工序施工效果质量控制。

5. 特殊过程的控制

特殊过程是指该施工过程或工序施工质量不易或不能通过事后的检验和试验而得到充分的验证，或者万一发生质量事故难以挽救的施工对象。特殊过程的质量控制是施工阶段质量控制的重点，对在项目质量计划中界定的特殊过程，应设置工序质量控制点，抓住影响工序施工质量的主要因素进行强化控制。

（1）选择质量控制点的原则。质量控制点的选择应对那些保证质量难度大的、对质量影响大的或是发生质量问题时危害大的对象进行设置。具体选择的原则有这几个方面：对工程质量形成过程产生直接影响的关键部位、工序或环节及隐蔽工程；施工过程中的薄弱环节或者质量不稳定的工序、部位或对象；对下道工序有较大影响的上道工序；采用新技术、新工艺、新材料的部位或环节；施工上无把握、施工条件困难或技术难度大的工序或环节；用户反馈和过去有过返工的不良工序。

（2）质量控制点中重点控制对象。质量控制点的选择要准确、有效，要根据对重要质量特性进行重点控制的要求，选择质量控制的重要部位、重点工序和重点的质量因素作为质量控制对象，进行重点控制和预控，从而有效进行质量控制，保证施工质量。

（3）质量控制的管理。对特殊过程的控制，除按一般过程质量控制的规定执行外，还应由专业技术人员编制作业指导书，经项目技术负责人审批后执行。作业前施工员、技术员做好交底和记录，使操作人员在明确工艺标准、质量要求的基础上进行作业。为保证质量控制点的目标实现，应严格按照三级检查制度进行检查控制。在施工中发现质量控制点有异常时，应立即停止施工，召开分析会，查找原因采取对策予以解决。

6. 工程变更的控制

（1）工程变更的范围。工程变更的范围主要包括设计变更、工程量的变动、施工时间的变更、施工合同文件的变更等。设计变更的主要原因是投资者对投资规模的扩大或压缩而需要重新设计，或是对已交付的设计图纸提出新的设计要求，需要对原设计进行修改；工程量的变动是指对于工程量清单中数量的增加或减少；施工时间的变更是指对已批准的承包单位施工计划安排的施工时间或完成时间的变动；施工合同文件的变更包括施工图纸的变更，承包单位提出修改设计的合理化建议及其节约价值的分配导致的合同变更，由于不可抗力或双方事先未能预料无法防止的事件发生而允许进行的合同变更等。

（2）工程变更的程序。工程变更的程序如下：提出工程变更的申请→监理工程师审查工程变更→监理与业主承包商协商→监理审批工程变更→编制变更文件→监理工程师发布变更指令。

（3）工程变更控制。工程变更可能导致项目的工期、成本或质量的改变，因此，必须加强对工程变更的控制和管理。在工程变更实施控制中，一是要分析和确认各方面提出的工程变更的因素和条件；二是做好管理和控制那些能够引起工程变更的因素和条件；三是当工程变更发生时，应对其进行管理和控制；四是分析因工程变更而引起的风险。

7. 成品的保护控制

所谓成品保护，一般是指在项目施工过程中，某些部位已经完成，而其他部位还在施工，在这种情况下，施工单位必须负责对已完成部分采取妥善的措施予以保护，以免因成品缺乏保护或保护不善而造成损失或污染，影响工程的实体质量。加强成品保护，首先要加强教育，提高全体员工的成品保护意识，同时要合理安排施工顺序，采取有效的保护措施。

成品保护的措施一般有防护（提前保护，针对被保护对象的特点采取各种保护的措施，防止对成品的污染及损坏）、包裹（将被保护物包裹起来，以防损伤或污染）、覆盖（用表面覆盖的方法，防止堵塞或损伤）、封闭（采取局部封闭的办法进行保护）等几种方法。

8. 工程项目施工过程质量验收

根据《建筑工程施工质量验收统一标准》（GB/50300—2001），工程施工质量的验收包括施工过程的验收和工程竣工时的质量验收。在此，我们主要讲述工程施工过程的质量验收。

根据建筑工程施工质量验收统一标准，施工质量验收分为检验批、分项工程、分部（子分部）工程、单位（子单位）工程的质量验收。检验批和分项工程是质量验收的基本单元，分部工程是在所含全部分项工程验收的基础上进行验收的，它们在施工过程中随完工随验收，并留下完整的质量验收记录和资料。

不论是建筑物、构筑物、线路管道及设备安装，还是道路基础设施的施工过程质量验收通常都可以划分为检验批、分项工程、分部工程的质量验收。

（1）检验批质量验收。检验批是指按统一的生产条件或按规定的方式汇总起来供检验用的，由一定数量样本组成的检验体。检验批应由监理工程师（建设单位项目技术负责人）组织施工单位项目专业质量（技术）负责人等进行验收。

检验批质量合格应符合以下规定：① 主控项目和一般项目的质量经抽样检验合格；② 具有完整的施工操作依据和质量检查记录。

（2）分项工程质量验收。分部工程（子分部工程）按主要工种、材料、施工工艺、设备类别等可划分为若干个分项工程，如模板、钢筋、混凝土等分项工程。

分项工程应由监理工程师（建设单位项目技术负责人）组织施工单位项目专业质量（技术）负责人进行验收。分项工程质量验收合格应符合以下规定：① 分项工程所含的检验批均应符合合格质量的规定；② 分项工程所含的检验批质量验收记录应完整。

（3）分部工程质量验收。分部工程（子分部）按专业性质、建筑部位可分为若干个分部，如地基与基础、装饰装修、屋面工程等分部。

分部工程应由总监理工程师（建设单位项目技术负责人）组织施工单位项目负责人和技术、质量负责人等进行验收。分部工程质量验收合格应符合下列规定：① 所含分项工程的质量均应验收合格；② 质量控制资料应完整；③ 地基与基础、主体结构和设备安装等分部工程有关安全及功能的检验和抽样检测结果应符合有关规定；④ 观感质量验收应符合要求。

（4）工程施工过程质量验收不合格的处理。施工过程的质量验收是以检验批的施工质量为基本验收单元。检验批质量不合格可能是由于使用的材料不合格或施工作业质量不合格，又或者质量控制资料不完整等原因所致，按照《建筑工程施工质量验收统一标准》（GB/50300—2001）的规定，其处理方法有以下几种：

① 在检验批验收时，对严重的缺陷应推倒重来，一般的缺陷通过翻修或更换器具、设备予以解决后重新进行验收；

② 个别检验批发现试块强度等不满足要求而难以确定是否通过验收时，应请有资质的法定检测单位检测鉴定，当鉴定结果能够达到设计要求时，应通过验收；

③ 对检测鉴定达不到设计要求，但经原设计单位核算仍能满足结构安全和使用功能的检验批，可予以验收；

④ 严重质量缺陷或超过检验批范围内的缺陷，经法定检测单位检验鉴定后，认为不能满足最低限度的安全储备和使用功能，则必须进行加固处理，虽然改变外形尺寸，但能满足安全使用要求，可按技术处理方案和协商文件进行验收，责任方应承担经济责任；

⑤ 通过返修或者加固处理仍不能满足安全使用要求的分部工程、单位工程，严禁验收。

第四节　工程项目质量问题和质量事故的处理

根据国际标准化组织（ISO）和我国有关质量、质量管理和质量保证标准的定义，凡工程产品质量没有满足某个规定的要求，就称之为质量不合格。根据 1989 年建设部颁布的第 3 号令《工程建设重大事故报告和调查程序规定》和 1990 年建设部建建工字第 55 号文件对于第 3 号部令有关问题的说明，关于工程质量问题和工程质量事故的规定为凡是工程质量不合格，必须进行返修、加固或报废处理，由此造成直接经济损失低于 5000 元的称为质量问题，直接经济损失在 5000 元（含 5000 元）以上的称为工程质量事故。

一、工程质量事故的分类

建设工程质量事故的分类方法有多种，既可按其造成损失严重程度划分，又可按其产生的原因划分，还可按其造成的后果或事故责任划分。目前，我国按造成损失的严重程度对工程质量事故进行以下分类。

（1）一般质量事故。凡具备下列条件之一者为一般质量事故：

① 直接经济损失在 5000 元（含 5000 元）以上，不满 50 000 元的；

② 影响使用功能或工程结构安全，造成永久质量缺陷的。

（2）严重质量事故。凡具备下列条件之一者为严重质量事故：

① 直接经济损失在 50 000 元（含 50 000 元）以上，不满 10 万元的；

② 严重影响使用功能或工程结构安全，存在重大质量隐患的；

③ 事故性质恶劣或造成 2 人以下重伤的。

（3）重大质量事故。凡具备下列条件之一者为重大质量事故，属建设工程重大事故范畴：

① 工程倒塌或报废的；

② 由于质量事故，造成人员死亡或重伤 3 人以上的；

③ 直接经济损失 10 万元以上的。

按国家建设行政主管部门规定，建设工程重大事故又可分为以下四个等级：

① 凡造成死亡 30 人以上，或直接经济损失 300 万元以上为一级；

② 凡造成死亡 10 人以上 29 人以下，或直接经济损失 100 万元以上，不满 300 万元为二级；

③ 凡造成死亡 3 人以上 9 人以下，或重伤 20 人以上，或直接经济损失 30 万元以上，不满 100 万元为三级；

④ 凡造成死亡 2 人以下，或重伤 3 人以上 19 人以下，或直接经济损失 10 万元以上，不满 30 万元为四级。

（4）特别重大质量事故。根据国务院发布的《特别重大事故调查程序暂行规定》，凡具备下列情况之一者均属特别重大质量事故：发生一次死亡 30 人及其以上，或直接经济损失达 500 万元及其以上，或其他性质特别严重。

二、工程质量问题的处理程序

在发生工程质量问题时，监理工程师应当按以下程序进行处理：

（1）判定质量问题的严重程度。对那些可以通过返修或返工弥补的，可签发"监理通知"，责成施工单位对其写出质量问题调查报告，提出处理方案，并填写"监理通知回复单"。在经过监理工程师审核后，必要时应经建设单位和设计单位认可后再做出批复。处理结果应当重新进行验收。

（2）对需要加固补强的质量问题，以及存在的质量问题会影响下道工序和分项工程的质量时，监理工程师应当签发"工程暂停令"，责令施工单位停止有质量问题的部位或与其关联部位以及下道工序的施工。必要时，应要求施工单位采取防护措施，并提交有关质量问题的调查报告，由设计单位提出处理方案，经建设单位同意后，批复施工单位处理。处理结果应当重新进行验收。

（3）施工单位接到"监理通知"后，在监理工程师的组织参与下，尽快进行质量问题调查，并编写调查报告。调查的主要目的是明确质量问题的范围、程度、性质、影响和原因，且应全面、详细、客观、准确。

三、工程质量事故的处理程序

由于工程质量事故的复杂性、严重性、可变性及多发性，在发生工程质量事故时，根据质量事故的实况资料、合同文件、技术档案以及相关的建设法规，监理工程师应当按以下的程序进行处理：

（1）在工程质量事故发生后，总监理工程师应签发"工程暂停令"，要求施工单位停止进行质量缺陷部位、关联部位及下道工序的施工，并要求采取必要的措施，防止事故扩大并保护好现场。同时，要求质量事故发生单位于 24 小时内写出书面报告，迅速按类别和等级向相应的主管部门上报。

（2）监理工程师在事故调查组开展工作后，应积极、客观地提供相应证据。若监理方无责任，可应邀参加调查组；若监理方有责任，则应予以回避，但应积极配合调查组工作。

（3）监理工程师接到质量事故调查组提出的技术处理意见后，应组织相关单位研究，责成相关单位完成技术处理方案，并予以审核签认。质量事故技术处理方案通常由原设计单位提出，并征求建设单位意见。若由其他单位提出时，应经原设计单位同意。

（4）在技术处理方案核签后，应要求施工单位制订详细的施工方案，必要时编制监理实施细则，对其实施监理。

（5）在施工单位完工、自检并报验后，监理工程师应组织有关各方进行检查验收。同时，监理工程师应要求事故单位编写质量事故处理报告，并审核签认，最后将有关技术资料归档。

四、工程质量事故处理的鉴定验收

工程质量事故的技术处理是否达到了预期目的，是否消除了工程质量不合格和工程质量问题，是否仍留有隐患，需要监理工程师进行验收并予以最终确认。

1. 检查验收

工程质量事故处理完成后，监理工程师应在施工单位自检合格并报验的基础上，严格按施工验收标准及有关规范的规定，结合监理人员的旁站、巡视和平行检验结果，依据质量事故技术处理方案设计要求，通过实际量测和检查各种资料数据进行验收，并应办理交工验收文件，组织各有关单位会签。

2. 必要的鉴定

为确保工程质量事故的处理效果，凡涉及结构承载力等使用安全和其他重要性能的处理工作，常需做必要的试验和检验鉴定。常见的检验工作有：混凝土钻芯取样，用于检查密实性和裂缝修补效果，或检测实际强度；结构荷载试验，用于确定其实际承载力；超声波检测焊接或结构内部质量等。

3. 验收结论

对所有质量事故，无论是否经过技术处理，是否通过检查、鉴定、验收，还是无需专门处理，均应有明确的书面结论。若对后续工程施工有特定要求，或对建筑物使用有一定限制条件，应在结论中提出。验收结论通常有以下几种：

（1）事故已排除，可以继续施工。

（2）隐患已消除，结构安全有保证。

（3）经修补处理后，完全能够满足使用要求。

（4）基本上满足使用要求，但使用时应有附加限制条件，例如限制荷载等。

（5）对耐久性的结论。

（6）对建筑物外观影响的结论。

（7）对短期内难以作出结论的，可提出进一步观测检验意见。

对于处理后符合《建筑工程施工质量验收统一标准》的规定的，监理工程师应予以验收、确认，并应注明责任方主要承担的经济责任。对经加固补强或返工处理仍不能满足安全使用要求的分部工程、单位（子单位）工程，应拒绝验收。

复习思考题

1. 简述工程质量的影响因素。
2. 简述工程项目质量控制的 PDCA 循环原理。
3. 简述施工单位的质量责任。
4. 简述工程项目质量计划的内容。
5. 简述材料、构配件质量控制的方法。
6. 简述工程变更控制的方法。
7. 简述工程质量问题的处理程序。

第九章　工程项目风险管理

第一节　工程项目风险管理的理论

一、风险与风险管理

(一) 风险

关于风险的定义有很多种说法,如风险是发生不幸事件的概率,风险是指一个事件产生我们所不希望的后果的可能性,风险是某一特定危险情况发生的可能性和后果的组合等。从广义上讲,只要某一事件的发生存在着两种或两种以上的不确定性,那么就认为该事件存在着风险,这种不确定性包括发生与否的不确定、发生时间的不确定和导致结果的不确定。

由以上说法可知,所谓风险要具备两方面条件:一是产生损失后果,二是不确定性。因此肯定发生损失后果的事件不是风险,没有损失后果的不确定性事件也不是风险。

(二) 风险管理

风险管理指社会组织或者个人降低风险以避免其带来的消极结果的决策过程,通过风险识别、风险估测、风险评价,并在此基础上选择与优化组合各种风险管理技术,对风险实施有效控制和妥善处理风险所致损失的后果,从而以最小的成本收获最大的安全保障。风险管理含义的具体内容包括:

(1) 风险管理的对象是风险。

(2) 风险管理的主体可以是任何组织和个人,包括个人、家庭、组织(营利性组织和非营利性组织)。

(3) 风险管理的过程包括风险识别、风险估测、风险评价、选择风险管理技术和评估风险管理效果等。

(4) 风险管理的基本目标是以最小的成本收获最大的安全保障。

(5) 风险管理是一个独立的管理系统,也是一门新兴学科。

二、工程项目风险与风险管理

(一) 工程项目风险的含义

工程项目的构思、目标设计、可行性研究、设计和计划都是基于对将来情况的预测之上的,而在实际的建设以及运营过程中,这些因素都有可能发生变化,在各个方面都存在着不确定性。这些变化会使得原定的计划和方案受到干扰,这些不确定的内部和外部的干扰因素称之为风险。工程项目风险是指在工程项目建设过程中，由于各种不确定因素的影响，使工程项目不能达到预期目标的可能性。

（二）工程项目风险的特点

工程项目风险有以下几个特点：

（1）客观必然性。在工程项目的建设过程中，无论是因风暴、地震、滑坡等自然灾害，还是由于与人们活动紧密相关的施工技术、施工方案等不当造成的风险损失，总体而言都是不以人的意志为转移的客观现实。它们的发生与存在都是一种必然现象，因此项目风险的发生也是客观必然的。

（2）多样性。对于一个项目而言，在其建设过程中存在着多种风险，如政治风险、经济风险、法律风险、自然风险、合同风险等，这些风险之间有着复杂的内在联系，也表明了项目风险的多样性。

（3）相关性。风险的影响往往不是局部的，一个活动受到风险干扰，可能影响与它相关的许多活动。例如，反常的气候条件造成工程的停滞，则会影响整个工程项目的后期计划和所有参与者的工作，不仅会造成工期延长，还会增加费用，造成对工程质量的危害。即使是局部风险，也会随着项目的发展而扩大。所以项目的风险具有相关性。

（4）全局性。工程项目的风险在整个项目的生命周期中都存在，而不仅仅在实施阶段。例如，在设计阶段可能存在构思错误、重要边界条件的遗漏、目标优化的错误，在可行性研究阶段可能有方案的失误、调查的不全面、市场分析的错误，在设计阶段存在地质不确定和图纸及规范不统一，在施工阶段存在物价上涨、资金缺乏、气候条件变化，在投产运营中市场发生变化和实际运行达不到设计要求等，这些都体现了项目风险的全局性。

（三）工程项目风险管理

工程项目风险管理是以一定的科学技术手段对项目建设过程中出现的使项目目标有可能出现偏差的风险进行动态的系统管理。工程项目风险管理是一个系统、完整、循环的工作流程，包括风险识别、风险分析与评估、风险应对策略的决策、风险对策实施和风险对策实施的监控五个主要环节，如图9-1所示。

图9-1　工程项目风险管理的工作流程

（1）风险识别。风险识别是指对项目中的各种风险根源或者不确定性因素按其产生的背景原因、表现特点和预期后果进行定义、识别，对所有风险因素进行科学的分类，以便采取不同的分析方法进行评估。

（2）风险分析与评估。风险分析与评估是指将项目风险事件发生的可能性和损失后果进行定量化的过程。该过程在系统地识别项目风险与合理地作出风险应对策略的决策之间起着重要的桥梁作用。风险分析与评估的结果主要在于确定各种风险事件发生的概率及其对项目目标影响的严重程度，如项目投资增加的数额、工期延误的天数等。

（3）风险应对策略的决策。风险应对策略的决策是指确定工程项目风险事件最佳对策组合的过程。根据风险评价的结果，对不同的风险事件选择最适宜的风险对策，从而形成最佳的风险对策组合。

(4) 风险对策实施。风险对策实施需要进一步落实到具体的计划和措施上，例如制订预防计划、应急计划，购买工程保险，确定恰当的保险范围、索赔额等。

(5) 风险对策实施的监控。在项目实施过程中，要不断地跟踪检查各项风险应对策略的执行情况，并评价各项风险对策的执行效果。因为随着项目的进行，影响项目目标实现的各种因素都在发生变化，只有适时地对风险对策的实施进行监控，才能发现新的风险因素，并及时对风险管理计划和措施进行修改和完善。

三、工程项目风险的分类

(一) 按风险的来源划分

按风险的来源不同，风险可分为以下几种：

(1) 政治风险。政治风险是政治因素的不确定事件及其可能造成的损失。政治风险通常表现为政局的不稳定性，战争状态、动乱、政变的可能性，国家的对外关系的变化，国内的民族矛盾、保护主义倾向增加等。

(2) 经济风险。经济风险是指承包市场所处的经济形势和项目发包国的经济实力及解决经济问题的能力等方面潜在的不确定因素及其可能造成的损失。经济风险通常表现为国家经济政策的变化、项目产品的市场变化、外汇汇率的变化等。

(3) 法律风险。法律风险是指法律的不健全，有法不依，执法不严。法律风险一般表现为相关法律内容的频繁变化，对相关法律未能全面、正确地理解，工程中出现触犯法律等行为及其可能造成的损失。

(4) 自然与环境风险。自然与环境风险是指反常的恶劣天气(如雨雪天气、冰冻天气)，罕见的地质灾害(如地震、泥石流)，以及不良的运输条件等因素及其可能造成的损失。

(5) 社会风险。社会风险是指宗教信仰的影响和冲击、社会治安的稳定性、社会的禁忌和劳动者的文化素质等因素及其可能造成的损失。

(二) 按风险的直接行为主体划分

按风险的直接行为主体不同，风险可分为以下几种：

(1) 业主和投资者风险。例如：业主和投资者支付能力差，随意改变项目目标，非程序地干预工程等。

(2) 承包商(包括分包商、供应商)风险。例如：由于技术能力和管理能力不足而难以保证进度、安全和质量要求；财务状况恶化导致无力采购和支付工资；错误理解业主意图和招标文件等。

(3) 项目管理者(包括监理工程师)风险。例如：项目管理者的管理能力和专业知识不足而下达错误的指令；缺乏应有的职业道德而使项目遭受损失等。

(4) 其他主体风险。例如：政府部门的不当干预；项目周边居民或单位的不合理要求等。

(三) 按风险对目标的影响划分

按风险对目标的影响划分，风险可分为以下几种：

(1) 工期风险。工期风险指造成局部的或整个工程的工期延长，不能及时投入使用的风险。

（2）费用风险。费用风险指成本超支、投资追加、收入减少、回报率降低等风险。

（3）质量风险。质量风险指材料、工艺、工程不能通过验收，工程试生产不合格等风险。

（4）生产能力风险。生产能力风险指由于设计、原材料、能源供应等原因，使得项目建成后达不到设计生产能力等风险。

（5）市场风险。市场风险指工程建成后产品未达到预期的市场份额，没有销路，没有竞争力等风险。

（6）信誉风险。信誉风险即项目结果造成对企业形象、职业责任、企业信誉的损害等风险。

（7）法律责任风险。法律责任风险指可能被起诉或承担相应法律或合同处罚等风险。

第二节　工程项目风险识别与评价

风险识别是风险管理的第一步，也是风险管理的基础。只有正确地识别出面临的风险，才能够主动选择适当有效的方法进行处理。风险识别是指风险管理人员在收集资料和调查研究之后，运用各种方法对尚未发生的潜在风险以及客观存在的各种风险进行系统归类和全面识别。风险识别的主要内容包括识别风险的主要因素和识别风险的性质、识别风险可能引起的后果。

一、风险识别的特点与方法

（一）风险识别的特点

风险识别有以下几个特点：

（1）个别性。任何风险都有与其他风险的不同之处，没有两个风险是完全一样的。

（2）主观性。风险识别都是由人来完成的，由于个人的专业知识水平、实践经验等方面的差异，同一风险由不同的人识别，其结果也会有较大的差异。

（3）复杂性。工程项目所涉及的风险因素和风险事件很多，而且关系复杂、相互影响。

（4）不确定性。不确定性主要指主观性和复杂性的结果是不确定的。

（二）风险识别的方法

工程项目的风险识别是一项非常复杂的工作，必须通过科学系统的方法来完成。在工程项目风险管理实践中，可以根据项目自身的特点，采用以下方法来发现并具体描述各项风险。

1. 专家调查法

（1）头脑风暴法。头脑风暴法是一种通用的激发想象力和创造性的方法，即召集一批项目组织成员或具体问题专家集体献计献策，找出各种风险以及解决问题的办法。

（2）德尔菲法。德尔菲法指依据系统的程序，采用匿名发表意见的方式，即专家之间不得互相讨论，不发生横向联系，只能与调查人员发生关系，通过多轮次调查专家对问卷所提问题的看法，经过反复征询、归纳、修改，最后汇总成专家基本一致的看法并作为预测的结果。

（3）访谈法。访谈就是研究性交谈，是指以口头形式，根据被访问的项目参与者、相关者或者某些问题的专家的答复，搜集客观的、不带偏见的事实材料，以准确地对风险进行识别。

2. 财务报表法

财务报表有助于确定一个特定的工程项目可能遭受哪些损失以及在何种情况下遭受这些损失。通过分析资产负债表、现金流量表、营业报表及有关补充资料，可以识别企业当前的所有资产、责任及人身损失风险。将这些报表与财务预测、预算结合起来，可以发现工程项目未来的风险。

3. 流程图法

将每一个工程项目的建设活动按步骤或阶段顺序以若干个模块形式组成一个流程图系列，在每个模块中都标出各种潜在的风险因素或风险事件，从而给决策者一个清晰的总体印象。

流程图类型很多，在风险识别时，可根据需要建立流程图，找出各步骤或各阶段不同的风险因素或风险事件，以达到风险识别的目的。但流程图无法显示发生风险的损失值和损失发生的频率。图9-2所示为工程管理风险因素分解示意图。

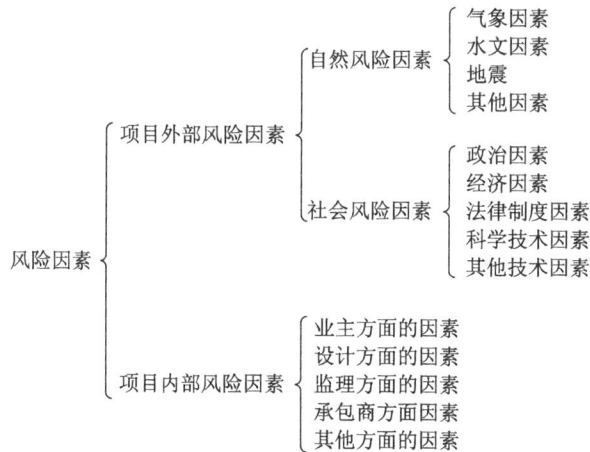

图9-2　工程管理风险因素分解示意图

4. 初始清单法

如果对每一个工程项目风险的识别都从头做起，至少有三方面缺陷：一是耗费时间和精力多，风险识别工作的效率低；二是由于风险识别的主观性，可能导致风险识别的随意性，其结果缺乏规范性；三是风险识别成果资料不便积累，对今后的风险识别工作缺乏指导作用。因此，为了避免以上缺陷，有必要建立初始风险清单。表9-1为工程项目初始风险清单示例。

初始风险清单只是为了便于人们较全面地认识风险的存在，而不至于遗漏重要的工程风险，但并不是风险识别的最终结论。在初始风险清单建立后，还需要结合特定工程项目的具体情况进一步识别风险，从而对初始风险清单作一些必要的补充和修正。

5. 风险调查法

风险调查应当从分析具体项目的特点入手，一方面对通过其他方法已识别出的风险进行鉴别和确认，另一方面，通过风险调查有可能发现此前尚未识别出的重要的项目风险。风险调查并不是一次性的，由于风险管理是一个系统的、完整的循环过程，因而风险调查也应该在工程项目实施全过程中进行，这样才能了解不断发生的事件对工程风险状态的影响。

表 9 - 1　工程项目初始风险清单

风险因素		典型风险事件
技术风险	设计	设计内容不全、设计缺陷、错误和遗漏，应用规范不恰当，未考虑地质条件，未考虑施工可能性等
	施工	施工工艺落后，施工技术和方案不合理，施工安全措施不当，应用新技术新方案失败，未考虑场地情况等
	其他	工艺设计未达到先进性指标，工艺流程不合理，未考虑操作安全性等
非技术风险	自然与环境	洪水、地震、火灾、台风、雷电等不可抗力，不明的水文气象条件，复杂的工程地质条件，恶劣的气候，施工对环境的影响等
	政治法律	法律及规章的变化，战争和骚乱、罢工、经济制裁或禁用等
	经济	通货膨胀或紧缩，汇率变动，市场动荡，社会各种摊派和征费的变化，资金不到位，资金短缺等
	组织协调	业主和上级管理部门的协调，业主和设计方、施工方以及监理方的协调，业主内部的组织协调等
	合同	合同条款遗漏、表达有误，合同类型选择不当，承发包模式选择不当，索赔管理不力，合同纠纷等
	人员	业主人员、设计人员、监理人员、一般工人、技术员、管理人员的素质(能力、效率、责任心、品德)不高
	材料设备	原材料、半成品、成品、设备供货不足或拖延，数量差错和质量规格问题，特殊材料和新材料的使用问题，过度损耗和浪费，施工设备供应不足、类型不配套、故障、安装失误、选型不当等

二、风险分析与评估

(一)风险分析与评估的概念

风险分析与评估是指在定性识别风险因素的基础上，风险管理人员应用各种风险分析技术，用定性和定量的方法分析项目不确定性的过程，从而评估风险的可能影响。风险分析与评估的任务包括：确定单一风险因素发生的概率；分析单一风险因素的影响范围；分析各个风险因素的发生时间；分析各个风险因素的风险结果，探讨这些风险因素对项目目标的影响程度；在单一风险因素量化分析的基础上，考虑多种风险因素对项目目标的综合影响和评估风险的程度并提出可能措施作为管理决策的依据。

(二)风险估计的内容

建设项目风险估计的主要内容包括以下五个方面：

1. 风险事件发生可能性的估计

建设项目风险估计的首要任务是分析和估计风险事件发生的概率与概率分布，即风险事件发生可能性的大小，这是建设项目风险分析估计中最为重要的一项工作，而且常常也是最困难的一项工作。主要原因在于两方面：一是和风险事件相关的数据和历史资料的收集相当困难；二是不同建设项目差异性较大，用类似建设项目数据推断当前建设项目风险事件发生的概率，其误差可能较大。

一般来讲，如果风险管理人员有足够的数据和历史资料，则可直接根据这些数据资料确定风险事件的概率分布；否则，可以利用理论概率分布或主观概率来进行风险估计。例如，某建筑公司承包了一项从未做过的核反应堆工程，若想得到该工程工期的概率分布，由于国内这方面的数据非常少，则项目管理人员必须组织有关专家根据过去完成一般工业民用建筑的经验、核反应堆工程的特点和复杂程度，以及其他相关主、客观条件等，估计核反应堆工程的工期概率分布。人们的实践和大量的研究成果说明，这种估计是有效的。

2. 风险事件后果严重程度的估计

建设项目风险估计的第二项内容是分析和估计建设项目风险事件发生后其后果的严重程度，即工程项目风险事件可能带来损失的大小，这些损失会对建设项目目标的实现造成不利影响，如进度的延误、费用的超支、质量和安全事故等。

在建设项目实施的过程中，经常会遇到这样的情况：风险事件发生的概率不一定很大，但如果一旦发生，其后果是十分严重的。例如，在水利水电施工导流过程中，常用土石围堰进行挡水，若施工导流标准选得较高，则围堰漫水的风险较小，但是一旦遇到超标准的洪水，围堰发生漫水，还是会给工程造成巨大的损失。

3. 风险事件影响范围的估计

建设项目风险估计的第三项内容是对风险事件影响范围的估计，包括估计风险事件对当前工作和其他相关工作的影响以及对项目利益相关各参与方的影响等。众所周知，建设项目是由若干相互联系、相互制约的各项活动、事件、众多组织等构成的复杂系统。风险事件发生不仅会影响当前工作，还会对相关工作和组织产生影响。例如，项目施工现场发生火灾，导致整个项目停工，给业主、承包商、分包商造成损失，并且由于救火时动用了救火车，对社会也造成了一定的影响。

在建设项目实施过程中，对某些风险事件，其发生的概率和本身造成的后果都不是很大，但如果一旦发生，则会影响建设项目的许多方面，此时，就非常有必要对其进行严格的控制。例如，水利水电施工截流，一般而言，按正常设计组织施工，其失败的风险是很小的，万一不成功，则施工工期常由于水文等因素要推迟一年，影响范围广并且后果非常严重。

4. 风险事件发生时间的估计

项目风险事件的发生时间，即风险事件出现的时间，也是工程项目风险事件分析中的重要工作。该项工作有两方面的考虑：一是从风险控制角度看，根据风险事件发生的时间先后进行控制。一般情况下，早发生的风险应优先采取控制措施，而对于相对迟发生的风险，则可通过对其进行跟踪和观察，并抓住机遇进行调节，以降低风险控制成本。二是在工程项目实施中，对某些风险事件完全可以通过时间上的合理安排，大大降低其发生的概率或减少其可能带来的后果。例如，对于大体积混凝土的施工，在其他施工条件相同的情况下，夏季施工和冬季施工相比，夏季施工出现温度裂缝的风险要大，因此，在可能的范围内，一般尽可能将大体积混凝土的施工安排在冬季。

5. 风险事件发生的频率和损失程度的估计

风险事件发生的频率和损失程度对于建设项目的影响较大。例如，修建核电站和火电站，核电站事故的后果很严重，但发生的严重事故的概率很小；火电站排放烟尘和污水虽然在短期内不会成灾，但是每天都排放，污染环境的概率是百分之百，如果数额较大的损失一次性落到某个建设项目上，则有可能会使该项目由于流动资金不足等问题导致失败，而同样数额的损失在较长的时间如果分几次发生，则项目管理班子可设法弥补，使项目能够坚持下去。

三、风险分析与评估的方法

（一）风险估计的方法

风险估计的对象是建设项目的单个风险，不是建设项目的整体风险。通过建设项目风险估计进一步加深对项目不确定性和风险的理解。在这里我们以盈亏平衡分析法和敏感性分析法为例来探讨。

1. 盈亏平衡分析法

盈亏平衡分析研究项目产品和服务的数量、成本和利润三者之间的关系，以收益与成本平衡，即利润为零时的情况为基础，测算项目的生产负荷状况，据此判断在各种情况下项目适应能力和对风险的承受能力。盈亏平衡点越低，表明项目适应变化能力越强，承受风险的能力越大。盈亏平衡分析一般是根据项目正常生产年份的产量或销售量、可变成本、固定成本、产品价格和销售税金等数据资料计算盈亏平衡点的。由于销售收入与销售量之间和销售成本与销售量之间存在线性和非线性关系，因此，盈亏平衡分析也分为线性盈亏平衡分析和非线性盈亏平衡分析。

1）线性盈亏平衡分析

线性盈亏平衡分析是指项目的销售收入与销售量之间和销售成本与销售量之间的关系为线性关系情况下的盈亏平衡分析。

设项目正常运转时每年的产量或向市场提供的数量为 Q，产品价格（单价）为 p，单位成本（变动成本）为 w，税率为 r，年固定成本为 F，则

项目年总收入 $T_r = pQ$。

项目年总成本 $T_c = wQ + rQ + F$。

项目年总利润 $P = T_r - T_c = pQ - wQ - rQ - F = (p - w - r)Q - F$。

（1）盈亏平衡点。

当年利润 P 等于零，即 $T_r = T_c$ 时的产品或服务的数量 Q、单价 p、单位成本 w、税率 r、年固定成本 F 成为盈亏平衡点。这样，就有五种盈亏平衡点，下面只讨论产量的盈亏平衡点。产量的盈亏平衡点 Q_b 为

$$Q_b = \frac{F}{p - w - r}$$

将项目销售收入函数与销售成本函数在同一坐标图上描绘出来，就可得到盈亏平衡图，图中两条直线的交点就是盈亏平衡点（Break Even Point，BEP），如图 9-3 所示。

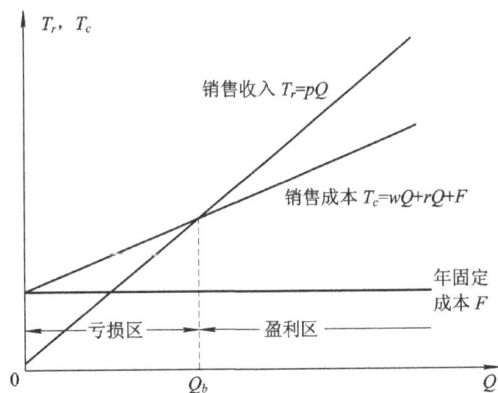

图 9-3　盈亏平衡图

从图 9-3 可以看出，当项目实际产量达不到盈亏平衡点 Q_b 时，项目就要亏损；实际产量达到 Q_b 时，项目利润为零；实际产量超过 Q_b 时，项目就能盈利。从风险管理的角度来

看，项目管理单位要设法确保项目的产出达到或超过产量盈亏平衡点。

（2）项目生产负荷率。

设项目的年设计产出能力为 Q_t，则盈亏平衡点 Q_b 与年设计产出能力 Q_t 的比值（$Q=Q_b/Q_t$），称作项目生产负荷率。生产负荷率是衡量项目生产符合要求的重要指标。在项目的多个方案中，生产负荷率越低，则项目风险系数越小。一般认为，当生产负荷率不超过 0.7 时，项目能够承受较大风险。

2）非线性盈亏平衡分析

在实际的项目活动中，由于各种因素的影响，销售收入、销售成本与销售量不成线性关系。因此，需要应用非线性盈亏平衡分析来确定盈亏平衡点。

假设非线性销售收入函数与销售成本函数用一元二次函数表示，则销售收入函数为

$$R(Q) = aQ + bQ^2$$

销售成本函数为

$$C(Q) = c + dQ + eQ^2$$

式中：a、b、c、d、e 为常数；Q 为产量。

根据盈亏平衡原理，在平衡点有：

$$R(Q) = C(Q)$$
$$aQ + bQ^2 = c + dQ + eQ^2$$

解此二次方程，得盈亏平衡点 Q_b^*：

$$Q_b^* = \frac{a-d}{2(e-b)} \pm \frac{\sqrt{(a-d)^2 - 4(e-b)c}}{2(e-b)}$$

可以看出，有两个盈亏平衡点 Q_{b1}^* 和 Q_{b2}^*。产量或销售量低于 Q_{b1}^* 或高于 Q_{b2}^* 时，项目亏损；在 Q_{b1}^* 和 Q_{b2}^* 之间，项目才盈利。项目的盈利 B 为

$$B = R(Q) - C(Q) = (b-e)Q^2 + (a-d)Q - c$$

在最大利润点上，边际利润为零。因此，对盈利 B 求导数，可得最大利润点产量 Q_{maxB}：

$$\frac{\mathrm{d}B}{\mathrm{d}Q} = 2(b-e)Q + (a-d) = 0$$

$$Q_{maxB} = \frac{d-a}{2(b-e)}$$

在最大利润点的左侧，利润率是上升的；在最大利润点的右侧，利润率是下降的。

【例 9-1】 有一产品项目，根据数据资源可预测其单位产品的价格 $P = 7400Q^{\frac{1}{2}}$，单位产品的变动成本为 50 元，固定成本 $F = 20$ 万元，对该项目进行盈亏平衡分析。

解 （1）建立销售收入函数 $R(Q)$ 和销售成本函数 $C(Q)$：

$$R(Q) = pQ = 7400Q^{\frac{1}{2}} \times Q = 7400Q^{\frac{3}{2}}$$
$$C(Q) = F + vQ = 200\,000 + 50Q$$

（2）求解盈亏平衡点。令 $R(Q) = C(Q)$，则

$$7400Q^{\frac{3}{2}} = 200\,000 + 50Q$$

求得该方程的盈亏平衡点 Q_{b1}^* 和 Q_{b2}^* 分别为

$$Q_{b1}^* = 12\,638, \quad Q_{b2}^* = 1266$$

（3）求解利润最大点的产量 Q_{maxB}。对 B 求导：

$$\frac{\mathrm{d}B}{\mathrm{d}Q} = \frac{\mathrm{d}(7400Q^{\frac{3}{2}} - 50Q - 200\ 000)}{\mathrm{d}Q} = 0$$

解得 $Q = 5746$。

因此，在该点上的利润为

$$B = 7400 \times 5476\ \sqrt{5476} - 50 \times 5746 - 200\ 000 = 73\ 800\ 元$$

2. 敏感性分析法

在建设项目中，敏感性分析主要用于评估确定型风险变量对项目目标的影响，并考虑某个或某些因素变化对评估目标影响的程度。如果该因素在给定范围内变动对项目目标的实现不会产生较大影响，则可认为该因素是不敏感因素，反之则是敏感因素。

敏感性分析的目的就是要在项目的诸多不确定因素中，确定敏感性因素和不敏感性因素，并分析敏感性因素对项目活动的影响程度，为项目的正确决策提供依据。其作用主要体现在以下几个方面：

（1）找出影响项目经济效益变动的敏感性因素，分析敏感性因素和不敏感性因素变动的原因，为进一步进行不确定性分析提供依据。

（2）确定敏感性因素的变动引起项目经济效益变动的范围，分析判断项目承担风险的能力。

（3）比较分析各备选方案的风险水平，实现方案优选。

根据不确定性因素每次变动数目的多少，敏感性分析可以分为单因素敏感性分析和多因素敏感性分析。

1）单因素敏感性分析

在实际工程风险评估中，必然涉及众多影响项目目标的因素。在众多影响因素中，有针对性地选择一些因素，考察该因素在一定范围内变动，是否对项目指标产生影响，这就是单因素敏感性分析。敏感性分析中一般考察的主要因素有产品产量、产品价格、原材料价格、投资成本、变动成本、税率和折现率等。

在进行敏感性分析时，首先要选择最能反映项目获利的经济指标作为敏感性分析的对象，然后计算各主要因素变化对该经济指标的影响。净现值、内部收益率、投资回收期等是进行敏感性分析时常被选择的经济指标。

例如，如果影响一个项目净现值的关键因素是原材料价格的变化，那么可考虑原材料价格在一定范围内波动会对净现值变化产生多大影响。单因素敏感性分析的文字表述方式示例：如果原材料价格的变动幅度为 $\pm 15\%$，净现值的变动幅度为 ± 10 万元。

除了文字表述，借助敏感图表示也是一种常用的方法。敏感图可直观地表述所考虑的因素变动幅度对项目目标的影响，特别是分别进行多个单因素敏感性分析的时候。如图 9-4 所示为多个单因素敏感性分析图。

从图 9-4 中可以看出，产品销量和工期延误是最敏感的风险因素。在具体项目运营

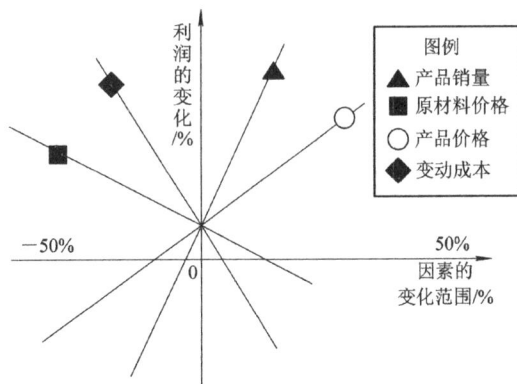

图 9-4　多个单因素敏感性分析

中要注意开拓产品销售，并且保持工期不要延误。

　　2）多因素敏感性分析

　　单因素敏感性分析一次只能有一个因素变动，但实际情况一般是几个因素同时变动。为反映这种现实，各因素的变动幅度可以取不同的组合，然后计算这些因素同时变动时项目经济指标的变化，这种分析方法就是多因素敏感性分析。可以想象，在风险因素非常多的情况下，因素组合的方式将数不胜数，因此，在实际应用中，应根据经验选择有限的几种组合进行运算，并且一般假定选定同时变动的因素都是相互独立的。

　　【例 9 - 2】 某项目固定资产投资为 20 万元，年销售收入为 8 万元，年各项成本和为 3.8 万元，项目寿命周期为 10 年，期末固定资产产值为 2 万元，折现率为 16%。试进行固定资产投资和销售收入两因素对项目净现值的敏感性分析。

　　解 假设 X 表示固定资产投资变化的百分数，Y 表示年销售收入变化的百分数，则根据净现值 NPV 的定义，可知该项目的净现值 NPV 的表达式：

$$\begin{aligned} NPV =& -200\,000 \times (1+X) + 80\,000 \times (1+Y) \times \frac{(1+16\%)^{10}-1}{16\% \times (1+16\%)^{10}} \\ & -38\,000 \times \frac{(1+16\%)^{10}-1}{16\% \times (1+16\%)^{10}} + \frac{20\,000}{(1+16\%)^{10}} \end{aligned}$$

　　令 NPV=0，经整理得：$Y=2.5X-0.043$，将此直线绘于坐标图 9-5 上，该直线即为临界线，线上所有点对应的 NPV=0；在临界线右下方，NPV<0；在临界线左上方，NPV>0。

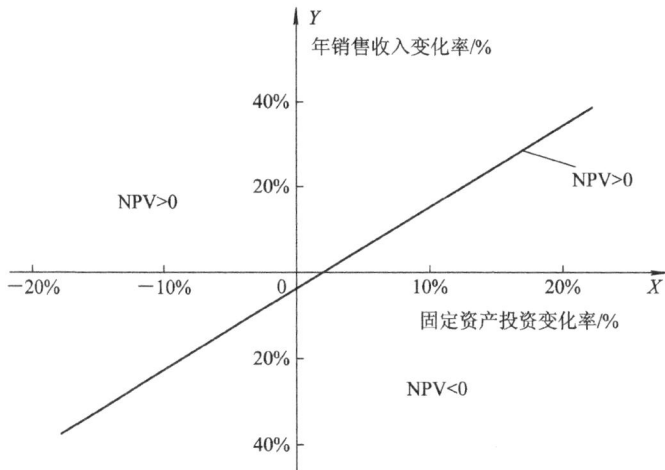

图 9 - 5　多因素敏感性分析

　　从图 9-5 中可看出，直线 $Y=2.5X-0.043$ 向斜下方平移时可得另一条直线：$Y=2.5X-0.043-h(h>0)$，并且随着直线向斜下方移动，h 值会越来越大，即 NPV 会越来越小；反之，随着直线向斜上方移动，NPV 会越来越大。因此，可以根据各点所对应的 NPV 大小，判断出 X、Y 变化对 NPV 的影响程度。

　　当同时变化的风险因素达到三个以上时，可以采取相似的方法进行分析，此处不再赘述。

　　盈亏平衡分析和敏感性分析都没有考虑风险因素变化的概率。因此，这两种方法虽然可以回答哪些因素变化对项目风险影响大，但不能回答哪些因素变化最有可能发生以及变化的概率，这是这两种方法在风险估计方面的不足。

(二) 风险评价的方法

风险分析与评价往往采用定性与定量相结合的方法来进行，这二者之间并不是矛盾的，而是相辅相成的。目前用于项目风险评价的定量化方法主要有故障树分析法、主观评分法、蒙特卡洛模拟法及模糊数学法等。

1. 故障树分析法

故障树分析法是 1961 年美国贝尔实验室在对导弹发射系统进行安全分析时提出来的，该方法利用图解的形式将大故障分解成小故障，或对各种引起故障的原因进行分析。故障树分析是借用可靠性工程中的失效树形式对引起风险的各种因素进行分层次的辨识，因图的形式像一棵倒置的树，故称为故障树。图 9-6 就是一家建筑公司对某建筑现场施工伤亡事件的故障树分析，其中对工人由于自身原因造成的伤亡事故，一直追寻到原发事件。

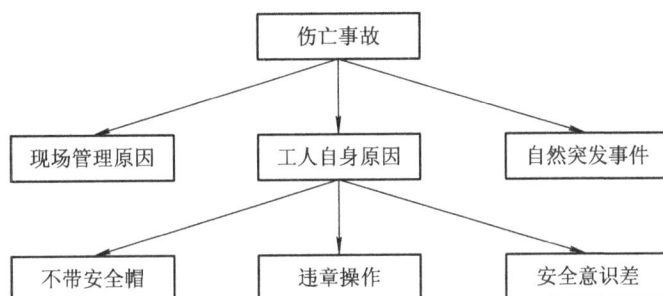

图 9-6　某施工伤亡事件的故障树分析

2. 主观评分法

主观评分法就是由项目管理人员对项目运行过程中每一阶段的每一风险因素给予一个主观评分，然后分析项目是否可行的做法。这种方法更侧重于对项目风险的定性评价，它将项目中每一个风险都赋予一个权值（例如从 0 到 10 之间的一个数，0 代表没有风险，10 代表风险最大），然后通过计算整个项目的风险并与风险基准进行比较来分析项目是否可行。举例说明如下：

某项目要经过四个阶段，每个阶段的风险情况都已进行了分析，如表 9-2 所示，假定项目整体可接受的风险水平为 0.6，请分析项目是否可行；并通过比较项目各自阶段的风险情况，说明项目在哪个阶段风险最大。

表 9-2　主观评分法

	风险费用	工期风险	质量风险	人员风险	技术风险	各阶段风险权值和	各阶段风险权重
概念阶段	5	6	3	4	4	22	0.22
开发阶段	3	7	5	5	6	26	0.26
实施阶段	4	9	7	6	6	32	0.32
收尾阶段	7	4	4	3	3	21	0.21
合计	19	26	19	18	19	101	1.01

表 9-2 中，横向上把项目每一阶段的五个风险权值加起来，纵向上把每种风险的权值加起来，无论是横向或纵向都可以得到项目的风险总权值。之后，计算最大风险权值和，即用表的行数乘以列数，再乘以表中最大风险权值，就得到最大风险权值和。用项目风险总权值除以最大风险权值和就是该项目整体风险水平。表中最大风险权值是 9，因此最大风险权值和＝4×5×9＝180，全部风险权值和＝101，所以该项目整体风险水平＝101/180＝0.56。将此结果与事先给定的整体评价基准 0.6 相比较，说明该项目整体上风险水平可以接受。另外通过计算项目各阶段的风险权重，可以知道该项目在实施阶段风险最大，因此要加强实施阶段的管理，尽早做好相关的防范准备，尤其是要加强对工期的管理。

3. 蒙特卡洛模拟法

蒙特卡洛模拟法（Monte - Carlo Simulation）又称随机模拟或统计实验法，是一种通过随机变量的统计实验、随机模拟求得近似解的数学方法，特点是以概率统计理论为其主要理论基础，以随机抽样为其主要手段，对可能发生的风险规律进行模拟。

4. 模糊数学法

大多数的风险因素是不确定的、模糊的，用经典数学难以计算，而运用模糊数学知识，可以用数学语言去准确地描述风险因素对系统的影响程度，建立数学评价模型，得出其精确解，正因为这一特点，这一方法目前在工程风险领域中被大量采用。

四、风险应对计划与风险控制

建设项目风险应对就是对建设项目风险提出处置办法，是继风险识别、风险估计和风险评价之后，为降低风险的发生概率、损失严重程度等而制订风险应对策略和技术手段的过程。风险应对过程的结果就是编制风险应对计划。

（一）风险应对计划的内容

建设项目风险应对计划是在风险分析工作完成之后制订的详细计划。不同项目的风险应对计划内容不同，但是，至少应当包含如下内容：

（1）所有风险来源的识别以及每一来源中的风险因素。

（2）关键风险的识别以及关于这些风险对于当前项目目标所产生的影响说明。

（3）对于已识别出的关键风险因素的评估，包括从风险估计中摘录出来的发生概率以及潜在的破坏力。

（4）已经考虑过的风险应对方案及其代价。

（5）建议的风险应对策略，包括解决每一风险的实施计划。

（6）各单独应对计划的总体综合，以及分析过风险耦合作用可能性之后制订出的其他风险应对计划。

（7）项目风险形式估计、风险管理计划和风险应对计划三者综合之后的总策略。

（8）实施应对策略所需资源的分配，包括关于费用、时间进度及技术考虑的说明。

（9）风险管理的组织及其责任，是指在项目中确定的风险管理组织，以及负责实施风险应对策略的人员和职责。

（10）开始实施风险管理的日期、时间安排和关键的里程碑。

（11）成功的标准，即何时可以认为风险已被规避，以及待使用的监控办法。

（12）跟踪、决策以及反馈的时间，包括不断修改、更新需优先考虑的风险一览表、计划和各自的结果。

（13）应急计划。应急计划就是预先计划好的，一旦发生风险事件就付诸实施的行动步骤和应急措施。

（14）对应急行动和应急措施提出的要求。

（15）项目执行组织最高层领导对风险规避计划的认同和签字。

风险应对计划是整个项目管理计划的一部分，其实施并无特殊之处。按照计划取得所需的资源，实施时要满足计划中确定的目标，事先把项目不同部门之间在取得所需资源时可能发生的冲突寻找出来，任何与原计划不同的决策都要记录在案。落实风险应对计划，行动要坚决，如果在执行过程中发现项目风险水平上升或未按预期计划降下来，则须重新制订计划。

（二）风险应对常用策略

1. 风险减轻

（1）风险减轻的内涵。

风险减轻，又称风险缓解或风险缓和，是指将建设项目风险的发生概率或者后果降低到某一可以接受的程度。减轻风险的具体方法和有效性在很大程度上依赖于风险是已知风险、可预测风险还是不可预测风险。

对于已知风险，管理者可以采取相应措施加以控制，可以动用项目现有资源降低风险的严重后果和风险发生的频率。例如，通过调整施工活动的逻辑关系，压缩关键线路上的工序持续时间或加班加点等来减轻建设项目的进度风险。

（2）风险减轻的途径。

在制订风险减轻措施时必须依据风险特征，尽可能将建设项目风险降低到可接受水平，常见的途径有以下几种：降低风险发生的概率、减轻风险造成的损失、分散风险和分离风险。

2. 风险预防

风险预防是指采取技术措施预防风险事件的发生，是一种主动的风险管理策略，常分为有形和无形两种手段。

（1）有形手段。工程法是一种有形手段，是指在工程建设过程中，结合具体的工程特性采取一定的工程技术手段，避免潜在风险事件的发生。例如，为了防止山区山体滑坡损坏高速公路，可采用岩锚技术锚固松动的山体，增加因开挖而破坏了的山体稳定性。

（2）无形手段。无形手段包括教育法和程序法。教育法是指通过对项目人员广泛开展教育，提高参与者的风险意识，使其认识到工作中可能面临的风险，了解并掌握处置风险的方法和技术，从而避免未来潜在工程风险的发生；程序法是指通过具体的规章制度指导标准的工作程序，对项目活动进行规范化管理，尽可能避免发生风险和造成损失。例如，我国长期坚持的基本建设程序，反映了固定资产投资活动的基本规律。

3. 风险转移

风险转移，又称为合伙分担风险，是指在不降低风险水平的情况下，将风险转移至参与该项目的其他人或者其他组织。风险转移是建设项目管理中广泛应用的风险应对方法，其目的不是降低风险发生的概率和减轻不利后果，而是通过合同或协议，在风险事故一旦发生时将损失的一部分转移到有能力承担或控制项目风险的个人或组织。

4. 风险回避

风险回避是指当项目风险潜在威胁发生可能性太大，不利后果太严重，又无其他策略可用时，主动放弃项目或改变项目目标与行动方案，从而规避风险的一种策略。

如果通过风险评价发现项目的实施将面临巨大的威胁，项目管理班子又没有别的方法控制风险，甚至保险公司亦认为风险太大，拒绝承保，这时就应该考虑放弃项目的实施，避免巨大的人员伤亡和财产损失。

5. 风险自留

风险自留是指项目主体有意识地选择自己承担风险后果的一种风险应对策略。风险自留是一种风险财务技术，项目主体明知可能会发生风险，但是权衡了其他风险应对策略后，出于经济性和可行性考虑，仍将风险自留。若风险损失真的出现，则依赖项目主体自己的财力去弥补。

风险自留分主动风险自留和被动风险自留两种。主动风险自留是指在风险管理规划阶段已经对风险有了清楚的认识和准备，主动决定自己承担风险损失的行为。被动风险自留是指项目主体在没有充分识别风险及其损失，且没有考虑其他风险应对策略的条件下，不得不自己承担损失后果的风险应对方式。

复习思考题

1. 建设工程项目风险管理的含义及特点是什么？
2. 建设工程项目风险管理的程序是什么？
3. 项目风险估计常用的方法有哪些？

第十章　工程项目职业健康安全与环境管理

第一节　工程项目职业健康安全与环境管理概述

一、职业健康安全与环境管理的相关概念

随着社会生产的发展，职业健康安全与环境的问题不断突出，而许多新技术、新材料、新设备的广泛应用，以及新产业的不断出现，生产过程中随之又产生和发现了许多前所未有的新的职业健康安全与环境问题，比如，电磁辐射对于人体的伤害是随着电磁波技术的广泛应用而大量出现的。人类的活动造成资源耗费及生态环境破坏，产生了很多问题，如全球气候变暖，臭氧层的破坏，两极冰川面积急剧缩减，水体污染，土地沙漠化，酸雨，热带雨林面积缩减，动植物物种大量灭绝等。这使人类意识到保护环境的重要性和紧迫性。

1. 职业健康安全的概念与影响因素

职业健康安全是指一系列影响特定人员健康和安全因素的总和。其中特定人员不仅包括在工作场所内组织的正式员工、临时工、合同方人员，也包括进入工作场所的参观访问人员和其他相关人员。

职业健康安全主要受到以下三个方面因素的影响：

（1）人的不安全状态。

人的行为是安全的关键，人的不安全行为可能导致事故的发生，因此，分析人的行为的安全性可以帮助我们找到并剔除不安全行为的源头。人的不安全行为是人的生理和心理特点的反映，主要表现在身体缺陷、错误行为和违章违纪三个方面。

（2）物的不安全状态。

如果物质和环境条件可以满足劳动者生理和心理的需要，而人的生理和心理状态又能适应物质和环境的条件，生产的不安全行为便不会发生；反之，则可能导致安全伤害事故。物的不安全状态主要表现在设备和装置的缺陷、作业场所的缺陷和物质与环境的危险源三个方面。

（3）环境因素和管理缺陷。

环境因素和管理缺陷主要表现为危险源的存在。在安全管理过程中，应当根据施工的具体条件，采取有效措施断绝危险源。当然，在创造和改善物质和环境的安全条件时，也应从劳动者生理和心理状态出发，使两方面的因素相互适应。

2. 环境的概念与影响因素

环境是指组织置身其中的空间内各种自然因素及其相互关系的总和。环境因素是指一个组织的活动、产品和服务中能与环境发生相互作用的要素。其中，重要环境因素是指具

有或能够产生重大环境影响的环境因素。

影响环境的主要因素有以下三方面：

（1）日益加剧的市场竞争。白热化的市场竞争，让投资者为了追求高额利润而忽视了劳动者的劳动条件和环境的改善，甚至不惜危害劳动者的职业健康安全和破坏人类赖以生存的自然环境。

（2）生产事故与劳动疾病案例攀升。生产事故往往伴随严重的环境污染或者人员的重大伤害，人类的不安全行为带来的生产事故给环境带来了不可估计的影响。

（3）生活质量的不断提高。人类对生活质量的追求过程伴随着对环境的过度开发，由此产生的废物和伤害往往也给人类自身的生存造成了威胁。

二、职业健康安全与环境的目的与任务

1. 职业健康安全管理目的

建设工程是一个高风险的行业。建设工程项目的职业健康安全和环境管理应以人为本，关心员工安康，一切为员工利益着想，做好员工的安全防护工作，落实防护措施，为员工创造一个安全健康的工作环境；遵守法规，积极投入，不断完善安全防护措施，规范员工行为，减少不必要的伤害，降低风险，使员工的健康安全得到保障。

建设工程项目的职业健康安全管理的目的是保护建筑产品生产者和使用者的健康与安全，减少和控制影响工作场所内员工、临时工作人员、合同方人员、访问人员和其他相关人员健康和安全的条件及因素。

建设工程项目环境管理的目的是保护生态环境，使社会经济的发展与人类的生存环境相协调。环境管理的关键在于增强环境意识，自觉遵守国家和地方政府制定的环境保护法律法规，规范环境行为，建立和完善环境管理体系，持续改进企业的环境行为，使作业环境与社区环境不断得到净化，实现企业和社会的可持续发展。

2. 职业健康安全与环境管理的任务

职业健康安全与环境方针是组织职业健康安全与环境管理的宗旨和方向，是组织实施和改进其职业健康安全管理体系的推动力。为确保职业健康安全管理与环境方针的权威性，组织的职业健康安全与环境方针应由组织的最高管理者支持制定并全面施行。该方针经组织最高管理者批准，有利于将职业健康安全与环境管理纳入组织全面管理中，实现组织的经营、质量、环境、安全方针目标协调一致。

职业健康安全与环境管理的任务是指建设生产组织为达到建设工程的职业健康安全与环境管理的目的而指挥和控制组织的协调活动。它包括为制定、实施、实现、评审和保持职业健康安全方针所需的组织结构、计划活动、职责、惯例、程序、过程和资源。

方针的制定一般应满足两个承诺和定期评审的要求。

两个承诺包括对持续改进的承诺和对遵守法律法规及其他要求的承诺。对持续改进的承诺表明组织最高管理者对职业健康安全与环境管理的态度，反映组织对职业健康安全问题的认识和责任。对法律、法规和其他要求的承诺则是满足职业健康安全管理体系（OHSMS）标准最基本的要求。

　　定期评审是指组织应定期对职业健康安全方针进行评审及修订，以适应不断变化的内、外部条件和要求。如果组织从属于某个更大的组织，其方针还应符合后者的职业健康安全方针的要求并得到认可。此外，方针的制定应适合组织的生产性质和规模，形成文件后，应传达到全体员工。

　　经批准的职业健康安全管理与环境管理体系方针，是组织各级管理者、专业技术人员和各层次操作人员具体实施完成任务的纲领性文件，是建立、实施和改进组织职业健康安全与环境管理体系的一条主线，具有保护和改进职业健康安全体系的指导作用。具体职业健康安全与环境管理的工作任务如表 10 - 1 所示，它们构成了实现职业健康安全和环境方针的管理任务。

表 10 - 1　职业健康安全与环境管理的任务

方针内容	组织结构	计划活动	职责	惯例(法律法规)	程序文件	过程	资源
职业健康安全							
环　　境							

　　不同的组织根据自身的情况建立和保持职业健康安全与环境管理体系，并以此开展工作，将有助于组织满足职业健康安全与环境法规的要求。但是，制订什么样的工作内容取决于组织的规模及其活动的性质，不同组织所建立的职业健康安全与环境管理的工作内容各有不同，不能完成照抄、照搬。需要注意的是，建立职业健康安全管理与环境体系，并不是对组织原有安全管理手段、制度、组织机构等的全面否定，而是将原有安全管理手段、制度、组织机构等予以规范化、系统化，使得组织的职业健康安全管理体系趋于完善和有效。

三、职业健康安全与环境管理的特征

　　由于建筑行业中产品及生产的复杂性，加上受外部环境影响的因素较多，决定了建筑行业的职业健康安全与环境管理有复杂性、多样性、协调性、不符合性、持续性和经济性六个方面的特征。

1. 复杂性

　　建筑产品的固定性和生产的流动性及受外部环境影响因素多，决定了其职业健康安全与环境管理的复杂性，主要表现如下：

　　(1) 建筑产品生产过程中生产人员、工具与设备的流动性，主要表现为同一工地不同建筑之间流动，同一建筑不同建筑部位上流动，一项建设工程建设完毕后施工队伍又要投入另一项新的工程等。

　　(2) 建筑产品受不同外部环境影响的因素多，主要表现为露天作业多，气候条件变化的影响，工程地质和水文条件的变化和地理条件及地域资源的影响。

　　由于生产人员、工具和设备的交叉和流动作业，受不同外部环境的影响因素多，使健康安全与环境管理很复杂，稍有考虑不周就会出现问题。

2. 多样性

　　建筑产品的多样性和生产的单件性决定了职业健康安全与环境管理的多变性。每一个建筑产品都要根据其特定要求进行施工，主要表现在以下几方面：

（1）不能按同一图纸、同一施工工艺、同一生产设备进行批量重复生产；

（2）施工生产组织及机构变动频繁，生产经营的"一次性"特征特别突出；

（3）生产过程中试验性研究课题多，所碰到的新技术、新工艺、新设备、新材料给职业健康安全与环境管理带来不少难题。

因此，对于每个建设工程项目都要根据其实际情况，制订健康安全与环境管理计划，不可相互套用。

3. 协调性

产品生产过程的连续性和分工性决定了职业健康安全与环境管理的协调性。建筑产品不能像其他许多工业产品一样可以分解为若干部分同时生产，而必须在同一固定场地按严格程序连续生产，上一道程序不完成，下一道程序不能进行，上一道工序生产的结果往往会被下一道工序所掩盖。而且每一道程序由不同的人员和单位来完成，这就要求在职业健康安全与环境管理中各单位和各专业人员横向配合和协调，共同注意产品生产过程接口部分的健康安全和环境管理的协调性。

4. 不符合性

建筑产品的委托性决定了职业健康安全与环境管理的不符合性。建筑产品在建造前就确定了买主，按建设单位特定的要求委托进行生产建造。而建设工程市场在供大于求的情况下，业主经常会压低标价，造成产品的生产单位对健康安全与环境管理的费用投入的减少，不符合健康安全与环境管理有关规定的现象时有发生。这就要建设单位和生产组织都要重视对健康安全和环保费用的投入，应当使之符合职业健康安全与环境管理的要求。

5. 持续性

建筑产品生产的阶段性决定了职业健康安全与环境管理的持续性。一个建设工程项目从立项到投产使用要经历五个阶段，即设计前的准备阶段（包括项目的可行性研究和立项）、设计阶段、施工阶段、使用前的准备阶段（包括竣工验收和试运行）、保修阶段。这五个阶段都要十分重视项目的安全和环境问题，持续不断地对项目各个阶段出现安全和环境问题实施管理。否则，一旦在某个阶段出现安全问题和环境问题就会造成投资的巨大浪费，甚至造成工程项目建设的夭折。

6. 经济性

建筑产品的时代性和社会性决定了环境管理的经济性。

（1）时代性。建设工程产品是时代政治、经济、文化、风俗的历史记录，表现了不同时代的艺术风格和科学文化水平，反映一定社会、道德、文化和美学的艺术效果，成为可供人们观赏和旅游的景观。

（2）社会性。建设工程产品是否适应可持续发展的要求，工程的规划、设计、施工质量的好坏，受益和受害的不仅仅是使用者，而是整个社会，它影响社会持续发展的环境。

（3）经济性。建设工程不仅应考虑建造成本的消耗，还应考虑其寿命期内的使用成本的消耗。环境管理注重工程使用期内的成本，如能耗、水耗、维护、保养、改建更新的费用，并通过比较分析，判定工程是否符合经济要求，一般采用生命周期法可作为对其进行管理的参考。另外环境管理要求节约资源，以减少资源消耗来降低环境污染，二者是完全一致的。

第二节　工程项目安全生产管理体系及措施

一、安全生产管理概述

1. 安全生产管理的概念

安全生产管理是企业管理的一个重要组成部分，它以安全为目的，其基本任务是发现、分析和消除生产过程中的各种危险源，防止发生事故和职业病，避免各种损失，保障职工的安全和健康。

其中，安全不但包括人身安全，也包括财产（建筑产品、机械设备、物资等）安全。在生产过程中，不发生人员伤亡、职业病和设备、设施损害或环境危害的条件，是指安全条件。在生产过程中，不因人、机、环境的相互作用而导致系统失效、人员伤害或其他损失，是指安全状况。

2. 安全生产管理的对象

安全生产管理的对象主要有以下四个方面：

（1）人：员工和管理者；

（2）财：安全技术措施经费等；

（3）物：设备、仪器、材料、能源等；

（4）环境：内部环境和外部环境。

3. 安全生产管理的任务

安全生产管理的任务主要有以下几点：

（1）制定安全生产规章制度、规程，并组织实施。

（2）力争减少或消灭工伤事故、火灾爆炸事故，保障劳动者安全地进行生产。

（3）采取安全技术措施，防止发生职业病和职业中毒，保障劳动者的身体健康。

（4）经常开展群众性的安全教育活动和安全检查活动，努力提高职工安全意识和自我保护能力，不断消除事故隐患。

（5）改善劳动条件，完善防护设施，减轻劳动强度，提供个体防护用品，逐步实现安全、文明生产。

（6）劳逸结合，保持劳动者良好的身心状态，并根据妇女生理特点，对妇女进行特殊保护。

（7）进行伤亡事故的调查、分析、统计、报告和处理，开展伤亡事故规律性的研究和事故的预测、预防。

（8）进行安全生产课题的研究和技术成果推广，进行安全管理经验的推广。

4. 安全生产管理的内容

安全生产管理包括以下三个方面的内容：

（1）安全管理的基础工作。

（2）生产建设中的动态安全管理。

（3）安全信息化工作。

5. 安全生产管理的方法

安全生产管理的方法有以下三个方面：

（1）建立职业健康安全管理体系、安全性评价等系统方法。

（2）计划管理法、目标管理法、PDCA 循环等管理方法。

（3）危险性分析、安全检查、安全教育等具体工作方法。

二、建筑施工安全保证体系的组成

建筑施工安全保证体系的建立及实施应遵循国际劳工组织（ILO）所颁发的"职业健康安全体系（OHSMS）指南"及我国国家经贸委发布的《职业安全卫生管理体系审核标准》的有关规定。职业健康安全体系由以下十二个部分组成。

1. 总要求

施工企业应建立并保持建筑施工安全保证体系，持续改进职业安全健康绩效，奠定使用的职业安全健康法律、法规和其他要求，确保员工的安全与健康。

2. 实施要求

施工企业应根据自身情况和条件，灵活合理地确定建立体系的范围。

（1）可选择整个企业也可针对其中某些运行单位及活动。范围的界定不应把那些总体运行所必需的，或可能对员工的职业安全健康产生影响的运行或活动排除在外。体系的复杂程度和文件划分范围及相应的资源将取决于施工企业的规模、活动性质和实际能力。

（2）建立体系应把重点放在遵守法律和规范要求，降低风险和保护员工安全健康上，并使之成为全面管理的一部分。

（3）企业应根据实际情况，通过实施初始评审对现有体系及有关管理制度进行评价。

3. 安全健康方针

（1）安全健康方针的目的：规定企业的职业安全健康工作的方向和原则，确定企业的安全健康责任及绩效总目标，表明企业实现安全健康管理的承诺，尤其是最高管理者的承诺。方针应形成文件并由企业最高管理者批准。

（2）安全健康方针的主要内容：企业公开承诺遵守现行职业安全健康法律法规并将履行此承诺；风险评价和风险控制是建立和实施体系的核心，需在方针中体现；还包括职业安全健康、危害辨识，对持续改进和事故预防、保护员工安全健康的承诺；确保与员工及其代表进行协商，并鼓励他们积极参与体系各环节的活动。

（3）安全健康方针的实施要求：形成文件、付诸实施、予以保持；传达到全体员工；可被相关方所获取并定期进行评审确保其对企业的适宜性。

4. 策划

策划主要包含以下几个方面：

（1）危害辨识、风险评价和风险控制。

（2）范围：常规和非常规的活动；所有进入作业场所的人员的活动；所有作业场所内的设施。

（3）内容：辨识出的各项危害的风险程度；确定每项危害的风险级别及是否可承担风险；为降低风险所需制订的目标和采取的措施，以及对该过程进行检测所采取的手段；为实施风险控制措施所需人员的能力要求和相应的培训要求。

（4）识别及获取法律法规及其他要求：识别及获取法律法规及其他要求的程序；法律法规及其他要求中应遵守的有关内容及使用范围；企业各岗位应遵守的法律法规及其他要求。

5. 目标

（1）目标的内容：风险水平的降低；向安全保证体系引入附加功能；为改善现状所采取的措施；消除或降低特定意外事件的频率；重点放在安全健康措施的持续改进上。

（2）目标的要求：目标应予以量化并形成文件，向企业所有相关职能部门和各级员工传达。

6. 职业安全健康管理方案

（1）方案的内容：为实现安全健康目标而规定的企业相关职能及各层次的职能及权限，实现目标的方法、资源和时间表。

（2）方案的实施要求：形成文件，针对管理方案的有关内容进行交流，定期对管理方案进行审评。

7. 运行与实施

（1）内容：界定各相关层次的作用、职责和权限，界定不同职能和不同层次之间的职责衔接，所有承担管理职责的人员都应实现其对安全健康绩效持续改进的承诺。

（2）实施要求：将职业安全健康职责权限向相关人员传达。

（3）企业应建立和保持程序，使相关职能部门具有以下意识：遵循安全健康方针与程序以及安全保证体系要求；对作业及活动中实际和潜在的安全及健康风险、以及改进个人行为所带来的安全健康效益的认识；执行安全健康方针和程序，实现安全保证体系要求，包括应急准备与相应要求方面的作用与职责；偏离规定的运行程序的潜在后果。

（4）培训：企业应制订并保持培训计划，以确定最高管理者及全体员工具备应有的能力及意识。培训计划中应考虑不同层次员工的职责、能力、文化程度以及所承受的风险。企业应定期评审培训计划，必要时予以修正以保证其适宜性及有效性。

（5）运行控制：建立和保持计划安排，在所有作业场所实施必要、有效的控制及防范措施，以实现安全健康方针、目标，遵守法律法规和其他要求。

8. 应急预案与响应

（1）企业应建立与保持计划和程序，确定潜在的事件或紧急情况，并对其作出应急响应，预防或减少与之有关的疾病和伤害。

（2）应急预案与相应计划应与企业的规模和活动性质相适应并符合以下要求：保证在作业场所发生紧急情况时，能提供必要的信息，便于内部交流和协作以保护全体人员的安全健康；通知有关当局，与应急响应部门建立联系；阐明急救和医疗救援、消防和作业场所内全体人员的疏散问题；企业应制订评价应急预案与相应实际效果的计划和程序。

9. 检查与纠正措施

检查与纠正措施包括以下几项内容：

（1）适用于企业所需的定性和定量测量；

（2）对企业的职业安全健康目标实现程序监测；

（3）主动测量：监测对安全健康管理方案、运行标准和适用的法律、法规及其他要求的符合情况；

（4）被动测量：监测事故、时间和其他不良的安全健康绩效的历史证据；

（5）监测与测量数据的充足记录，便于随后的纠正和预防措施的分析。

10. 记录和记录管理

企业应建立并保持程序用来标示、保存、处置安全健康记录和审核及评审结果。安全健康记录应字迹清楚、标示明确，并可追溯相关活动。其保存和管理应便于查询，避免损坏、编制或遗失，应规定并记录其保存期限。

11. 审核

企业应建立并定期开发对安全健康管理体系（安全保证体系）进行审核的方案及程序。判定体系是否符合安全健康管理规范要求，是否得到正确实施和保持，是否有效地满足企业的方针和目标。评审以前审核的结果，向管理者报送审核结果的信息。对审核方案及审核程序的要求是审核方案（报考时间表）应立足于企业活动的风险评价结果以及以前审核的结果。审核程序应包括审核的范围、频率、方法和对审核人员的能力要求以及初稿审定和报告审核结果的职责和要求。

12. 管理评审

企业最高领导者应按自己预定的时间间隔对体系进行评审，以确保体系的持续适宜性、充分性和有效性。

（1）管理评审过程应确保收集到必需的信息，供给管理者进行评价。

（2）根据体系审核结果、不断变化的客观环境和对持续改进的承诺，通过管理评审指出方针、目标以及体系其他组成部分可能需要进行的修改。评审工作应形成文件，并将有关结果向负责安全健康管理体系（安全保证体系）相关组成部分的人员（安全健康委员、员工及其代表）通报，以便他们能采取行动。

三、安全生产管理制度及措施

目前，我国已经具有比较成熟的安全生产管理制度，主要包括安全生产责任制度、安全教育制度、安全检查制度、安全措施制度、安全监察制度、伤亡事故和职业病统计报告处理制度、"三同时"制度、安全预评价制度等。

1. 安全生产责任制度

安全生产责任制度是最基本的安全管理制度，是所有安全生产管理制度的核心。安全生产责任制是根据我国安全生产方针"安全第一，预防为主"和安全生产法规建立的各级领导、职能部门、工程技术人员、岗位操作人员在劳动生产过程中对安全生产层层负责的制度。各级安全生产责任制度的基本要求包括：第一，企业经理是企业安全生产的第一责任人；第二，项目经理应对本项目的安全生产工作负领导责任。

企业实行安全生产责任制的内容分为两个方面：纵向方面是各级人员的安全生产责任制，即各类人员（从最高管理者、管理者代表到项目经理）的安全生产责任制；横向方面是各个部门的安全生产责任制，即各职能部门（如安全环保、设备、技术、生产、财务等部门）的安全生产责任制。

2. 安全教育制度

安全教育是提高员工安全素质，实现安全生产的基础，只有加强安全教育工作，才能使安全工作适应不断变革的形势需要。根据建设部《建筑企业职工安全培训教育暂行规定》（建教〔1997〕83号）的有关规定，企业安全教育一般针对决策层（法人代表）、管理层、安全专业管理人员、员工四种对象。

（1）企业决策层（法人代表）的安全教育。

企业决策层的安全教育重点放在方针政策、安全法规、标准的宣贯。

（2）管理层的安全教育。

管理人员包括企业领导、项目经理、技术负责人、技术干部、行政管理干部、企业安全管理人员、班组长和安全员。不同层级的管理人员，安全教育的侧重内容亦不同。

（3）企业安全专业管理人员的安全教育。

企业的安全专业管理人员是企业安全生产管理和技术实现的具体实施者，是企业安全生产的"正规军"。其培训的内容主要包括安全科学、安全工程学、安全工程、专业安全知识、计算机方面的知识等。

（4）企业员工的安全教育。

企业员工的安全教育主要有新员工上岗前的三级安全教育，改变工艺和变换岗位安全教育和经常性安全教育等不同形式。

① 新员工上岗前的三级安全教育。三级通常是指进厂、进车间、进班组，对建设工程来说，具体指企业（公司）、项目（或工区、工程处、施工队）、班组三级。

② 改变工艺和变换岗位时的安全教育。改变工艺和变换岗位时的安全教育分以下两种情况：

a. 企业（或工程项目）在实施新工艺、新技术或使用新设备、新材料时的安全教育（即"四新"安全教育）。企业（或工程项目）在实施新工艺、新技术或使用新设备、新材料时，必须对有关人员进行相应级别的安全教育，要按新的安全操作规程教育和培训参加操作的岗位员工和有关人员，使其了解新工艺、新设备、新产品的安全性能及安全技术，以适应新的岗位作业的安全要求。

b. 组织内部员工工作岗位变换时的安全教育。当组织内部员工从一个岗位调到另外一个岗位，或从某工种改变为另一工种，或因放长假离岗一年以上重新上岗时，企业必须进行相应的安全技术培训和教育，使其掌握现岗位安全生产特点和要求。

③ 经常性安全教育。经常性安全教育，也叫日常性安全教育。无论何种教育都不可能是一劳永逸的，安全教育同样如此，必须坚持不懈、经常不断地进行，这就是经常性教育。只有经常性的安全教育，才能激发员工安全生产的热情，使员工重视和真正实现安全生产。

经常性安全教育的形式有每天的班前班后会上说明安全注意事项，安全活动日，安全生产会议，事故现场会，张贴安全生产招贴画、宣传标语及标志等。

此外，暂行规定中还规定了特种作业人员的安全教育、复工教育以及其他教育。

（1）特种作业人员的安全教育。

国家安全生产监督管理总局令（第30号）《特种作业人员安全技术培训考核管理规定》

中指出：特种作业是指容易发生事故，对操作者本人和他人的安全健康及设备、设施的安全可能造成重大危害的作业。特种作业的范围由特种作业目录规定，包括电工作业、焊接与热切割作业、高处作业、制冷与空调作业、煤矿安全作业、金属非金属矿山安全作业、石油天然气安全作业、冶金（有色）生产安全作业、危险化学品安全作业、烟花爆竹安全作业和安全监管总局认定的其他作业。特种作业人员，是指直接从事特种作业的从业人员。从事特种作业的人员，必须经专门的安全技术培训并考核合格，取得《中华人民共和国特种作业操作证》（以下简称特种作业操作证）后，方可上岗作业。

特种作业人员一般每隔两年还要进行复训教育。由于特种作业人员不同于其他一般工种，它在生产活动中担负着特殊的任务，危险性较大，容易发生重大事故。一旦发生事故，对整个企业的生产就会产生较大的影响，因此必须进行专门的复训训练。按国家有关规定，每隔两年要进行一次复训，由设备、教育部门编制计划，聘请教师上课。企业应建立"特种作业人员复训教育卡"。

（2）复工教育。

复工教育是指职工离岗三个月以上的（包括三个月）和工伤后上岗前的安全教育。教育内容及方法和车间、班组教育相同。复工教育后要填写"复工安全教育登记表"。

（3）其他教育。

其他教育包括季节教育、节日教育和检修前的安全教育等。

3. 安全检查制度

安全检查制度是清除隐患、防止事故、改善劳动条件的重要手段，是企业安全生产管理工作的一项重要内容。根据检查的目的和内容不同，应成立相应安全生产检查工作的检查组，深入生产现场进行检查，采用安全检查表和实测实量等手段，进行定性定量的安全评价。

根据施工的特点，安全检查的内容主要有查思想、查管理、查隐患、查整改、查事故处理。安全检查最有效的工具是安全检查表。安全检查表是为检查企业的安全状况而事先拟定好的问题清单。根据安全检查的需要，可以编制各种类型的安全检查表，其中有针对企业综合型的安全检查表，还有面向车间、工段、岗位等不同层次的安全检查表。对于新设计的工艺设备，还可以制订设计审查用的检查表。

安全检查的形式主要有：① 作业岗位日常检查；② 安全人员日常巡查；③ 定期综合性安全检查；④ 专业安全检查；⑤ 季节性安全检查。

4. 安全措施制度

安全措施制度指企业进行生产活动时，必须编制安全措施计划。它是企业有计划地改善劳动条件和安全卫生设施，防止工伤事故和职业病的重要措施，对企业加强劳动保护，改善劳动条件，保障职工的安全和健康，促进企业生产经营的发展起着积极的作用。安全措施的范围包括以下三个方面：

（1）安全技术措施。安全技术措施是施工组织设计中的重要组成部分，它是具体安排和指导工程安全施工的安全管理与技术文件。它针对每项工程在施工过程中可能发生的事故隐患和可能发生安全问题的环节进行预测，从而在技术上和管理上采取措施，消除或控制施工过程中的不安全因素，防范事故的发生。

安全技术措施主要包括进入施工现场的安全规定，地面及深坑作业的防护，高处及立体交叉作业的防护，施工用电安全，机械设备的安全使用，对于采用的新工艺、新材料、新技术和新结构制订的专门安全技术措施，防火防爆措施等。

（2）职业卫生措施。职业卫生设施是指预防职业病和改善卫生环境的必要措施，具体包括防尘、防毒、噪音、通风、照明、取暖、降温等措施。

（3）安全宣传教育措施。安全宣传教育措施是为了宣传普及有关安全生产法律、法规、基本知识所需要的措施。安全宣传教育措施的主要内容有安全生产教材、图书、资料，安全生产展览，安全生产规章制度，安全操作方法训练设施等。

5. 安全监察制度

安全监察制度是指国家法律、法规授权的行政部门，代表政府对企业的生产过程实施职业安全卫生监察，以政府的名义，运用国家权力对生产单位在履行职业安全卫生职责和执行职业安全卫生政策、法律、法规和标准的情况依法进行监督、检举和惩戒的制度。

职业安全卫生监察机构的监察活动是以国家整体利益出发，依据法律、法规对政府和法律负责，它既不受行业部门或其他部门的限制，也不受用人单位的约束。职业安全卫生监察机构对违反安全卫生法律、法规、标准的行为，有权采取行政措施，并具有一定的强制性特点。

6. 伤亡事故和职业病统计报告及处理制度

伤亡事故和职业病统计报告及处理制度是我国职业健康安全的一项重要制度。

伤亡事故和职业病统计报告及处理制度的内容为依照国家有关法规的规定进行事故的报告、统计以及进行事故的调查和处理。

7. "三同时"制度

"三同时"制度指凡是我国境内新建、改建、扩建的基本建设项目、技术改建项目和引进的建设项目，其安全生产设施必须符合国家规定的标准，必须与主体工程同时设计、同时施工、同时投入生产和使用。安全生产设施主要是指安全技术方面的设施、职业卫生方面的设施和生产辅助性设施。

《中华人民共和国劳动法》第五十三条规定："新建、改建、扩建工程的劳动安全卫生设施，必须与主体工程同时设计、同时施工、同时投入生产和使用"。

《中华人民共和国安全生产法》第二十四条规定："生产经营单位新建、改建、扩建工程项目的安全设施，必须与主体工程同时设计、同时施工、同时投入生产和使用。安全设施投资应当纳入建设项目概算"。

8. 安全预评价制度

安全预评价是指根据建设项目可行性研究报告内容，分析和预测该建设项目可能存在的危险和有害因素的种类和程度，提出合理可行的安全对策措施及建议。

安全预评价的目的是贯彻"安全第一、预防为主"方针，为工程项目初步设计提供科学依据，以利于提高工程项目本职安全程度。开展安全预评价工作，是企业实施科学化和规范化安全管理的工作基础。科学、系统地开展安全评价工作，不仅直接起到了消除危险有害因素、减少事故发生的作用，有利于全面提高企业的安全管理水平，而且有利于系统地、有针对性地加强对不安全状况的治理、改造，最大限度地降低安全生产风险。

四、生产安全事故分类及处理

1. 生产安全事故分类

1) 按《企业伤亡事故分类标准》分类

我国《企业伤亡事故分类标准》规定，职业伤害事故分为20类，其中与建筑业有关的有12类，包括物体打击、车辆伤害、机械伤害、起重伤害、触电、灼烫、火灾、高处坠落、坍塌、火药爆炸、中毒和窒息及其他伤害。

物体打击：指落物、滚石、锤击、碎裂、崩块、砸伤等造成的人身伤害，不包括因爆炸而引起的物体打击。

车辆伤害：指被车辆挤、压、撞和车辆倾覆等造成的人身伤害。

机械伤害：指被机械设备或工具绞、碾、碰、割、戳等造成的人身伤害，不包括车辆、起重设备引起的伤害。

起重伤害：指从事各种起重作业时发生的机械伤害事故，不包括上下驾驶室时发生的坠落伤害（属于高处坠落），起重设备引起的触电（属于触电），检修时制动失灵造成的伤害（机械伤害）。

触电：触电是电击伤的俗称，通常指人体直接触及电源或高压电时，经过空气或其他介质传递的电流通过人体时引起的组织损伤和功能障碍，重者发生心跳和呼吸骤停。

灼烫：指火焰引起的烧伤，高温物体引起的烫伤，强酸或强碱引起的灼伤和放射线引起的皮肤损伤等，不包括电烧伤及火灾事故引起的烧伤。

火灾：在火灾时造成的人体烧伤、窒息、中毒等。

高处坠落：由于重力势能差引起的伤害，包括从架子、屋架上坠落以及平地坠入坑内等。

坍塌：指建筑物、堆置物倒塌以及土石塌方引起的事故伤害。

火药爆炸：指在火药的生产、运输、储藏过程中发生的伤亡事故。

中毒和窒息：指煤气、油气、沥青、化学、一氧化碳中毒等。

其他伤害：包括扭伤、跌伤、冻伤、野兽咬伤等。

2) 按照事故后果严重程度分类

按照事故后果的严重程度，可分为以下六类：

（1）轻伤事故：造成职工肢体或某些器官功能性或器质性轻度损伤，表现为劳动能力轻度或暂时丧失的伤害，一般每个受伤人员休息1个工作日以上、105个工作日以下。

（2）重伤事故：一般指受伤人员肢体残缺或视觉、听觉等器官受到严重损伤，能引起人体长期存在功能障碍或劳动能力有重大损失的伤害，或者造成每个受伤人休息105个工作日以上的失能伤害。

（3）死亡事故：一次事故中死亡人数为1~2人的。

（4）重大伤亡事故：一次事故中死亡3人以上（含3人）的。

（5）特大伤亡事故：一次事故中死亡10人以上（含10人）的。

（6）急性中毒事故：指生产性毒物一次或短期内通过人的呼吸道、皮肤或消化道大量进入体内，使人体在短时间内发生病变，导致职工立即中断工作，必须进行急救或死亡的事故；急性中毒的特点是发病快，一般不超过1个工作日，有的毒物因毒性有一定的潜伏期，可在下班后数小时发病。

2．安全事故处理原则

一般工程项目安全事故处理实行四不放过原则，即：

（1）事故原因未查清不放过。

（2）责任人员未处理不放过。

（3）整改措施未落实不放过。

（4）有关人员未受到教育不放过。

3．安全事故处理程序

安全事故处理的一般程序分为三个部分：

（1）事故报告。

（2）事故调查。

（3）事故处理。

4．安全事故调查

轻伤、重伤事故调查由企业负责人或指定人员组织；死亡事故调查由企业主管部门会同安全行政管理部门、劳动部门、公安部门、工会一同参加；重大伤亡事故调查由有关主管部门会同同级事故调查组进行，且应当邀请人民检察院派员参加。

事故调查组的责任有以下四个方面：

第一，查明事故发生原因、过程和人员伤亡、经济损失情况；

第二，确定事故责任者；

第三，提出事故处理意见和防范措施的建议；

第四，写出事故调查报告。

事故调查组提出事故处理意见和防范措施建议，由发生事故的企业及其主管部门负责处理。伤亡事故处理工作应在 90 日内结案，特殊情况不得超过 180 日。企业职工伤亡事故统计实行以地区考核为主的制度。安全生产行政主管部门对各部门的企业职工伤亡事故情况实行分级考核。

第三节 工程项目环境管理体系及措施

一、环境管理概述

1．环境管理的概念

广义的环境管理指在环境容量的允许下，以环境科学的理论为基础，运用行政、法律、经济、教育和科学技术手段，协调社会经济发展同环境保护之间的关系，处理国民经济各部门、各社会集团和个人有关环境问题的相互关系，使社会经济发展在满足人们物质和文化生活需要的同时，不对环境造成污染和破坏生态平衡。由于环境管理的内容涉及土壤、水、大气、生物等各种环境因素，环境管理的领域涉及经济、社会、政治、自然、科学技术等方面，环境管理的范围涉及国家的各个部门，所以环境管理具有高度的综合性。

2．环境管理的任务

一般说来，社会经济发展对生态平衡的破坏和造成的环境污染，主要是由于管理不善导致的。所以环境管理的任务是在保证经济得到长期稳定增长的同时，使人类有一个良好的生存和生产环境。

对于工程项目来说，环境管理的主要任务有以下两点：

（1）保护和改善环境质量，从而保护人们的身心健康，防止人体在环境污染影响下产生遗传突变和退化。

（2）合理开发和利用自然资源，减少或消除有害物质进入环境，加强生物多样性的保护，维护生物资源的生产能力，使之得以恢复。

3. 环境管理的内容

环境管理的内容有广义、狭义之分。广义的环境管理包括环境计划的管理、环境质量的管理以及环境技术的管理。

（1）环境计划的管理。环境计划包括工业交通污染防治计划、城市污染控制计划、流域污染控制计划、自然环境保护计划以及环境科学技术发展计划、宣传教育计划等，还包括调查、评价特定区域的环境状况的基础区域环境规划。

（2）环境质量的管理。环境质量的管理主要包括有组织地制定各种质量标准、各类污染物排放标准并进行监督检查工作，组织调查、监测和评价环境质量状况以及预测环境质量变化趋势。

（3）环境技术的管理。环境技术的管理主要包括确定环境污染和破坏的防治技术路线和技术政策，确定环境科学技术发展方向，组织环境保护的技术咨询和情报服务，组织国内和国际的环境科学技术合作交流等。

狭义的环境管理指针对不同行业、不同领域实施环境管理的内容。对工程项目而言，环境管理的具体内容包括以下几点：

（1）预防和治理由生产和生活活动所引起的环境污染。

（2）防止由建设和开发活动引起的环境破坏。

（3）保护有特殊价值的自然环境。

（4）其他，如防止臭氧层破坏，防止气候变暖，国土整治，城乡规划，植树造林，控制水土流失和荒漠化等。

二、环境管理体系的组成

环境管理体系由 5 个一级要素和 17 个二级要素组成，如表 10-2 所示。

表 10-2　环境管理体系一、二级要素

一　级　要　素	二　级　要　素
（一）环境方针	1. 环境方针
（二）规划（策划）	2. 对危险源辨识、风险评价和风险控制的策划
	3. 法规和其他要求
	4. 目标和指标
	5. 环境管理方案
	6. 组织结构和职责

续表

一级要素	二级要素
（三）实施和运行	7. 培训、意识和能力
	8. 信息交流
	9. 环境管理体系文件
	10. 文件控制
	11. 运行控制
	12. 应急准备和响应
（四）检查和纠正措施	13. 监测和测量
	14. 不符合、纠正和预防措施
	15. 记录
	16. 环境管理体系审核
（五）管理评审	17. 管理评审

三、工程项目环境管理的内容

工程项目环境管理的内容包括现场文明施工、现场环境保护、规范场容场貌、现场消防保安及卫生防疫等。

1. 现场文明施工

现场文明施工指保持施工场地整洁、卫生，施工组织科学，施工程序合理的一种施工活动。实现文明施工，不仅要做好现场的场容管理工作，而且要做好现场材料、设备、安全、技术、保卫、消防和生活卫生等方面的管理工作。一个工地的文明施工水平是该工地乃至所在企业各项管理工作水平的综合体现。

现场文明施工的主要内容包括以下几个方面：

1）现场布置

施工现场将按照施工进度和施工方案的要求，设计编制具有针对性的场地布置，使材料堆放和施工运作既顺畅又合理；并从安全管理、宣传教育等方面考虑，使在安全工作的开展得到有力的保证。

2）现场围挡

施工区与办公区分隔，施工现场与外界道路分隔，沿工程四周连续设置高度为 2.5 米的围墙，做到坚固、稳定、美观，内外必须经粉刷，外立面基调为白色，从视觉上形成整体感和稳定感。围墙上书写内容为建设单位、勘察单位、设计单位、施工单位、监理单位等。

3）封闭管理

（1）在施工现场进出口设置大门，一般高度为 2.5 米，两侧门墩高度为 3.2 米；大门上设企业标志，上面书写企业名称；大门的颜色为白色，大门装两扇内开门，总宽度为 5 米。建筑企业的标志在每个门的中间，要求保证标志的完整、位置的恰当。

（2）大门边设门卫室，门卫应由专职保卫人员担任，24 小时值勤巡逻。门卫室内应有门卫制度、保卫人员名单及职责，并建立人员出入登记档案。项目管理和施工人员进入施工现场，必须遵守各项安全制度，正确佩带安全帽和胸卡。

4）施工现场

现场地面门口主干道、办公室前进行硬化，做到畅通、平坦、整洁无散落物；同时沿硬化地坪边做好场地内的临时给排水系统，使场地排水畅通、无积水；在工地设置吸烟室，严禁随意吸烟，并在空旷处进行绿化布置。

5）材料堆放

工地建筑材料和周转材料应按施工总平面图堆放，材料分类归堆整齐，插挂名称、品种、规格标牌，做到一目了然；在油漆、氧气、乙炔瓶等易燃易爆处设明显的危险标志；现场建筑垃圾集中堆放整齐，强调各工种施工人员每天必须做好清理工作。

6）现场防火

施工现场严格执行防火责任制。防火和易燃易爆物由专人管理，配备足够数量且符合要求的消防器材（灭火器和消防箱等），并做到布局合理；木工房、仓库及存有易燃易爆物品处严禁吸烟并采取特殊的安全措施。

7）治安综合管理

加强现场施工人员安全、文明、礼貌教育，制定治安保卫制度，落实责任，分解到人。职工应遵守操作规程，注重精神文明建设，工地设置学习和娱乐室，开展形式多样的职工文体活动；严禁赌博、斗殴及其他违法行为，积极配合社会治安综合整治，做好各项工作；不仅要使职工减除后顾之忧，提高工作效率，同时也要加强现场的精神文明建设。

8）施工现场标牌

工地内办公区旁设五牌一图，工地内张挂统一的安全标语、横幅、各种禁令标志，设置宣传栏、读报栏等。

9）生活设施

设置三格式厕所，天棚吊顶、墙面刷白，墙裙、便槽用瓷砖贴面，地面用地砖，简易化粪池接通排水系统，由专人打扫消毒；工地楼层内每层应设置便桶，设有标志，由专人负责清理。

10）现场办公和保健急救

（1）现场搭设临时房作为办公室，室内天棚吊顶刷白，墙面张挂进度计划表、施工许可证、各专业人员岗位责任制、各项安全管理制度、安全管理网络图、质量体系图、项目经理资质证书、晴雨表等，各种质量、安全技术资料分门别类整理。

（2）工地配备保健医药箱，内装各种急救药品和器具；建立急救措施，配备急救器材；安排经培训的急救人员开展卫生防病宣传教育。

11）社区服务

工地对产生噪音、振动的施工机械采取有效的控制措施，做好防粉防尘措施；制订现场不扰民措施，合理安排作息时间，调整劳动力和机械的配备使用；特殊情况需连续施工的应报市环保局批准后，张挂安民告示，做好周围居民的解释工作。

12）施工现场防火技术措施

（1）编制施工组织设计时，施工现场总平面布置图、施工方法和施工技术均符合消防安全要求，消防设施应在总平面图中反映。

（2）施工现场明确划分用火作业、易燃可燃材料堆场、仓库、易燃废品集中站和生活区等区域分离。

（3）施工现场配备足够的消防器材，指定专人维护、管理、定期更新，保证完整好用，30米以上的建筑物要随层做好消防水源并设加压泵，每层留有消防水源接口。

（4）施工现场严禁吸烟，或按要求设置吸烟室。

（5）焊割作业点与氧气瓶、乙炔瓶等危险物品的距离不得少于10米，与易燃易爆品的距离不得少于30米。

（6）乙炔瓶与氧气瓶的存放距离不得小于2米，使用时两者的距离不得少于5米。

（7）乙炔瓶与氧气瓶等焊割设备上的阀、表等附件应完整有效，否则不准使用。

（8）施工现场的焊割作业，必须符合防火要求，严格执行"十不烧"规定。

（9）施工现场进行大面积或特殊环境的明火作业时，应办理动火审批手续并确定监护人。

（10）施工现场用电，应严格执行《施工现场临时用电安全技术规范》，加强电源管理，防止发生火灾。

（11）临时木工间、油漆间、木工机具间等，每25平方米应配置一个种类合适的灭火器，油库、危险品仓库应配备足够数量、种类合适的灭火器。

（12）严禁在屋顶用明火熔化沥青。

（13）发现火警和火灾，应当迅速报警，并积极组织力量扑救。

（14）定期向职工进行防火安全教育和消防教育，提高职工消防安全能力和防火警惕性。

（15）由项目部专职安全员负责施工现场每月消防安全检查，检查要有记录和整改措施及落实情况。

（16）对违反消防安全规定造成火灾的有关人员进行必要处罚，情节严重的依法追究其责任。

13）明火作业审批制度

（1）使用电气设备和化学危险物品，必须符合技术规范和操作规程，严格执行防火措施，确保施工安全，禁止违章作业。

（2）施工作业用火必须经项目部审查、批准后方可作业，许可证只有在指定的地点和时间内有效。

（3）存在火灾危险因素的场所禁止运用明火。确需动用明火时，必须事先办理审批手续，采用严密的消防措施，并有专人定点监护，切实保证安全。

（4）动用电气焊，必须由专业人员进行，并持证上岗。

14）防火检查制度

（1）防火领导小组成员，除每日进行防火检查外，在每月项目部组织的检查中，由组长带领组员，细致地检查工地的防火情况，及时发现隐患，及时消除，将火苗消灭于萌芽状态。

（2）对于防火检查内容，除公司制定的防火检查制度外，结合本工地的实际情况，应对木模堆放点、木工间等地及时检查，发现问题及时提出整改措施，并及时做好整改复查。

（3）决不放过一点一星火种，对造成火灾者，根据情节轻重除给予不同行政处理外，还要给予一定的经济处罚。

（4）检查人员必须认真负责，绝不可掉以轻心、马虎从事，对不负责任的职工除教育外，必要时给予严肃的处理。

15）易燃易爆物资存放与管理制度

（1）施工材料的存放、保管应符合防火安全的要求，易燃易爆物品应专库、分类、单独堆放，保持通风；用电符合防火规定。

（2）化学易燃物品和压缩或可燃性气体容器等，应按其性质设置专用库房存放。

（3）建设工程内部不准作为仓库使用，不准积存易燃可燃材料。

（4）使用易燃易爆物品时，必须严格执行防火措施，指定防火负责人，配备灭火器材，确保施工安全。

（5）领用易燃易爆物品时，仓库保管员必须进行登记工作，作业完入库时进行检查，以确保每次领用时都能做到心中有数。

2．现场环境保护

环境保护指人类为解决现实或潜在的环境问题，协调人类与环境的关系，保障经济社会的持续发展而采取的各种行动的总称。建筑施工过程中，会从方方面面对自然环境造成污染。《建筑法》规定，建筑施工企业应当遵守有关环境保护和安全生产的法律、法规，采取措施控制和处理施工现场的各种粉尘、废气、废水、固体废弃物以及噪声、振动对环境的污染和危害。

施工现场环境保护的措施主要包括以下几个方面：

1）大气污染的防治

施工现场的大气污染物主要有气体状态污染物、粒子状态污染物。其主要防治措施有以下几种：

（1）严格控制施工现场和施工运输过程中的扬尘和飘尘对周围大气的污染，可采用清扫、洒水、遮盖、密封等措施降低污染，如施工现场垃圾渣土要及时清理出现场；清理高大建筑物施工垃圾时，要采用封闭式的容器或者采取其他措施处理高空废弃物，严禁凌空随意抛撒；施工现场道路应指定专人定期洒水清扫，形成制度，防治道路扬尘；车辆开出工地要做到不带泥沙，基本做到不洒土、不扬尘，减少对周围环境污染；对于如水泥、粉煤灰、白灰等细颗粒散体材料的运输、储存要注意遮盖、密封，防止和减少飞尘；在容许设置搅拌站的工地，应将搅拌站封闭严密，并在进料仓上方安装除尘装置，采用可靠措施控制工地粉尘污染；拆除建筑物时，应适当洒水，防治扬尘等。

（2）严格控制有毒有害气体的产生和排放，如禁止在施工现场随意焚烧油毡、橡胶、塑料、皮革、树叶、枯草、各种包装物等废弃物品，以及其他会产生有毒、有害气体的物质，尽量不使用有毒有害的涂料等化学物质。

（3）所有机动车的尾气排放应符合国家现行标准。

（4）严格控制工地茶炉和锅炉的烟尘排放，如工地茶炉应尽量采用电热水器，若只能使用烧煤茶炉和锅炉时，应选用消烟除尘型茶炉和锅炉，大灶应选用硝烟节能回风锅炉，使烟尘降至允许排放范围为止。

2）水污染的防治

施工现场的水污染主要包括现场施工废水和固体废弃物随水流流入水体的污染废水，如泥浆、水泥、混凝土添加剂、油漆、有机容器、重金属、酸碱盐等。施工过程中水污染的防治措施主要包括以下几个方面：

（1）禁止将有毒有害废弃物作土方回填。

（2）施工现场搅拌站废水、现制水磨石的污水、电石的污水必须经沉淀池沉淀合格后再排放，最好将沉淀水用于工地洒水降尘或采取措施回收利用。

（3）现场存放油料时，必须对库房地面进行防渗处理，如采用防渗混凝土地面，铺油毡等措施；使用时，要采取防止油料跑、冒、漏的措施，以免污染水体。

（4）施工现场容纳100人以上的临时食堂，污水排放时需设置有效的隔油池，定期清理，防止污染。

（5）工地临时厕所应采用水冲式厕所，并有防蝇、灭蛆措施，防止污染水体和环境。

（6）化学用品、外加剂等要妥善保管，库内存放，防止污染环境。

3）噪声的防治

噪声按震动性质分为气体动力噪声、机械噪声及电磁噪声；按噪声来源可分为交通噪声、工业噪声、建筑施工噪声及社会生活噪声。施工现场噪声控制技术可以从声源控制、传播途径控制及接收者防护等方面考虑。

（1）声源控制。可以通过选用噪声小的施工工艺来控制噪声，如采用免振捣混凝土，可减少噪声的强度。

（2）传播途径控制。可以通过采用吸声、隔声、消声、减震降噪等设备来控制噪声。

（3）接收者防护。减少相关人员在噪声环境中的暴露时间，以减轻噪声对人体的伤害。

（4）控制强噪声作业时间。凡在人口稠密区进行强噪声作业时，必须严格控制作业时间，晚10点到次日早6点之间停止强噪声作业。

（5）爆破作业。施工中需要进行爆破作业的，必须经上级主管部门审查同意，并持说明爆破器材的使用地点、品名、数量、用途、四邻距离的文件和安全操作规程，向所在地县、市公安局申请"爆破物品使用许可证"方可进行作业。

（6）施工现场噪声限值。施工场界噪声限值表：夜间限值均为55分贝，夜间打桩不允许施工；昼间噪声限制按照打桩、土石方、结构、装修分别为85、75、70、65分贝。

4）固体物的处理

施工现场常见的固体废弃物有：建筑渣土，包括砖瓦、碎石、渣土、混凝土碎块、废钢铁、碎玻璃、废屑、废弃装饰材料等；废弃的散装建筑材料，包括散装水泥、石灰等；生活垃圾，包括炊厨废物、丢弃食品、废纸、生活用具、玻璃和陶瓷碎片、废电池、废旧日用品、废塑料制品、废弃煤灰渣、废交通工具等；设备、材料等的废包装材料；粪便等。建筑垃圾应有指定堆放地点，并随时进行清理。高空废弃物可使用密闭式的圆管作为传送管道或者采用其他措施处理。提倡采用商品混凝土，要减少建筑垃圾的数量。

固体废弃物处理的基本思想是采取资源化、减量化和无害化，主要处理方法如下：

（1）回收利用。回收利用是对个体废物进行资源化处理的主要手段之一。

（2）减量化处理。减量化是对已经产生的固体废物采取分选、破碎、压实浓缩、脱水等措施减少其最终处置量，以减少对环境的污染。

（3）焚烧技术。焚烧用于不适合再利用且不宜直接予以填埋处置的废物，尤其是对于受到病菌、病毒污染的物品，可以用焚烧进行无害化处理。焚烧处理应使用符合环境要求的处理装置，注意避免对大气的二次污染。

（4）稳定和固化技术。稳定和固化技术是利用水泥、沥青等胶结材料，将松散的废物包裹起来，减少废物的毒性和可迁移性，使得污染减少。

（5）填埋。填埋是将经过无害化、减量化处理的废物残渣集中到填埋场进行处置。填埋应注意保护周围的生态环境，并注意废物的稳定性和长期安全性。

3．场容管理

现场的入口应设置大门，并标明消防入口。有横梁的大门高度应考虑起重机等机械的运入，也可设置成无横梁或横梁可取下的大门。入口大门以设立电动折叠门为宜。目前，不少企业已设计了标准的施工现场大门作为企业的标志。

（1）现场入口处应有标牌，标牌上应标注以下信息：

① 工程概况牌。

② 安全纪律牌。

③ 防火须知牌。

④ 安全无重大事故牌。

⑤ 安全生产、文明施工牌。

⑥ 施工总平面图。

⑦ 项目经理部组织架构及主要管理人员名单图。

现场标牌由施工单位负责维护。国防及保密工程可不做标牌。

（2）场容管理需划分现场参与单位的责任区。

各参与单位负责本单位所管理的场区，划分的区域应随着施工单位和施工阶段的变化而变化。

（3）现场道路应尽量布置成环形，以便于出入。

消防通道的宽度不小于 3.5 米。现场道路应尽量利用已有道路，或根据永久道路的位置，先修路基作为临时道路以后再做路面。施工道路的布置要尽量避开后期工程及大门入口处的上方，如有障碍应设高度标志，防止超高车辆碰撞。

（4）现场的临时维护包括周边维护和措施性维护。

周边维护指现场周围的维护，如市区工地的维护设施高度应不低于 1.8 米，临街的脚手架也应当设置相应的维护措施。措施性维护指对特殊地区的维护，如危险品库附近应有标志及围挡，起重机臂杆越过高压电缆应设置隔离棚等。有的城市已规定塔式起重机越过场外地区时必须设安全棚。

（5）施工现场应有排水设施。

施工现场应做到场内不积水，不积泥浆，保证道路干燥坚实。工地地面应做硬化处理。

4．现场消防保安

（1）施工现场消防管理应注意现场的主导风向。特别需要注意的是，受到建筑物的影响，城市各个地区风向有明显的差异。以北京为例，北京市出现偏南风和偏北风的频率较高，但青年湖地区受建筑物的影响，几乎终年吹东南偏东风和东南偏南风。在安排疏散通道时以安排在上风口为宜。

（2）室外消防道路的宽度不得少于 3.5 米，消防宽度不能为环形，应在适当地点修建车辆回转场地。施工现场进水干管直径不应小于 100 毫米。现场消火栓的位置应在施工总平面图中作规划。消火栓处昼夜要设有明显标志，配备足够的水龙带，其周围 3 米内，不准存放任何物品。高度超过 24 米的工程应设置消防竖管，管径不得少于 65 毫米，并随楼层的升高每隔一层设一处消火栓口，配备水龙带。消防竖管位置应在施工立体组织设计中确定。

（3）现场应设立门卫，根据需要设置流动警卫。非施工人员不得擅自进入施工现场。由于建筑现场人员众多，入口处设置进场登记的方法很难达到控制无关人员进入的目的，因此，提倡采用施工现场工作人员佩戴证明其身份的证卡，并以不同的证卡标志各种人员的方式。有条件时可采用进退场人员磁卡管理，在磁卡上记有所属单位、姓名、工作期限等信息。人员进退场时必须通过入口处划卡，这种方式除了防止无关人员的进场外，还可起到随时统计在场人员的作用。

5．卫生防疫

1）卫生管理

施工现场不宜设置职工宿舍，必须设置时应尽量和建筑物分开。现场应准备必要的医务设施，在办公室内显著地点张贴急救车和有关医院电话号码，根据需要制订防暑降温措施，进行消毒、防病工作。

2）防疫管理

防疫管理的重点是食堂管理和现场卫生。

食堂管理应当从组织施工时就进行策划。现场食堂应按现场就餐人数安排食堂面积、设施及炊事员和管理人员。食堂卫生必须符合《中华人民共和国食品卫生法》和其他有关卫生管理规定的要求。炊事人员应经定期体检，合格后方可上岗，炊具应严格消毒，生熟食应分开。材料及半成品经检验合格，方可采用。

四、环境管理的制度及手段

1．环境管理的制度

《环境保护法》第四章对我国长期以来实行的行之有效的环境管理制度进行了总结，并作出了11条规定。目前我国环境管理的制度主要有八项：① 环境影响评价制度；② "三同时"制度；③ 排污收费制度；④ 环境保护目标责任制；⑤ 城市环境综合整治定量考核制度；⑥ 排污许可证制度；⑦ 污染集中控制制度；⑧ 污染源限期治理制度。

2．环境管理的手段

环境管理的手段主要包括行政手段、法律手段、经济手段及宣传教育。

1）行政手段

行政手段主要指国家和地方各级行政管理机关，根据国家行政法规所赋予的组织和指挥权力，制定方针、政策，建立法规，颁布标准，进行监督协调，对环境资源保护工作实施行政决策和管理。其内容主要包括环境管理部门定期或不定期地向同级政府机关报告本地区的环境保护工作情况，对贯彻国家有关环境保护方针、政策提出具体意见和建议；组织制定国家和地方的环境保护政策、工作计划和环境规划，并把这些计划和规划报请政府审批，使之具有行政法规效力；运用行政权力对某些区域采取特定措施，如划分自然保护区、重点污染防治区和环境保护特区等；对一些污染严重的工业、交通企业要求限期治理，甚至勒令其关、停、并、转、迁；对易产生污染的工程设施和项目，采取行政制约的方法，如审批开发建设项目的环境影响评价书，审批新建、扩建、改建项目的"三同时"设计方案，发放与环境保护有关的各种许可证，审批有毒有害化学品的生产、进口和使用等；管理珍稀动植物物种及其产品的出口、贸易事宜；对重点城市、地区、水域的防治工作给予必要的资金或技术帮助等。

　　2）法律手段

　　法律手段是环境管理的一种强制性手段，依法管理环境是控制并消除污染，保障自然资源合理利用并维护生态平衡的重要措施。环境管理一方面要靠立法，把国家对环境保护的要求、做法全部以法律形式固定下来，强制执行；另一方面还要靠执法，环境管理部门要协助和配合司法部门对违反环境保护法律的犯罪行为进行斗争，协助仲裁；按照环境法规、环境标准来处理环境污染和环境破坏问题，对严重污染和破坏环境的行为提起公诉，甚至追究法律责任；也可依据环境法规对危害人民健康、财产，污染和破坏环境的个人或单位给予批评、警告、罚款或责令赔偿损失等。我国自20世纪80年代开始，从中央到地方颁布了一系列环境保护法律、法规。目前，已初步形成了由国家宪法、环境保护基本法、环境保护单行法规和其他关于环境保护的法律规范等所组成的环境保护法体系。

　　3）经济手段

　　经济手段是指利用价值规律，运用价格、税收、信贷等经济杠杆，控制生产者在资源开发中的行为，以便限制损害环境的社会经济活动；奖励积极治理污染的单位，促进节约和合理利用资源，充分发挥价值规律在环境管理的杠杆作用。其方法主要包括各级环境管理部门对积极防治环境污染而在经济上有困难的企业、事业单位发放环境保护补助资金；对排放污染物超过国家规定标准的单位，按照污染物的种类、数量和浓度征收排污费；对违反规定造成严重污染的单位和个人处以罚款；对排放污染物损害人群健康或造成财产损失的排污单位，责令对受害者赔偿损失；对积极开展"三废"综合利用、减少排污量的企业给予减免税和利润留成的奖励；推行开发、利用自然资源的征税制度等。

　　4）技术手段

　　技术手段是指借助那些既能提高生产率，又能把对环境污染和生态破坏控制到最小限度的技术以及先进的污染治理技术等来达到保护环境的手段。运用技术手段，实现环境管理的科学化，包括制定环境质量标准，通过环境监测、环境统计方法并根据环境监管资料以及有关的其他资料对本地区、本部门、本行业污染状况进行调查，编写环境报告书和环境公报，组织开展环境影响评价工作，交流推广无污染、少污染的清洁生产工艺及先进治理技术，组织环境科研成果和环境科技情报的交流等。许多环境政策、法律、法规的制定和实施都涉及科学技术问题，所以环境问题解决的好坏，在极大程度上依赖于科学技术水平。没有先进的科学技术，就不能及时发现环境问题，而且即使发现了，也难以控制。例如，兴建大型工程、围湖造田、施用化肥和农药等，常常会产生负的环境效应，这就说明人类没有掌握足够的知识，没有科学地预见人类活动对环境的反作用。

　　5）宣传教育

　　宣传教育是环境管理不可缺少的手段。环境宣传既是普及环境科学知识，又是一种思想动员。通过报刊、杂志、电影、电视、广播、展览、专题讲座、文艺演出等各种文化形式广泛宣传，使公众了解环境保护的重要意义和内容，提高全民族的环保意识，激发公民保护环境的热情和积极性，把保护环境、热爱大自然、保护大自然变成自觉行动，形成强大的社会舆论，从而制止浪费资源、破坏环境的行为。可以通过专业的环境教育培养各种环境保护的专门人才，提高环境保护人员的业务水平；还可以通过基础的和社会的环境教育提高社会公民的环境意识，来实现科学管理环境以及采取提倡社会监督的环境管理措施。

例如，把环境教育纳入国家教育体系，从幼儿园、中小学抓起，加强基础教育，搞好成人教育以及对各高校非环境专业学生普及环境保护基础知识等。

复习思考题

1. 职业健康安全的影响因素有哪些？
2. 建设工程职业健康安全的特点有哪些？
3. 简述安全生产管理的对象。
4. 简述安全生产管理的方法。
5. 简述建筑施工安全保证体系的组成。
6. 简述我国现行的安全生产管理制度。
7. 简述工程项目环境管理体系的内容。
8. 简述工程项目环境管理体系的措施。

第十一章　工程项目信息管理

第一节　工程项目信息概述

一、信息与管理信息

（一）信息与管理信息的含义

信息是指用口头的、书面的或电子的方式传输（传达、传递）的知识、新闻和可靠或不可靠的情报。在管理科学领域中，信息通常被认为是一种已被加工或处理成特定形式的数据，其中声音、文字、数字、图像和网络等都是信息表达或传输的形式。

管理信息是反映与控制管理活动且经过加工的数据，常简称为信息。与人、财、物一样，管理信息也是管理者的基本资源之一。随着工程建设项目向着大型化、复杂化和社会化方向的发展，管理信息资源的作用也越来越重要。

（二）管理信息的特征

管理信息的特征很多，主要表现在以下几个方面：

（1）客观真实性。信息必须客观真实，虚假的信息不仅无用，还会对管理者造成一定的误导。

（2）时间滞后性。信息来源于项目前期的资料、数据和记录，因此，信息总是滞后于事实的发生，即滞后性。

（3）不完全搜集性。项目信息繁多，既包含有用的信息，也可能存在一些无用的信息。对于管理者来说，不可能也没有必要得到全部的信息，信息的搜集或转换应有明确的目的性且应分清主次，这样才能正确地使用信息资源。

（4）信息层次性。管理系统是分层次的，如企业决策层、管理层和作业层，处在不同层次的管理者，对于同一事物所需要的信息也不同，这就要求对信息分层管理。

（5）信息价值性。信息是经过加工后的数据，信息的价值必须经过转换才能实现。

二、工程项目信息

（一）工程项目信息的含义

工程项目信息通常是指工程项目从策划到竣工交付使用过程中经过加工处理且对人们各种具体活动提供参考的资料。工程项目中的信息很多，尤其是项目结束后。

项目参与各方都有各自的信息管理任务，为充分利用和发挥信息资源的价值，提供信息管理的效率，以及实现有序的符合科学的信息管理，各方都应编制各自的信息管理手册，以规范信息管理工作。

（二）工程项目信息的特点

受工程建设项目特征的影响，工程项目信息除具有管理信息的一般特征外，还具有以下特点：

（1）信息量大。这主要是因为项目管理涉及多部门、多环节、多专业、多用途和多渠道、多形式的缘故。

（2）信息系统性强。由于工程项目的单一性和多次性，虽然信息量大，但却都集中于所管理的项目对象，故容易系统化，这就为信息系统的建立和应用创造了非常有利的条件。建设项目信息的形成紧紧围绕着项目本身，与项目建设程序步调一致，建设项目信息的收集、加工、传递及反馈是一个连续的闭合环路，具有明显的系统性。

（3）信息传递中障碍多。在管理信息从发送到接收的过程中，往往由于传递者主观方面的因素，如对信息的理解能力、经验、知识的限制等而发生障碍；也往往因为地区的间隔、部门的分散、专业的隔阂等造成信息传递障碍；传递手段落后或使用不当也容易造成传递障碍。

（4）信息产生的滞后现象。信息是在项目建设和管理的过程中产生的，信息反馈往往要经过一系列的加工、整理、传递，然后才能到达决策者手中，因此往往迟于物流，反馈不及时，容易影响信息作用的及时发挥而造成失误。

（三）工程项目信息的种类及形式

可以从不同的角度对建设工程项目的信息进行分类。按照信息发生的时间不同，可以分为前期决策阶段信息、勘察设计阶段信息、招投标阶段信息、施工阶段信息；按项目信息属性不同，可以分为工程项目组织信息、工程项目管理信息、工程项目经济信息、工程项目技术信息等。

工程项目信息的形式多种多样，包括：书面材料，如图纸及说明、工作条例和规定、施工组织设计、情况报告、原始记录、报表、信件等提供的信息；个别谈话形式，包括口头分配任务、汇报、工作检查、建议、批评、谈判交涉等产生的信息；集体口头形式，包括工作讨论和研究、会议、培训班、检查组、工作队等产生的信息；技术形式，包括广播器、电话、录像、录音等电子信息。项目管理者应当灵活运用各种信息形式，捕捉各种信息并加以合理处理和应用。

（四）工程项目实施中几种流动过程及相互关系

在工程项目的实施过程中将产生如下几种主要流动过程：

（1）工作流。由项目的结构分解得到项目的所有工作，任务书(委托书或合同)确定了这些工作的实施者，再通过项目计划具体安排它们的实施方法、实施顺序、实施时间以及实施过程中的协调等。这些工作在一定时间和空间内实施，便形成项目的工作流。工作流构成项目的实施过程和管理过程，主体是劳动力和管理人员。

（2）物流。工作的实施需要各种材料、设备、能源，它们由外界输入，经过处理转换成工程实体，最终得到项目产品，即由工作流引起物流，表现出工程的物质生产过程。

（3）资金流。资金流是工程过程中价值的运动。例如，从外部投入资金，通过采购变为库存的材料和设备，支付工资和工程款，再转变为已完工程，投入运营后作为固定资产，通过项目的运营取得利益。

（4）信息流。工程项目的实施过程需要信息，同时又不断地产生大量信息。这些信息伴随着工作流、物流和资金流按一定的规律产生、转换、变化和使用，并被传送到相关部门或单位，形成项目实施过程中的信息流。项目管理者设置目标，做决策和各种计划，组织资源供应，领导、激励、协调各项目参加者的工作，控制项目的实施过程都靠信息来实施。依靠信息了解项目实施情况，发布各种指令，计划并协调各方面的工作，完成项目管理任务。

上述四种流动过程之间相互联系、相互依赖又相互影响，共同构成项目实施和管理的过程。在这四种流动过程中，信息流对项目管理有特别重要的意义。信息流将项目的工作流、物流、资金流，各个管理职能、项目组织，以及项目与环境结合在一起。它不仅反映而且控制、指挥工作流、物流、资金流。例如，在项目实施过程中，各种工程文件、报告、报表反映了工程项目的实施情况，反映了工程实施进度、费用、工期状况，各种指令、计划、协调方案又控制和指挥项目的实施。所以，信息流是项目的神经系统。只有信息流通畅，才会有顺利的、有效率的项目实施过程。

三、工程项目信息的作用

在工程项目中，信息有着非常重要的作用，主要表现为以下几个方面：

（1）信息是工程项目管理中不可缺少的资源。

工程项目的建设过程，是人、财、物等资源的投入产出过程，要高效、优质、低耗地完成工程建设任务，必须通过信息的收集、加工和应用实现对上述资源的规划和控制，保证它们按照一定的规律运行，进而实现工程的建设目标。

（2）信息是保证项目管理决策正确的依据。

项目管理决策关系着工程总体目标的实现，而信息则是影响项目管理决策的主要因素，没有可靠、充分的信息作为依据，就做不到正确的决策判断。如为了保证工程的合理设定必须首先了解工程地质资料、自然条件、建筑市场相关信息等各方面的资料。

（3）信息是开展项目控制工作的基础。

控制是保证项目按照预期计划进展的主要手段之一，要顺利地开展控制工作，项目管理人员必须熟悉和掌握关于项目目标计划和执行情况的具体信息，信息不全或信息不准确、不及时，都可能导致项目偏离预期的建设目标。

（4）信息是协调工程项目参与单位关系的纽带。

工程项目的建设过程涉及众多的参与单位，如政府建设部门、建设单位、监理单位、设计单位、材料设备供应单位等，要想实现工程项目的建设目标，就必须通过信息沟通将它们组织起来，共同为项目工作。

第二节　工程项目信息管理

一、工程项目信息管理的含义

工程项目信息管理是指项目管理人员在明确项目信息流程的基础上，对工程建设信息进行收集、加工、存储、传递、分析和应用的过程。其目的是通过有效的项目信息传输的组织和控制为建设项目增值服务。

工程项目管理者承担着项目信息管理的任务，负责收集项目实施情况的信息，做各种信息处理工作，并向上级、外界提供各种信息，项目管理者对信息管理的基本任务包括以下几个方面：

（1）收集项目基本情况信息并将其系统化，编制项目手册。

（2）规定项目报告及各种资料的格式、内容、数据结构要求。

（3）按照项目实施、项目组织、项目管理工作过程建立项目管理信息系统流程。在实际工作中保证这个系统正常运行，并控制信息流。

（4）文件档案管理工作。文档管理是对信息载体的资料进行有序地收集、加工、分解、编目、存档，并为项目各参与者提供专用的和常用的信息的过程。在项目中要建立像图书馆一样的文档系统，对所有文件进行有效的管理。

二、工程项目信息管理的原则

工程项目的信息管理需遵循以下原则：

（1）标准化原则。要求在项目的实施过程中对有关信息的分类进行统一，对信息流程进行规范，生产控制报表则力求做到格式化和标准化，通过建立健全信息管理制度，从组织上保证信息生产过程的效率。

（2）有效性原则。项目管理者所提供的信息应针对不同层次管理者的要求进行适当加工，针对不同管理层提供不同要求和浓缩程度的信息。这一原则是为了保证信息产品对于决策支持的有效性。

（3）定量化原则。建设工程产生的信息不应是项目实施过程中产生数据的简单记录，而应该是经过信息处理人员的比较与分析后的信息。采用定量工具对有关数据进行分析和比较是十分必要的。

（4）时效性原则。考虑工程项目决策过程的时效性，建设工程的成果也应具有相应的时效性。建设工程的信息都有一定的生产周期，如月报表、季度报表、年度报表等，这都是为了保证信息产品能够及时服务于决策。

（5）高效处理原则。通过采用高性能的信息处理工具——建设工程信息管理系统，尽量缩短信息在处理过程中的延迟。项目管理者的精力应放在对处理结果的分析和控制措施的制订上。

（6）可预见原则。建设工程产生的信息作为项目实施的历史数据，可以用于预测未来的情况，项目管理者应通过采用先进的方法和工具为决策者制订未来目标和行动规划提供必要的信息。

三、工程项目信息管理的流程

工程建设项目信息管理的过程包括信息的收集，信息的加工、整理，信息的分发和检索，信息的储存，信息的维护和使用等。

1．工程项目信息的收集

建设工程参建各方因其介入工程的阶段不同，从而收集的内容也不同。

（1）决策阶段的信息：项目相关市场方面的信息（如产品价格变化趋势等），自然环境相关方面的信息（如气象、地质等），其他政治环境及社会治安状况信息等。

（2）设计阶段的信息：可行性研究报告，同类工程相关信息，勘察、测量、设计单位相关信息等。

（3）施工招投标阶段的信息：工程地质、水文地质勘察报告，施工图设计及施工图预算、设计概算，设计、地质勘察、测绘的审批报告等方面的信息，建设单位建设前期报审文件，工程造价的市场变化规律，工程适用的规范、规程、标准等。

（4）施工阶段的信息：施工场地的准备情况，施工单位的质量保证体系及施工单位的施工组织设计，特殊工程的技术方案，施工中发生的工程数据，施工期内建筑原材料、半成品等工程物资的进场、加工、保管、使用等信息。

2. 信息的加工、整理

信息的加工、整理主要是把建设各方得到的数据和信息进行鉴别、选择、核对、合并、排序、更新、计算、汇总、转储，从而生成不同形式的数据和信息，提供给不同需求的管理人员使用。在这个过程中要重点做好信息的鉴别工作，从信息采样的规范性、可靠性、精确性等方面入手，对各种信息加以选择、核对，同时对动态信息要及时更新。

3. 信息的分发和检索

在信息的分发和检索过程中应遵循的原则：需要信息的部门和使用人，有权在需要的第一时间，方便地得到所需要的、以规定形式提供的一切信息和数据，同时保证信息和数据的秘密性。

4. 信息的存储

存储信息的介质有纸张、胶卷、计算机存储器等。存储信息，要考虑到哪些信息需要存储，存在什么介质上，存储多长时间等。目前，随着计算机的广泛应用，可以借助计算机建立统一的数据库，各类数据以文件的形式组织在一起，组织的方法由单位自定，但必须规范化。

5. 信息的使用和维护

在建设项目管理中，一方面要管好信息，为管理决策提供决策支持；另一方面在管理过程中要充分利用已取得的数据和信息，以数据说话，使管理和决策过程更科学、更准确。

信息维护是指在信息管理中要保证信息始终处于适用状态，要求管理信息经常更新，保持数据的准确性，做好保密工作，使数据保持唯一性。此外，还应保证管理信息存取方便。

第三节　工程项目管理信息系统

一、工程项目管理信息系统的含义

对于工程项目管理信息系统，国际上普遍认可的定义是：工程项目管理信息系统是由计算机硬件、软件、数据、管理人员、管理制度等组成的，能够进行建设项目信息收集、加工、传递、存储、维护和使用的系统。

工程项目管理信息系统是一个由投资、进度、质量、合同等多个子系统组成的系统，每个子系统都有处理本部门业务所需的软件及必要的事务性决策支持软件。其核心是辅助对项目目标的控制，实现建设项目信息的全面管理、系统管理、规范管理和科学管理，从而为项目管理人员进行建设项目的进度控制、质量控制、投资控制及合同管理等提供可靠的信息支持。

二、工程项目信息系统的构架

工程项目管理信息系统是以整个建设工程为对象的辅助工作系统，由于工程项目建设的系统复杂性，使得工程项目管理信息系统具有较多的功能模块，形成众多的功能子系统，如投资控制子系统、进度控制子系统、质量控制子系统等。图 11-1 是一个基于互联网模式的某工程项目管理信息系统总体框架图。

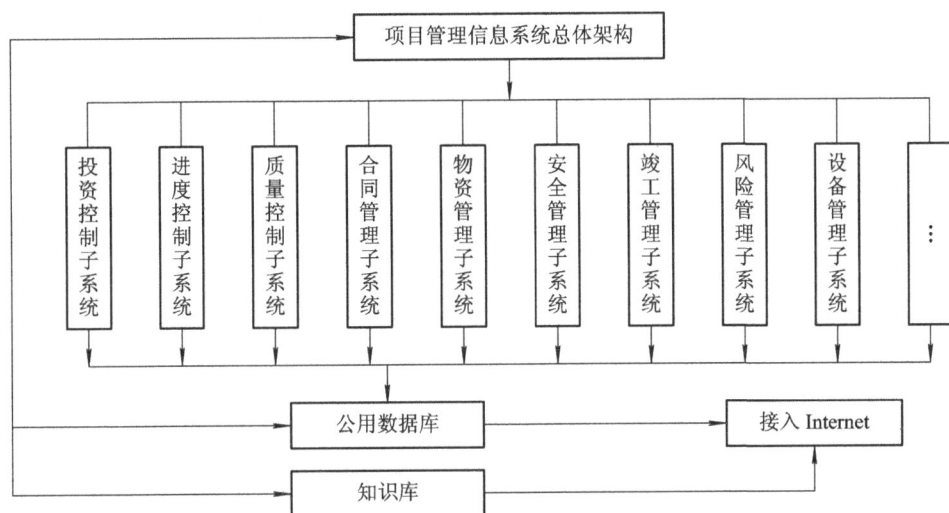

图 11-1　某工程项目管理信息系统总体架构

在项目管理信息系统中，为了保证项目系统内部信息的畅通，信息处理过程中应注意以下几点：

（1）进度管理、质量管理、投资管理三大信息控制系统在分部工程的项目划分和项目编码上必须一一对应。

（2）以施工图设计和概预算数据为基础，以进度计划网络图为工具，自动产生指导性的项目资源计划，作为项目管理控制的基本预期目标。以实际数据为依据，动态产生资源支出的消耗数据，并自动与指导性目标数据相比较，为合同结算、成本控制提供动态、实时的信息和依据。

（3）物资需求计划的编码与采购合同的编码、项目财务信息管理系统的科目设置与概预算项目划分编码等必须一一对应。

（4）质量验评项目范围与图纸档案的立卷编码和文件包编码必须一一对应。

三、工程项目管理信息系统的实施

从广义上说，工程项目管理信息系统是系统硬件、软件、组织件和教育件等构成的组织体系。要成功利用工程项目管理信息系统，仅仅开发或购买一套适用的工程管理信息软件和性能可靠的计算机硬件是不够的，更为重要的是应建立一套与计算机的工作手段相适应的组织体系，必须在组织件、教育件上花工夫。

（1）建立系统完善的组织件。信息系统组织件要有明确的项目管理组织结构、项目管理工作流程和项目信息管理制度。

（2）提供可靠的信息系统硬件。系统硬件要有计算机设备，一般可采用小型机、微机网络和微机。

（3）提供合适的信息系统软件。系统软件要有保证项目管理信息系统正常运行的操作系统、系统软件等软件环境。

（4）教育件。教育件即要对计算机操作人员、项目管理人员和领导进行培训。

第四节　工程项目管理软件及应用

计算机的广泛应用是项目管理现代化的主要标志之一，在国外一些大的承包企业、工程项目管理公司、咨询公司，计算机已经广泛应用于其项目管理的可行性研究、计划、实施控制各个阶段，并应用于成本管理、合同管理、进度管理、风险管理、工程经济分析、文档管理和索赔管理等各个方面。它已经成为日常项目管理工作和辅助决策不可缺少的工具。

一、工程项目管理软件分类

对于工程项目管理软件，根据不同的分类方法，有不同的分类。

（1）根据管理对象的不同，项目管理软件可分为进度管理软件、合同管理软件、风险管理软件、投资管理软件等。

（2）根据提高管理效率、实现数据/信息共享等方面功能的实现层次不同，项目管理软件又可分为：实现单一或组合的项目管理手段的软件，如进度管理、质量管理等；具备进度管理、费用管理、风险管理等方面的分析、预测以及预警功能的软件；基于 WEB 的项目管理软件其至企业级项目管理信息系统。

二、常用工程项目管理软件介绍

目前工程项目管理软件市场中，广为应用的国外项目管理软件有 Primavera 公司的 P3 系列软件、Microsoft 公司的 Project 系列软件等。国内的有清华斯维尔智能项目管理软件、新中大项目管理软件和上海普华科技有限公司的 Power On 项目管理软件等。

（一）Primavera Project Planner(P6) 软件

P6 工程项目管理软件是美国 Primavera 公司的产品，是国际上最为流行的项目管理软件之一，适用于任何工程类项目，可以非常有效地控制大型复杂项目，并可以同时管理多个项目。其最新版本为 2017 年 12 月的 Oracle Primavera P6 R17.12。

P6 是用于项目进度计划、动态控制、资源管理和费用控制的项目管理软件。其主要功能是进度、费用和资源管理，主要特点是该软件融合了先进的项目管理思维和方法，还能将工程的现行进度与目标管理有机地联系到一起。作为商业软件，P6 能够共享数据资源，同时操作灵活方便也是它的一大特色，尤其是过滤器的使用，非常灵活。软件的优势在于强大的进度计划管理和强大的资源与费用管理。

P6 软件在国内应用较为普遍，如三峡工程（图片）、秦山三期核电工程、阳城电厂大型火电工程、京沪高速公路（图片）、上海通用汽车厂、深圳地铁等。

（二）Microsoft Project 2003 软件

Microsoft Project 是 Microsoft 公司开发的项目管理系统，它是应用最普遍的项目管理软件之一，可适用各种规模的项目。它的主要功能是建立进度工作计划，同时可以给每项工作分配所需要的资源。该软件还能以多种方式有效地提供项目的状态以及相关信息，并通过屏幕图形的变化浓缩相关信息。它可以提供多种工具来有效地管理项目的变化，并且能够提供多种项目报告。它利用项目管理理的理论，建立了一套控制项目的时间、资源和成本的系统，其界面易懂，图形直观，还可以在该系统使用 VBA（Visual Basic for Application），通过 Excel、Access 或各种 ODBC 数据库、CSV 和制表符分隔的文本文件兼容数据库存取项目文件等。

1．主要功能

（1）组织信息。只要用户将系统所需要的参数、条件输入后，系统就可自动将这些信息进行整理，这样用户可以看到项目的全局。该系统还可以根据用户输入的信息来安排完成任务所需的时间，设定何时将某种资源分配给某种任务。

（2）方案选择。系统通过对不同的方案进行比较，从而为用户找出最优方案，随时发现和解决问题。

（3）信息共享。该系统具有强大的网络发布功能，可以将项目数据导出为 HTML 格式，这样就可以在 Internet 上发布与项目有关的信息。

（4）拓展功能。该系统可以根据用户输入的数据计算其他信息，然后向用户反映这些结果对项目其他部分以及整个项目的影响。

（5）跟踪任务功能。可将用户项目执行过程中得到的实际数据输入电脑代替计划数据，并据此计算其他信息，然后向用户显示这些变动对项目其他任务及整个进程的影响，为后面的项目提供有价值的建议。

2．特点

（1）充足的任务节点处理数量。该软件可以处理的任务节点数超过 100 万个，可以处理的资源数也超过 100 万个。

（2）强大的群体项目处理能力。一个大型项目要划分成若干子项目和次子项目，才能实现分级管理，这就要求项目管理软件具有同时处理多个项目的能力。

（三）清华斯维尔智能项目管理软件

清华斯维尔智能项目管理软件是清华斯维尔软件科技有限公司研制开发的项目管理软件。它将系统网络软件技术、网络优化技术应用于建设工程项目的进度管理中，以国内建设行业普遍采取的双网络代号时标网络图作为项目进度管理及控制的主要工具。并在此基础上，通过共享建设行业各地区的不同种类的定额库等，实现对资源与成本的精确计算、分析与控制。

该软件从项目管理知识体系（PMBOK）的角度出发，其功能全面涵盖了项目的范围管理、时间管理、人力资源管理、成本管理四大方面的内容。为方便进行项目管理工作，软件还提供了丰富实用的报表功能，报表共计 16 张，这些报表从不同的角度反映了工程项目的各类信息。

该软件的主要特点如下：

（1）操作流程符合项目管理的国标标准流程。软件通过项目的范围管理，在横道图界面中建立任务大纲要求结构，从而实现项目计划的分级控制与管理。

（2）系统实时计算项目的各类网络时间参数，并且对资源、成本进行精确分析，以此作为网络计划优化与项目追踪管理的依据。

（3）除支持常规的标准横道图建模方式外，为方便用户操作，软件也提供了双代号网络图、单代号网络图等多种建模方式。

（四）新中大项目管理软件

新中大工程项目管理软件是新中大公司针对现代项目管理模式，吸取了当前国际最先进的项目管理思想 PMBOK、FIDIC 条款等来设计系统模块和流程，并结合中国企业的管理基础研究开发的一体化大型管理系统。系统的主要功能模块分为项目管理、物资管理、协同办公管理、人力资源管理、客户关系管理、经理查询、集团管理以及财务管理几大部分，其中财务管理部分主要是指新中大国际财务管理软件 GIF，人力资源管理主要是指新中大人力资源管理 HR，客户关系管理主要是指新中大 CRM。

（五）Power On 软件

Power On 是上海普华科技发展有限公司自主研发的一套既融入了国际先进的项目管理思想，又结合了国内管理习惯及标准的企业级多项目管理集成系统。

该软件以计划为龙头进行项目运筹，通过主进度计划派生出其他配合计划，驱动具体业务的处理过程，使得所有管理业务均可在主体计划下协同行进，实现"有源协同"的崭新理念。此外，Power On 以合同为中心全面记录，以费用为重点深度监控，形成项目、多项目的闭环费用控制机制，极大地提高了项目费用管理能力。

复习思考题

1. 工程项目信息的分类有哪些？
2. 工程项目管理信息系统的含义及基本功能是什么？

参 考 文 献

[1] 闫文周. 工程项目管理实务手册[M]. 北京：中国建筑工业出版社，2001.

[2] 刘炳南，宋金昭. 工程项目管理[M]. 西安：西安交通大学出版社，2010.

[3] 周岩枫，李本鑫. 建筑工程项目管理[M]. 北京：冶金工业出版社，2013.

[4] 陈俊，张国强，谢志秦. 建筑工程项目管理[M]. 北京：北京理工大学出版社，2013.

[5] 王雪青，杨秋波. 工程项目管理[M]. 北京：高等教育出版社，2011.

[6] 成虎. 工程项目管理[M]. 北京：高等教育出版社，2005.

[7] 任宏，张威. 工程项目管理[M]. 北京：高等教育出版社，2002.

[8] 李世蓉，邓铁军. 工程建设项目管理[M]. 武汉：武汉理工大学出版社，2002.

[9] 王洪，陈健. 建设项目管理[M]. 北京：机械工业出版社，2004.

[10] 丛培经. 工程项目管理[M]. 北京：中国建筑工业出版社，2002.

[11] 吴涛. 建设工程项目管理规范实施手册[M]. 北京：中国建筑工业出版社，2003.

[12] 吴涛. 中国工程项目管理知识体系[M]. 北京：中国建筑工业出版社，2003.

[13] 纪燕平. 中外项目管理案例[M]. 北京：机械工业出版社，2000.

[14] 许元龙，徐帆. 业主委托的工程项目管理[M]. 北京：中国建筑工业出版社，2005.

[15] 赵香贵. 建筑施工组织与进度控制[M]. 北京：金盾出版社，2003.

[16] 陆惠民，苏振民，王延树. 工程项目管理[M]. 南京：东南大学出版社，2006.

[17] 宫立鸣，孙正茂. 工程项目管理[M]. 北京：化学工业出版社，2005.

[18] 成虎. 工程项目管理[M]. 北京：高等教育出版社，2004.

[19] 白思俊. 项目管理案例[M]. 2版. 北京：机械工业出版社，2009.

[20] 浩明. 建筑施工现场管理全书[M]. 北京：中国建材工业出版社，1999.

[21] 郭汉丁. 业主建设工程项目管理指南[M]. 北京：机械工业出版社，2006.

[22] 马楠，韩景玮. 建设工程造价管理[M]. 北京：清华大学出版社，2007.

[23] 孙锡衡. 全国监理工程师执业资格考试案例例题解析[M]. 天津：天津大学出版社，2007.

[24] 赖一飞，夏滨，张清. 工程项目管理学[M]. 武汉：武汉大学出版社，2006.

[25] 田金信. 建设项目管理[M]. 2版. 北京：高等教育出版社，2009.

[26] 邱菀华. 现代项目管理学[M]. 2版. 北京：科学出版社，2007.

[27] 张琰，雷胜强. 建筑工程招标投标工作手册[M]. 北京：中国建筑工业出版社，1995.

[28] 桂国平，万仁益. 工程项目执行与监理国际惯例[M]. 北京：中国金融出版社，1996.

[29] 雷俊卿，秦骧远. 土木工程项目管理手册[M]. 北京：人民交通出版社，1996.

[30] 都风涛，王根涛，苏是蝎. 建筑法实务全书[M]. 北京：中国建材工业出版社，1997.

[31] 杜训. 建设监理工程师实用手册[M]. 南京：东南大学出版社，1994.

[32] 成虎，钱昆润. 建筑工程合同管理与索赔[M]. 南京：东南大学出版社，1996.

[33] 欧震修，赵琳. 建筑工程施工监理手册[M]. 北京：中国建筑工业出版社，1995.

[34] 黄金枝. 工程项目管理：理论与应用[M]. 上海：上海交通大学出版社，1995.

[35] 钱昆润. 建筑施工与管理实用手册[M]. 南京：东南大学出版社，1991.

[36] 秦春芳. 建筑施工安全技术手册[M]. 北京：中国建筑工业出版社，1991.

[37] 科兹纳[美]. 项目管理计划和控制的系统方法[M]. 北京：电子工业出版社，2002.

[38] 克利福德［美］. 项目管理教程[M]. 北京：人民邮电出版社，2003.

[39] 梅瑞狄斯［美］. 项目管理：管理新视角[M]. 北京：电子工业出版社，2002.

[40] 哈里森［美］. 高级项目管理[M]. 北京：机械工业出版社，2003.

[41] 杰克吉多［美］. 成功的项目管理[M]. 北京：机械工业出版社，2003.

[42] 全国一级建造师职业资格考试试题分析小组. 建筑工程管理与实务[M]. 北京：机械工业出版社，2015.

[43] 全国一级建造师职业资格考试试题分析小组. 建设工程项目管理[M]. 北京：机械工业出版社，2015.

[44] 全国一级建造师职业资格考试试题分析小组. 建设工程经济[M]. 北京：机械工业出版社，2015.

[45] 全国一级建造师职业资格考试试题分析小组. 建设工程法规及相关知识[M]. 北京：机械工业出版社，2015.

[46] 全国监理工程师培训教材编写委员会. 工程建设合同管理[M]. 北京：中国建筑工业出版社，1997.

[47] 全国建筑施工企业项目经理培训教材编写委员会. 工程招标与投标合同管理[M]. 北京：中国建筑工业出版社，1996.

[48] 全国监理工程师培训教材编写委员会. 工程建设信息管理[M]. 北京：中国建筑工业出版社，1997.

[49] 建筑工程施工质量验收统一标准（GB50300—2001)[S]. 北京：中国建筑工业出版社，2001.

[50] 建设工程项目管理规范（GB/T50326—2001)[S]. 北京：中国建筑工业出版社，2002.

[51] 建设工程监理规范（GB50319—2000)[S]. 北京：中国建筑工业出版社，2000.

[52] 张智勇. 职业健康安全管理体系认证实战指南[M]. 广州：广东经济出版社，2003.

[53] 杨吉华. 安全管理简单讲：实战精华版[M]. 广州：广东经济出版社，2012.

[54] 邵辉. 安全管理学[M]. 北京：中国石化出版社，2014.

[55] 李春波，曹荣，曹瑛. 建筑行业 ISO140001：2004 标准理解与实施[M]. 北京：中国计量出版社，2005.

[56] 张顺堂，高德华，等. 职业健康与安全工程[M]. 北京：冶金工业出版社，2013.

[57] 中国质量协会卓越培训中心，上海品保技术咨询有限公司. 环境管理体系教程[M]. 北京：中国标准出版社，2006.